Qualitative Analyse

auf präparativer Grundlage

Von

Dr. W. Strecker

o. Professor an der Universität Marburg

Dritte
ergänzte und erweiterte Auflage

Mit 17 Abbildungen

Berlin
Verlag von Julius Springer
1932

ISBN-13: 978-3-642-98187-6   e-ISBN-13: 978-3-642-98998-8
DOI: 10.1007/978-3-642-98998-8

Vorwort zur dritten Auflage.

Bei der Bearbeitung der dritten Auflage dieses Buches war ich bestrebt, den Forderungen, die hinsichtlich des Anfangsunterrichts in der Chemie im Laufe der letzten Jahre gestellt worden sind, Rechnung zu tragen. Schon lange ist man sich darin einig, daß es nicht empfehlenswert ist, die Ausführung analytischer Reaktionen und das Erlernen und Einüben eines Analysenganges als einziges Ziel des Anfangsunterrichts anzusehen. Wenn auch die qualitative Analyse die Grundlage der chemischen Ausbildung bleiben muß, so soll doch dem Anfänger Gelegenheit gegeben werden, bei seinen praktischen Arbeiten die Kenntnisse, die er sich in der Experimentalvorlesung über allgemeine Chemie erworben hat oder gleichzeitig erwirbt, durch eigene Versuche zu befestigen und zu vertiefen. Besonders für die Studierenden, die später die Lehrbefähigung für das Fach der Chemie im Staatsexamen nachweisen wollen, ist es wichtig, ein gewisses Maß von experimenteller Geschicklichkeit zu erlangen, das sie befähigt, den Unterricht, den sie später in der Schule erteilen, durch Experimente wirkungsvoll zu unterstützen.

Um diese Ziele zu erreichen, habe ich mich noch mehr als in den früheren Auflagen bemüht, durch geeignete Versuche die Grundgesetze der Chemie dem Verständnis des Praktikanten nahezubringen und ihn anzuregen, sich im zweckmäßigen Aufbau von Apparaten zu üben, ohne dabei die analytische und präparative Tätigkeit zu vernachlässigen. Die Abschnitte über die analytischen Reaktionen sind nach den Forschungsergebnissen der letzten Jahre ergänzt und erweitert worden, da auch die neuerdings viel benutzten Reagenzien zu Mikro- und Tüpfelreaktionen und das analytische Verhalten der seltener vorkommenden Elemente berücksichtigt werden mußten. In den analytischen Trennungsgängen sind ältere Methoden durch bequemere, zum Teil neu ausgearbeitete Verfahren, die bei gleicher Sicherheit ein rascheres Arbeiten ermöglichen, ersetzt worden.

Willkommene Unterstützung ist mir bei der Bearbeitung der neuen Auflage in reichem Maße zuteil geworden. So hat Herr Prof. Dr. MEERWEIN liebenswürdigerweise das ganze Manuskript einer genauen Durchsicht unterzogen, und ich habe ihm für seine wertvolle Hilfe herzlichst zu danken. Die Herren Dr. BERSIN und Dr. MAHR haben mich auf manche Verbesserungen aufmerksam gemacht, die sich beim Unterricht nach dem Buche ergeben hatten, wofür ich ihnen bestens danke. Schließlich bin ich Herrn Dr. SCHWARZKOPF zu Dank verpflichtet für seine freundliche Hilfe beim Lesen der Korrektur.

Wie stets werde ich Vorschläge und Anregungen zu Verbesserungen von den Herren Fachgenossen gern entgegennehmen, und ich hoffe, daß das Buch zu seinen alten Freunden neue hinzugewinnen möge.

Marburg, im Oktober 1932.

W. STRECKER.

Vorwort zur ersten Auflage.

Das vorliegende Buch ist als Hilfsbuch beim Unterricht in der qualitativen Analyse gedacht und soll dem Studierenden die Kenntnis der Reaktionen der Elemente vermitteln, die zu ihrem analytischen Nachweis verwendet werden. Gleichzeitig soll aber auch dabei Gelegenheit gegeben werden zum Erwerben technischer Fertigkeiten, sowie zur Übung im zweckmäßigen Zusammenstellen von Apparaten und zur Ausführung von Versuchen, wie sie beim Unterricht in der allgemeinen Chemie vorkommen, so daß das Buch nicht nur für Chemiker und Pharmazeuten verwendbar ist, sondern auch für die Studierenden, die sich dem höheren Schulfach widmen wollen.

Es ist daher versucht worden, nach Möglichkeit Vorlesungsversuche und präparative Arbeiten der Abhandlung der einzelnen Elemente zugrunde zu legen, und an den selbstbereiteten Präparaten sollen die Reaktionen der Stoffe beobachtet werden. Ebenso wurden theoretische Erörterungen möglichst angeschlossen an Versuche, die zu ihrer Erläuterung dienen sollen.

Die Präparate und Versuche, die mit einem Stern bezeichnet sind, können gegebenenfalls weggelassen werden, da sie nur für die reinen Chemiker bestimmt sind.

Von der meist üblichen Anordnung des Stoffes ist insofern abgewichen worden, als eine größere Anzahl von Säuren mit den Alkalimetallen zusammen behandelt wird. Es geschah dies teils in Rücksicht auf die nahe Zusammengehörigkeit einzelner Verbindungen, wie z. B. Salpetersäure und salpetrige Säure oder Schwefelsäure und schweflige Säure, teils um Verbindungen, die häufig wiederkehren, wie Borax und Phosphorsalz, schon möglichst früh zu besprechen. Außerdem wird dadurch für die Analysen, die zweckmäßig nach jedem Abschnitt zur Einübung des Trennungsgangs gegeben werden, eine größere Abwechslungsmöglichkeit geboten.

Die Trennungsmethoden für die einzelnen analytischen Gruppen sind in einem zusammenhängenden Analysengang vereinigt. Es finden sich darin zahlreiche Hinweise auf die Identitäsreaktionen, die bei der Besprechung der einzelnen Elemente angegeben sind; im übrigen sind sie möglichst knapp gefaßt, um dem mechanischen Arbeiten nach dem Analysengang allein vorzubeugen.

Indem ich der Hoffnung Raum gebe, daß das Buch eine freundliche Aufnahme finden möge, bitte ich die Herren Fachgenossen, mich auf vorhandene Mängel aufmerksam zu machen oder mir Verbesserungsvorschläge gütigst zukommen zu lassen.

Zu bestem Danke bin ich verpflichtet Herrn stud. DEICHSEL für seine Mitarbeit bei der Anfertigung der Zeichnungen und Herrn stud. LETTOW für seine wertvolle Hilfe beim Lesen der Korrektur.

Greifswald, im Januar 1913.

W. STRECKER.

Inhaltsverzeichnis.

Die wichtigsten Säuren und die Alkalimetalle.

Die Darstellung von Chlorwasserstoff.

60 g konzentrierte Schwefelsäure, die man in einem Becherglase abgewogen hat, werden mit 15 ccm Wasser in der Weise verdünnt, daß man die Säure langsam und unter Umrühren mit einem Glasstabe zu dem Wasser gießt.
Während das Gemisch erkaltet, wird der Apparat zur Gasentwicklung, wie aus Abb. 1 ersichtlich, zusammengestellt.

Der Kolben (etwa 300 ccm Inhalt) steht auf einem Ring, der von einem Drahtnetz mit Asbestscheibe bedeckt ist. Der Ring muß so weit von der Stativplatte entfernt sein, daß ein Bunsenbrenner mit Schornstein bequem darunterstehen kann.

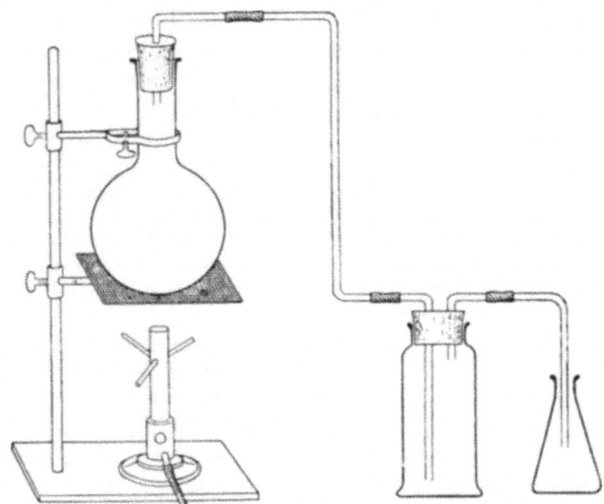

Abb. 1. Apparat zur Chlorwasserstoffbildung.

Mittels eines einfach durchbohrten Stopfens trägt der Kolben ein rechtwinklig gebogenes Glasrohr. Ein zweimal rechtwinklig (Z-förmig) gebogenes Rohr vermittelt die Verbindung mit einer Waschflasche, die gerade so viel konzentrierte Schwefelsäure enthält, daß ihr Einleitungsrohr eben in die Flüssigkeit eintaucht. An das Ableitungsrohr der Waschflasche wird ein einmal rechtwinklig gebogenes Rohr angesetzt, durch welches das Gas an seinen Bestimmungsort geleitet werden kann. Die scharfen Ränder der Glasröhren sind in der Bunsenflamme rundzuschmelzen, damit Stopfen und Schläuche nicht verletzt werden. Die Verbindungen der Glasröhren mit der Waschflasche und untereinander werden durch kurze Schlauchstückchen hergestellt, innerhalb deren Glas an Glas stoßen soll, damit das Gas mit dem Kautschuk, den es angreift, möglichst wenig in Berührung kommt. Bevor man den Apparat in Benutzung nimmt, prüft man ihn auf Dichtigkeit durch Einblasen von Luft durch das mit einem Schlauch versehene Ableitungsrohr an der Waschflasche. Bleibt die Flüssigkeitssäule, die in dem Einleitungsrohr der Waschflasche beim Einblasen in die Höhe getrieben wird, nach dem Abkneifen des Schlauchs stehen, so ist der Apparat dicht.

In den Kolben bringt man 30 g gepulvertes Kochsalz und übergießt es mit der inzwischen erkalteten, verdünnten Schwefelsäure. Nachdem das Ableitungsrohr mit dem Kork eingesetzt und die Verbindung mit der Waschflasche hergestellt ist, wird die Reaktion durch mäßiges Erwärmen mit kleiner Flamme in Gang gebracht.

Im Sinne der Gleichung

$$NaCl + H_2SO_4 = NaHSO_4 + HCl$$

entwickelt sich farbloser, an der Luft rauchender, blaues Lackmuspapier rötender Chlorwasserstoff. Man leite das Gas auf den Boden eines trockenen Reagensrohres und fülle dieses durch Luftverdrängung mit dem Gase an. Das gefüllte Rohr verschließe man mit dem Daumen und tauche es mit der Mündung nach unten in eine mit Wasser gefüllte Schale. Beim Wegnehmen des Daumens steigt das Wasser rasch in das Reagensrohr hinein.

Chlorwasserstoff löst sich sehr leicht in Wasser. 1 l Wasser löst 825 g Chlorwasserstoff bei 0° und 721 g bei 20°, oder in 1 Volum Wasser von Zimmertemperatur lösen sich 450 Volumina Chlorwasserstoffgas. In dieser Eigenschaft ist auch die Bildung von Nebeln bei der Berührung mit der Luft begründet. Das Gas zieht den in der Luft enthaltenen Wasserdampf an und löst sich darin auf. Da die entstehende Lösung von wässeriger Salzsäure einen geringeren Dampfdruck hat, so verdichtet sie sich in Form von Nebeln.

Läßt man das Gas gegen einen mit Ammoniaklösung benetzten Glasstab strömen, so entsteht ein dichter, weißer Rauch, da sich das aus der Ammoniaklösung entweichende Ammoniak mit dem Chlorwasserstoff zu festem Chlorammonium vereinigt.

Zur Absorption leite man das Gas auf 100 ccm Wasser, die sich in einem Erlenmeyer-Kölbchen befinden. Das Gasableitungsrohr soll nicht in das Wasser eintauchen, da dieses sonst in den Apparat zurückzusteigen pflegt. Das Gas löst sich unter Erwärmung und Schlierenbildung in dem vorgelegten Wasser auf, und es entsteht eine wässerige Lösung von Chlorwasserstoff, wie sie im Handel gewöhnlich als Salzsäure bezeichnet wird. Die konzentrierte Salzsäure des Handels ist eine 37 proz. Lösung von Chlorwasserstoff in Wasser. Beim Erwärmen entweicht unter Ansteigen des Siedepunktes Chlorwasserstoff aus dieser Lösung, bis eine 20 proz. Säure entstanden ist; alsdann ist die Zusammensetzung des beim Siedepunkt entweichenden Dampfes gleich der Zusammensetzung der Flüssigkeit, und es geht daher bei der Destillation eine konstant zusammengesetzte Säure bei 110° über. Dasselbe Produkt wird erhalten durch Destillation einer verdünnten Chlorwasserstofflösung. Hier geht zunächst hauptsächlich Wasserdampf über, bis bei 110° die 20 proz. Säure destilliert.

Ist die Gasentwicklung träge geworden, nehme man den Apparat auseinander, erwärme den Kolbeninhalt noch kurze Zeit bis zur völligen

Austreibung des Chlorwasserstoffs und gieße den Rückstand noch warm zur Krystallisation in eine Porzellanschale.

Mit der dargestellten Salzsäure übergieße man in zwei Reagensgläsern je ein Stückchen Zink und ein Stückchen Magnesiumband. Der gleiche Versuch werde mit einer Probe verdünnter Schwefelsäure aus der Vorratsflasche des Platzes angestellt.

Bei allen vier Versuchen zeigt sich die gleiche Erscheinung, die Entwicklung eines Gases, das sich als Wasserstoff identifizieren läßt, im Sinne der Gleichungen:

$$Zn + 2\,HCl = ZnCl_2 + H_2$$
$$Mg + 2\,HCl = MgCl_2 + H_2$$
$$Zn + H_2SO_4 = ZnSO_4 + H_2$$
$$Mg + H_2SO_4 = MgSO_4 + H_2\,.$$

Daneben bilden sich noch andere Reaktionsprodukte, Zinkchlorid und Magnesiumchlorid einerseits und Zinksulfat und Magnesiumsulfat andererseits, die man als Salze bezeichnet. Aus diesen Reaktionen leitet sich eine Definition für die als Säuren und Salze bezeichneten Stoffe ab.

Salze entstehen dadurch, daß in den Säuren Wasserstoffatome ersetzt werden durch Metallatome, unter Entwicklung von Wasserstoff, und Säuren sind Wasserstoffverbindungen, in denen der Wasserstoff ganz oder teilweise ersetzt werden kann durch Metall unter Bildung von Salzen und Entwicklung von Wasserstoff.

Ist in einer Säure nur ein durch Metallatome ersetzbares Wasserstoffatom vorhanden, so wird sie als einbasisch bezeichnet, existieren deren mehrere, so ist sie mehrbasisch. Werden alle vertretbaren Wasserstoffatome einer Säure durch Metall ersetzt, so entsteht ein neutrales Salz, findet nur ein teilweiser Ersatz statt, so werden saure Salze gebildet. Zu letzteren gehört auch das bei der Chlorwasserstoffentwicklung als Nebenprodukt entstandene saure Natriumsulfat.

Eine vollständigere Ausnutzung der Schwefelsäure unter Bildung des neutralen Salzes im Sinne der Gleichung

$$2\,NaCl + H_2SO_4 = Na_2SO_4 + 2\,HCl$$

wird bei der technischen Darstellung der Salzsäure erzielt. Für einen derartigen Reaktionsverlauf sind jedoch wesentlich höhere Temperaturen erforderlich, die bei den oben gegebenen Versuchsbedingungen nicht erreicht werden können.

Reaktionen der Salzsäure und der Chloride.

Unter Reaktionen verstehen wir Erscheinungen, die auftreten, wenn wir uns unbekannte Stoffe zum Zweck ihrer Erkennung mit bestimmten und bekannten Stoffen, den Reagenzien, zusammenbringen, oder wenn wir sie gewissen physikalischen Einwirkungen, z. B. Änderung der Temperatur, unterwerfen.

Die Reaktionen können in verschiedener Weise zutage treten. Es kann eine Änderung des Aggregatzustandes eintreten, die Farbe kann sich verändern, es kann sich Gas entwickeln, es kann Auflösung eines festen Stoffes erfolgen, es kann sich umgekehrt in einer Lösung ein schwer löslicher Stoff bilden, der sich abscheidet. Gerade der letzte Fall, die Bildung unlöslicher Stoffe, das Ausfallen von Niederschlägen, spielt in der analytischen Chemie eine besonders wichtige Rolle.

Erfolgt eine Reaktion noch in großer Verdünnung, oder ist sie noch mit kleinen Mengen ausführbar, so bezeichnet man sie als empfindlich. Tritt sie nur bei einem bestimmten Stoff ein, so ist sie charakteristisch. Oft läßt sich eine an sich nicht eindeutige Reaktion zu einer charakteristischen machen durch Untersuchung des Verhaltens des entstandenen Reaktionsproduktes.

Mit der oben dargestellten Salzsäure bringe man folgende Reagenzien zusammen:

Silbernitrat. Zu etwa 1 ccm der verdünnten Säure gebe man eine Probe 2 proz. Silbernitratlösung. Es entsteht nach der Gleichung

$$AgNO_3 + HCl = AgCl + HNO_3$$

ein weißer Niederschlag von Chlorsilber, der anfangs emulsionsartig in der Flüssigkeit suspendiert bleibt, sich aber beim Schütteln, namentlich unter Erwärmen, käsig zusammenballt. In Salpetersäure ist er unlöslich, dagegen löst er sich in Ammoniak unter Bildung von Diamminsilberchlorid, $Ag(NH_3)_2Cl$. Durch Salpetersäure wird aus dieser Lösung das Chlorsilber wieder abgeschieden.

Bleiacetat. Beim Zusammenbringen von Salzsäure und Bleiacetatlösung bildet sich, wenn die Lösungen nicht zu verdünnt sind, ein weißer Niederschlag von Bleichlorid.

$$2\,HCl + Pb(C_2H_3O_2)_2 = PbCl_2 + 2\,C_2H_4O_2\,.$$

Der Niederschlag werde auf ein glattes Filter gebracht und eine Probe davon mit so viel Wasser gekocht, als gerade zur Lösung erforderlich ist. Beim Erkalten scheidet sich das Bleichlorid in Form glänzender, weißer Nädelchen wieder ab.

Mercuronitrat. Gibt man zu einer Probe der Salzsäure etwas Mercuronitratlösung, so entsteht ein weißer Niederschlag von Mercurochlorid.

$$HgNO_3 + HCl = HNO_3 + HgCl\,.$$

Das Mercurochlorid oder Quecksiberchlorür wird auch mit dem Namen Kalomel bezeichnet. Der Name ($\varkappa\alpha\lambda\acute{o}\varsigma$, $\mu\acute{\epsilon}\lambda\alpha\varsigma =$ schön, schwarz) rührt daher, daß es sich beim Übergießen mit Ammoniak schwarz färbt.

Theorie der elektrolytischen Dissoziation, Ionentheorie.

Je eine Probe von Lösungen von Kaliumchlorid, Natriumchlorid, Magnesiumchlorid, Bariumchlorid, Eisenchlorid, Quecksilberchlorid, Kaliumchlorat und Chloralhydrat versetze man mit etwas Silbernitratlösung. Bei allen außer den beiden letzten erfolgt eine Fällung von Chlorsilber, die gleiche, wie sie auch bei der Salzsäure beobachtet wurde. Das Chlor reagiert also in einer Reihe von Verbindungen mit verschiedenen Elementen in gleicher Weise mit dem Silbernitrat ohne Rücksicht auf den anderen Bestandteil, mit dem es verbunden ist, während es in anderen Verbindungen keine Reaktion mit dem gleichen Reagens zu geben vermag. Eine Erklärung für dieses verschiedene Verhalten gibt die Theorie der elektrolytischen Dissoziation oder die Ionentheorie, die von SVANTE ARRHENIUS aufgestellt worden ist auf Grund des Verhaltens wässeriger Lösungen beim Durchgang des elektrischen Stroms und bei der Bestimmung des osmotischen Druckes.

Die meisten anorganischen Stoffe leiten in wässeriger Lösung den elektrischen Strom, sie sind Elektrolyte, die in die drei großen Gruppen Säuren, Basen und Salze eingeteilt werden. Die Stromleitung ist verknüpft mit einer Verschiebung von Materie nach den beiden Polen. Der Transport von Elektrizität erfolgt dadurch, daß in der wässerigen Lösung Massenteilchen vorhanden sind, die Elektrizitätsmengen zu befördern vermögen, indem sie nach den Elektroden wandern, weshalb man sie nach M. FARADAY als Ionen bezeichnet hat. Diese Ionen können nicht erst beim Stromdurchgang entstehen, da keine elektrische Energie zur Spaltung des Elektrolyten aufgewendet wird, sondern sie müssen sich sofort bilden, wenn ein Elektrolyt in Wasser gelöst wird, und zwar dadurch, daß die Moleküle des Elektrolyten zerfallen oder dissoziieren. Für diese Annahme spricht auch das Verhalten der Elektrolyte bei der Bestimmung des osmotischen Drucks oder der Änderung des Gefrierpunkts und des Siedepunkts ihrer wässerigen Lösungen. Sie ergeben dabei Werte, die weit über den normalen liegen und sich je nach der Zahl der beim

Zerfall entstehenden Ionen bis zum mehrfachen Normalbetrag steigern können, was sich durch die Annahme erklären läßt, daß die bei der Dissoziation entstandenen Spaltstücke, die Ionen, sich wie ganze Moleküle verhalten.

Die Spaltung der Elektrolyte in Ionen erfolgt durch die dissoziierende Kraft des Wassers, die wohl durch die hohe Dielektrizitätskonstante bedingt ist, und es entstehen zwei Arten von Ionen, die aus einzelnen Atomen oder Atomgruppen bestehen und die entweder eine positive oder eine negative Ladung tragen. Erstere, die nach der entgegengesetzt geladenen Kathode wandern, werden Kationen genannt, letztere als Anionen bezeichnet, da sie der positiven Anode zustreben. Ionen sind also Atome oder Atomgruppen, die mit bestimmten positiven oder negativen Elektrizitätsmengen geladen sind.

Diese Elektrizitätsmengen richten sich je nach der Wertigkeit des betreffenden Atoms oder der Atomgruppe, und zwar nimmt man an, daß das Ion eines einwertigen Elementes auch ein Elementarquantum Elektrizität, ein sog. Elektron, als Ladung hat, was man durch einen Punkt bei positiver Ladung, durch einen Strich bei negativer Ladung, rechts oben neben dem Symbol des Elementes oder der Gruppe andeutet. Bei mehrwertigen Atomen oder Gruppen wird die Zahl der Ladungen durch die entsprechende Anzahl Punkte oder Striche ausgedrückt, z. B. $\overset{\cdot}{K}$, $\overset{\cdot}{Na}$, $\overset{\cdot\cdot}{Ba}$, $\overset{\cdot\cdot\cdot}{Fe}$ und $\overset{\prime}{Cl}$, $NO_3^{\prime}$, $SO_4^{\prime\prime}$. Diese Punkte und Striche haben ebenso wie die Symbole der Atome nicht nur qualitative, sondern auch quantitative Bedeutung, und ebenso wie das Symbol auch gleichzeitig ein Grammatom eines Elements ausdrückt, so ist unter dem Symbol der elektrischen Ladung auch jeweils die Elektrizitätsmenge von 96450 Coulomb zu verstehen, die, mit einem Grammäquivalent eines Elementes verbunden, nach den Gesetzen von FARADAY durch die Lösung des Elektrolyten befördert wird.

So lassen sich die negativen Ionen auffassen als Verbindungen von Atomen oder Atomgruppen mit Elektrizitätsatomen oder Elektronen, die man bereits im freien Zustand nachgewiesen hat. Positive Ladungen sind stets an Masse gebunden, und bei positiven Ionen kommt die Ladung durch den Verlust von Elektronen aus der Elektronenhülle des Atoms zustande, durch den ein Überwiegen des positiv geladenen Atomkerns herbeigeführt wird.

Auf freie Ionen sind fast in allen Fällen die analytischen Reaktionen zurückzuführen, soweit sie in wässeriger Lösung verlaufen. Diese Erkenntnis bedeutet einen großen praktischen Vorteil für die analytische Chemie, da man aus der Kenntnis der Reaktionen der einzelnen Ionen die Reaktionen der Stoffe, die sich aus ihnen zusammensetzen, ableiten und erklären kann.

Bei den oben angegebenen Versuchen enthalten die Lösungen der verschiedenen Chloride, wie ein elektrolytischer Versuch beweist, Kalium, Natrium, Barium, Magnesium, Eisen und Quecksilber als Kationen einerseits und Chlor als Anion andererseits. Die Silbernitratlösung enthält Silberionen und Nitrationen. Es kann sich also in allen Fällen aus den Chlorionen und den Silberionen das schwerlösliche Silberchlorid bilden, das ausfällt. Umgekehrt ist es natürlich auch gleichgültig für den Verlauf der Reaktion, wenn an Stelle des Silbernitrats ein anderes wasserlösliches Silbersalz tritt, das die Silberionen liefert.

Eine Gleichung, die alle diese Reaktionen umfaßt, läßt sich aus den Ionengleichungen für die einzelnen Reaktionen leicht ableiten.

Für die einzelnen Reaktionen ergeben sich folgende Gleichungen:

$$\overset{\cdot}{K} + \overset{\prime}{Cl} + \overset{\cdot}{Ag} + NO_3^{\prime} = AgCl + \overset{\cdot}{K} + NO_3^{\prime}$$
$$\overset{\cdot}{Na} + \overset{\prime}{Cl} + \overset{\cdot}{Ag} + NO_3^{\prime} = AgCl + \overset{\cdot}{Na} + NO_3^{\prime}$$
$$\overset{\cdot\cdot}{Mg} + 2\,\overset{\prime}{Cl} + 2\,\overset{\cdot}{Ag} + 2\,NO_3^{\prime} = 2\,AgCl + \overset{\cdot\cdot}{Mg} + 2\,NO_3^{\prime}$$
$$\overset{\cdot\cdot}{Ba} + 2\,\overset{\prime}{Cl} + 2\,\overset{\cdot}{Ag} + 2\,NO_3^{\prime} = 2\,AgCl + \overset{\cdot\cdot}{Ba} + 2\,NO_3^{\prime}$$
$$\overset{\cdot\cdot\cdot}{Fe} + 3\,\overset{\prime}{Cl} + 3\,\overset{\cdot}{Ag} + 3\,NO_3^{\prime} = 3\,AgCl + \overset{\cdot\cdot\cdot}{Fe} + 3\,NO_3^{\prime}$$
$$\overset{\cdot\cdot}{Hg} + 2\,\overset{\prime}{Cl} + 2\,\overset{\cdot}{Ag} + 2\,NO_3^{\prime} = 2\,AgCl + \overset{\cdot\cdot}{Hg} + 2\,NO_3^{\prime}$$
$$2\,\overset{\cdot}{K} + 2\,\overset{\prime}{Cl} + 2\,\overset{\cdot}{Ag} + SO_4^{\prime\prime} = 2\,AgCl + 2\,\overset{\cdot}{K} + SO_4^{\prime\prime}$$

Werden in allen diesen Gleichungen die Glieder gestrichen, die sich auf beiden Seiten des Gleichheitszeichens finden, so ergibt sich daraus die vereinfachte Gleichung:

$$\overset{\cdot}{Ag} + \overset{\prime}{Cl} = AgCl\,,$$

die allgemein die Reaktion zwischen Chloriden und Silbernitrat darstellt und besagt, daß Silberionen ein Reagens auf Chlorionen sind.

Daraus erklärt sich auch das Ausbleiben der Reaktion bei den Lösungen des Kaliumchlorats und des Chloralhydrats. Das Chloralhydrat ist kein Elektrolyt, es gibt daher in wässeriger Lösung keine Ionen. Das Kaliumchlorat zerfällt, wie durch einen elektrolytischen Versuch gezeigt werden kann, in Kaliumionen und ClO_3'-Ionen, die Chlorationen, liefert also ebenfalls keine Chlorionen und kann daher auch keine Reaktion mit Silberionen geben.

Stärke der Säuren, Massenwirkungsgesetz.

Drei gleich lange Stückchen Magnesiumband werden in drei Reagensgläsern mit je 10 ccm doppelt normaler Salzsäure, Schwefelsäure und Essigsäure übergossen. (Die verdünnten Säuren des Arbeitsplatzes sind doppelt normal.) In allen drei Fällen erfolgt eine Wasserstoffentwicklung, die bei der Salzsäure und Schwefelsäure stürmisch, bei der Essigsäure träge verläuft, und dementsprechend wird das Metall in der Salzsäure und Schwefelsäure rasch, in der Essigsäure langsam gelöst.

Lösungen von Säuren, die ein Grammäquivalent Wasserstoff, d. h. das Äquivalentgewicht des Wasserstoffs ausgedrückt in Grammen, also 1,008 g Wasserstoff im Liter enthalten, bezeichnet man als einfach normal; enthalten sie zwei oder drei Grammäquivalente Wasserstoff, so sind sie doppelt oder dreifach normal, während Lösungen, die einen Bruchteil eines Grammäquivalentes, etwa ein Zehntel oder ein Hundertstel, enthalten, Zehntelnormal- oder Hundertstelnormallösungen genannt werden. Eine einfach normale Chlorwasserstoffsäure enthält daher ein Grammmolekül Chlorwasserstoff, d. h. das Molekulargewicht des Chlorwasserstoffs, ausgedrückt in Grammen, also rund 36,5 g Chlorwasserstoff gelöst zum Liter. Die zweibasische Schwefelsäure hat zwei Äquivalente Wasserstoff in ihrem Molekül; es ist daher in einer Normalschwefelsäure nur ein halbes Grammolekül, also $\dfrac{98}{2}$ oder 49 g Schwefelsäure zum Liter gelöst, während die einbasische Essigsäure wieder ein ganzes Grammolekül im Liter der Normallösung enthält. Die Konzentrationen der übrigen Normalitäten ergeben sich daraus von selbst.

Die Säuren sind Elektrolyte. Man kann sie unbeschadet der Richtigkeit der früher gegebenen Definition auch definieren als *Wasserstoffverbindungen von Metalloiden ionogen gebundenem Wasserstoff, die bei der Dissoziation in wässeriger Lösung stets Wasserstoffionen liefern.* Diese Dissoziation findet aber nicht restlos statt, sondern nur zu einem bestimmten Bruchteil, der bei den verschiedenen Säuren verschieden groß ist, und den man als den Dissoziationsgrad bezeichnet. Mit zunehmender Verdünnung wächst auch der dissoziierte Teil der Säure, bis schließlich bei unendlicher Verdünnung bei allen Säuren vollkommene Dissoziation erreicht wird. Die Unterschiede im Dissoziationsgrad bei mäßiger Verdünnung äußern sich sowohl bei der Stromleitung als auch in der Verschiedenheit der Geschwindigkeit der Wasserstoffentwicklung bei der Einwirkung auf Metall.

Für beide Erscheinungen kommt nur der dissoziierte Anteil der Säure in Betracht. Denn da die Elektrizität durch die freien Ionen transportiert wird, erfolgt die Stromleitung am stärksten da, wo viel freie Ionen vorhanden sind, also in Lösungen von Säuren, die stark dissoziieren. Ebenso kommt für die Wasserstoffentwicklung nur der in Ionenform vorhandene Wasserstoff in Betracht. Werden die oben ausgeführten Reaktionen in Ionengleichungen dargestellt, so ergibt sich:

$$Mg + 2\,H^{\cdot} + 2\,Cl' = Mg^{\cdot\cdot} + 2\,Cl' + H_2$$
$$Mg + 2\,H^{\cdot} + SO_4'' = Mg^{\cdot\cdot} + SO_4'' + H_2$$
$$Mg + 2\,H^{\cdot} + 2\,C_2H_3O_2' = Mg^{\cdot\cdot} + 2\,C_2H_3O_2' + H_2$$

oder vereinfacht:

$$Mg + 2\,H^{\cdot} = Mg^{\cdot\cdot} + H_2\,.$$

Die Reaktion besteht also in einem Übergang des Zustandes der positiven elektrischen Ladung von den Wasserstoffionen auf das elektrisch neutrale Metall, das dadurch in Ionenform übergeht. Die elektrisch neutral gewordenen Massenteilchen des Wasserstoffs vereinigen sich dann zu Molekülen und entweichen gasförmig

Die Wasserstoffentwicklung wird also bei der Säure am lebhaftesten verlaufen, die die meisten Wasserstoffionen liefert, die also am stärksten dissoziiert ist. Mehrbasische Säuren dissoziieren stufenweise. Sie geben zuerst ein Wasserstoffion ab, während die anderen Wasserstoffatome zunächst im Anion verbleiben und je nach der Stärke der Säure bei mehr oder weniger weitgehender Verdünnung nacheinander abgegeben werden. Bei der Schwefelsäure z. B. erfolgt der Zerfall nach dem Schema

$$SO_4H_2 = SO_4H' + H^{\cdot} \quad \text{und} \quad SO_4H' = SO_4'' + H^{\cdot},$$

so daß in ihrer wässerigen Lösung die Ionen $H^{\cdot}$, SO_4H' und SO_4'' neben undissoziierter Säure enthalten sind. Analog verläuft die Dissoziation bei dreibasischen Säuren. Hier zeigt sich eine primäre, eine sekundäre und eine tertiäre Dissoziation, von denen die tertiäre die kleinste und die primäre die größte ist.

An dem Grad der Dissoziation, der durch die Bestimmung der elektrischen Leitfähigkeit ermittelt werden kann, mißt man die Stärke der Säuren, wobei, da der Dissoziationsgrad mit der Verdünnung wächst, nur Lösungen miteinander verglichen werden können, die die gleichen Mengen ionogen gebundenen Wasserstoffs in der Volumeinheit enthalten. Nach diesen Messungen ist von den hier betrachteten Säuren die stärkste die Salzsäure, die in normaler Lösung zu 80 % dissoziiert ist. Eine Normallösung von Salzsäure würde demnach 0,8 g Wasserstoffionen im Liter enthalten.

Durch die Menge Wasserstoffionen, die in einem Liter enthalten ist, wird die Wasserstoffionenkonzentration angegeben, die man mit dem Symbol $[H^{\cdot}]$ bezeichnet. Nach einem Vorschlag von S. P. L. SÖRENSEN drückt man die Wasserstoffionenkonzentration aus Zweckmäßigkeitsgründen durch den negativen dekadischen Logarithmus der Konzentration oder durch den Logarithmus ihres reciproken Wertes aus. Diese Zahl nennt man Wasserstoffexponent oder Säurestufe und bezeichnet sie mit p_H. Der Wasserstoffexponent ist also definiert durch die Beziehung $p_H = - \log [H^{\cdot}]$.

Auf die Salzsäure folgt dann hier die Schwefelsäure mit einem Dissoziationsgrad von 50 % in normaler Lösung und schließlich die Essigsäure, die in einer Normallösung nur zu 0,4 % gespalten ist. Säuren mit einem Dissoziationsgrad von mehr als 50 % bezeichnet man als starke Säuren. Von mittelstarken Säuren ist mehr als 1 %, von schwachen weniger als 1 % dissoziiert.

Daß bei der Darstellung des Chlorwasserstoffs die schwächere Schwefelsäure die Salzsäure austreibt, steht damit nicht im Widerspruch, da diese Reaktion auf der geringeren Flüchtigkeit der Schwefelsäure beruht.

Die Reaktion zwischen Kochsalz und Schwefelsäure ist ein umkehrbarer Prozeß. Es kann unter geeigneten Bedingungen auch aus saurem Natriumsulfat und Salzsäure Kochsalz und Schwefelsäure zurückgebildet werden, was man in der Gleichung dadurch ausdrückt, daß man an die Stelle des Gleichheitszeichens zwei entgegengesetzt gerichtete Pfeile setzt:

$$NaCl + H_2SO_4 \rightleftarrows NaHSO_4 + HCl.$$

Man gebe zu einer gesättigten Lösung von saurem Natriumsulfat konzentrierte Salzsäure. Es fällt Kochsalz aus.

Jede Reaktion verläuft mit einer bestimmten Geschwindigkeit. Diese Geschwindigkeit, d. h. die Stoffmenge, die in der Zeiteinheit umgesetzt wird, ist proportional den Konzentrationen der reagierenden Stoffe, da die Zahl der Molekülzusammenstöße, die die Voraussetzung für das Zustandekommen einer Umsetzung sind, der Konzentration der Moleküle proportional ist.

Die Geschwindigkeit v_1 der Bildung von Chlorwasserstoff und saurem Natriumsulfat ist also in jedem Zeitteilchen proportional den gerade bestehenden Konzentrationen von Kochsalz und Schwefelsäure. Wenn diese Konzentrationen zur Zeit t mit c_1 und c_2 bezeichnet werden, ist sie:

$$v_1 = k_1 \cdot c_1 \cdot c_2$$

Werden ferner die Konzentrationen von saurem Natriumsulfat und Chlorwasserstoff zur gleichen Zeit t mit c_3 und c_4 bezeichnet, so ist die Geschwindigkeit v_2 der Rückbildung von Kochsalz und Schwefelsäure gleich:

$$v_2 = k_2 \cdot c_3 \cdot c_4,$$

wobei k_1 ebenso wie k_2 die Geschwindigkeitskonstanten bedeuten.

Die Geschwindigkeit der Salzsäurebildung nimmt ab, da bei der Reaktion Schwefelsäure und Kochsalz verschwinden. Die Geschwindigkeit des entgegengesetzten Vorganges wächst mit der steigenden Menge der Reaktionsprodukte. In dem Augenblick, in dem die beiden Geschwindigkeiten gleiche Größe erreicht haben, wo also $v_1 = v_2$ oder

$$k_1 \cdot c_1 \cdot c_2 = k_2 \cdot c_3 \cdot c_4$$

geworden ist, kann keine Veränderung mehr eintreten. Es herrscht dann ein Gleichgewichtszustand und der Prozeß kommt zum Stillstand. Für diesen Zustand ergibt sich durch Umformen der obigen Gleichung:

$$\frac{c_1 \cdot c_2}{c_3 \cdot c_4} + \frac{k_2}{k_1} = K \, .$$

Diese Gleichung ist der Ausdruck des Massenwirkungsgesetzes, das die Abhängigkeit des Gleichgewichtes bei einer umkehrbaren Reaktion von der Konzentration der Reaktionsteilnehmer darstellt. Die Konstante K wird als die Gleichgewichtskonstante bezeichnet.

Bei der Darstellung des Chlorwasserstoffs aus Kochsalz und Schwefelsäure wird durch das Erwärmen der Chlorwasserstoff infolge seiner Flüchtigkeit aus dem Reaktionsgemisch dauernd entfernt. Es kann daher auch kein Gleichgewichtszustand eintreten, und die Umsetzung geht vollständig zu Ende.

Kohlendioxyd, Natriumcarbonat und Natronlauge.

Ein Sodakrystall wird im Reagensglas mit verdünnter Salzsäure übergossen. Unter Aufbrausen erfolgt Entwicklung eines farb- und geruchlosen Gases, des Kohlendioxyds, gemäß der Gleichung:

$$Na_2CO_3 + 2\,HCl = 2\,NaCl + H_2O + CO_2 \, .$$

An einem Glasstab führe man einen Tropfen Kalkwasser vorsichtig in die Mündung des Reagensglases ein und lasse das entweichende Gas dagegen strömen. Das Kalkwasser trübt sich durch Bildung von Calciumcarbonat.

$$Ca(OH)_2 + CO_2 = CaCO_3 + H_2O \, .$$

Soda ist Natriumcarbonat, d. h. das Natriumsalz der Kohlensäure H_2CO_3, die in freiem Zustand wenig beständig ist und in das Anhydrid CO_2 und Wasser zerfällt, wenn man sie mit einer stärkeren Säure in Freiheit setzt. Als zweibasische Säure vermag sie zwei Reihen Salze zu bilden. Ein neutrales Salz ist die Soda

$$C\!\!=\!\!O\!\!<\!\!\begin{array}{l}ONa\\[4pt]ONa\end{array},$$

ein saures das sog. Natriumbicarbonat

$$C\!\!=\!\!O\!\!<\!\!\begin{array}{l}OH\\[4pt]ONa\end{array}.$$

Die Soda, das wichtigste Carbonat, krystallisiert mit 10 Molekülen Krystallwasser. An der Luft verliert sie mit der Zeit alles Wasser bis auf 1 Molekül, sie „verwittert“. Werden Sodakrystalle trocken erhitzt, so schmelzen sie zunächst im Krystallwasser, bei stärkerem Erhitzen verdampft dieses, und das Salz mit 1 Molekül Krystallwasser scheidet sich ab. Durch energischere Erhitzung wird auch das letzte Wassermolekül ausgetrieben, und es hinterbleibt die „calcinierte Soda“. Bei Glühtemperatur schmilzt die Soda schließlich und erstarrt wieder beim Erkalten. Kohlendioxyd wird beim Glühen nur spurenweise abgespalten, da die Alkalicarbonate fast völlig glühbeständig sind.

Zum Nachweis des Kohlendioxyds, namentlich bei kleinen Mengen, kann man vorteilhaft folgenden kleinen Apparat verwenden.

Ein Fraktionierkölbchen von 10 ccm Inhalt wird mittels eines einfach durchbohrten Korks mit einem bis auf den Boden reichenden Trichter- rohr versehen. An das nach unten gebogene Ab- leitungsrohr wird mit einem eingekerbten Kork ein Reagensglas angesetzt, das einige Kubikzentimeter Barytwasser enthält. In das Kölbchen gibt man eine Messerspitze Soda und übergießt mit etwas Wasser. Durch das Trichterrohr, das so eingesetzt wird, daß es in die Flüssigkeit eintaucht, gibt man verdünnte Salzsäure zu. Das aus dem Carbonat entweichende Kohlendioxyd trübt das vorgelegte Barytwasser. Bei kleinen Mengen Carbonat muß das Reaktionsgemisch im Kölbchen bis zum Sieden erwärmt werden, damit das Kohlendioxyd aus der Flüssigkeit ausgetrieben und durch die Wasser- dämpfe in die Vorlage übergeführt wird.

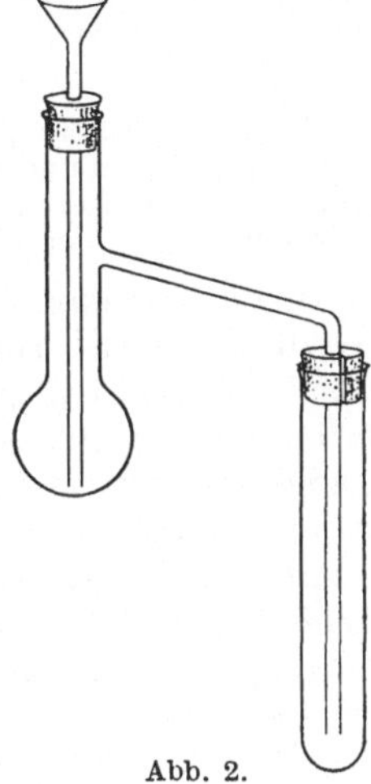

Abb. 2.
Kohlendioxydnachweis.

Darstellung von Natronlauge. 5 g wasserfreies Natriumcarbonat löse man in einem Kölbchen in 30 ccm Wasser, erhitze zum Sieden und trage die gleiche Menge gebrannten Kalk ein. Die Flüssigkeit, die durch die beim Löschen des Kalks entwickelte Wärme in lebhaftes Sieden gerät, erhalte man noch kurze Zeit (etwa 2 Minuten) am Kochen, filtriere dann durch ein Falten- filter und wasche mit Wasser nach. Eine kleine Probe, etwa 1 ccm, werde in einer kleinen Porzellanschale eingedampft. Es hinterbleibt ein weißer Rückstand von Natriumhydroxyd. Bei höherer Temperatur schmilzt das Natriumhydroxyd ohne Wasser zu verlieren.

Gebrannter Kalk, Calciumoxyd, liefert mit Wasser gelöschten Kalk oder Cal- ciumhydroxyd

$$CaO + H_2O = Ca(OH)_2 .$$

Calciumhydroxyd setzt sich mit Natriumcarbonat um im Sinne der Gleichung

$$Ca(OH)_2 + Na_2CO_3 = CaCO_3 + 2\,NaOH$$

und macht, da es ein schwerlösliches Carbonat bildet, aus dem Natriumcarbonat die ihm zugrunde liegende Base, das Natriumhydroxyd, frei.

Natriumhydroxyd ist eine Base, d. h. *ein Stoff, der in wässeriger Lösung Hydroxyl- ionen liefert.* Enthält eine Base nur eine Hydroxylgruppe, die in Ionenform ab- gespalten werden kann, so wird sie als einsäurig bezeichnet, enthält sie mehrere, so ist sie mehrsäurig, je nach Anzahl der Hydroxylgruppen. Die Stärke der Basen wird ebenso wie bei den Säuren gemessen durch den Dissoziationsgrad, der durch Leitfähigkeitsbestimmungen ermittelt wird. Die starken Basen, wie Natronlauge oder Kalilauge, sind in Normallösungen zu 75 % dissoziiert, Ammoniumhydroxyd, eine schwache Base, dagegen nur zu 0,4 %. Die Einteilung erfolgt hier nach dem gleichen Prinzip wie bei den Säuren. Die mehrsäurigen Basen dissoziieren ebenso wie die mehrbasischen Säuren stufenweise, also z. B.

$$Ba(OH)_2 = Ba(OH)^{\cdot} + OH'\quad \text{und}$$
$$Ba(OH)^{\cdot} = Ba^{\cdot\cdot} + OH' .$$

Die sekundäre Dissoziation ist auch hier kleiner als die primäre und bei dreisäurigen Basen die tertiäre wieder kleiner als die sekundäre.

Durch Säuren werden die Basen neutralisiert unter Bildung von Wasser und Salzen. Das Wasserstoffion der Säure vereinigt sich dabei mit dem Hydroxylion der Base zu Wasser, das praktisch so gut wie gar nicht dissoziiert ist. Die anderen

Ionen bleiben als Anionen und Kationen des neu entstandenen Salzes, wenn dieses in Wasser löslich ist, zunächst unverändert. Erst wenn das Lösungswasser verdampft wird, gleichen sie ihre Ladungen gegeneinander aus und vereinigen sich zu nicht dissoziiertem Salz, das auskrystallisiert. Die Gleichung für die Reaktion, die sich bei der Neutralisation zwischen Basen und Säuren abspielt, ist demnach

$$H^{\cdot} + OH' = H_2O.$$

Sie ist allgemein gültig für alle Neutralisationsvorgänge zwischen beliebigen Basen und Säuren und sie erklärt auch die Beobachtung, daß bei der Neutralisation äquivalenter Mengen starker Säuren und Basen in wässeriger Lösung stets die gleiche Wärmetönung — nämlich 13750 cal für ein Grammäquivalent — auftritt.

In zwei Reagensgläsern werde je ein halber Kubikzentimeter der vom Calciumcarbonat abfiltrierten Natronlauge mit Wasser auf 10 ccm verdünnt und einmal mit einem Tropfen einer 1 proz. Lösung von Phenolphthalein und einmal mit der gleichen Menge einer 1 proz. Methylorangelösung versetzt. Mit Phenolphthalein tritt Rotviolettfärbung, mit Methylorange Gelbfärbung ein. Zu beiden Proben gebe man tropfenweise verdünnte Salzsäure. Die rotviolette Lösung wird bei der Neutralisation farblos, die gelbe rot.

Stoffe, die ähnlich wie Lackmus die alkalische oder saure Reaktion anzeigen, nennt man Indicatoren. Sie sind selbst schwache Säuren oder Basen und zeigen im dissoziierten Zustand eine andere Farbe als die ungespaltene Molekel.

Darstellung von Chlornatrium. Zu 20 g der oben bereiteten Natronlauge gebe man nach Zusatz eines Tropfens Phenolphthaleinlösung von einer im Meßzylinder abgemessenen Menge verdünnter Salzsäure so viel zu, daß die rotviolette Flüssigkeit gerade farblos wird, und bestimme die verbrauchte Salzsäuremenge.

1 Grammolekül Salzsäure neutralisiert nach der Gleichung 1 Grammmolekül Natronlauge. Es entsprechen also rund 36,5 g Chlorwasserstoff je 40 g Natronlauge. Die verdünnte Salzsäure des Platzes ist doppelt normal, enthält somit 73 g Chlorwasserstoff im Liter und 0,073 g im Kubikzentimeter. 1 l davon entspricht demnach 80 g Natriumhydroxyd und 1 ccm 0,08 g. Multipliziert man also die Anzahl Kubikzentimeter Salzsäure, die zur Neutralisation verbraucht wurden, mit 0,08, so erhält man die Anzahl Gramme Natriumhydroxyd, die in den 20 g Lauge enthalten waren, und durch weitere Multiplikation mit 5 den Prozentgehalt.

Nach der Neutralisation dampft man die Lösung in einer Porzellanschale auf einem Asbestdrahtnetz über freier Flamme vorsichtig ein. Sobald die Krystallisation beginnt, rühre man mit einem Glasstab zur Vermeidung des Stoßens und Spritzens und dampfe in dieser Weise vollständig zur Trockne. Mit dem so gewonnenen Kochsalz stelle man folgende Versuche an:

Eine Probe wird in einem Glühröhrchen, einem 6 cm langen, 5 mm weiten, einseitig geschlossenen, schwer schmelzbaren Glasröhrchen erhitzt. Das Salz verknistert, da in den einzelnen Krystallen mechanisch Wasser eingeschlossen ist, das beim Erhitzen verdampft und die Krystalle zersprengt (Decrepitationswasser). Bei stärkerem Erhitzen schmilzt das Kochsalz und erstarrt krystallinisch beim Erkalten.

Ein Körnchen des verknisterten Salzes werde an einem Platindraht in die nichtleuchtende Bunsenflamme gebracht. Die Flamme wird intensiv gelb gefärbt, eine Reaktion, die ungeheuer empfindlich ist und schon durch den dreimillionsten Teil eines Milligramms hervorgerufen wird. Sie beruht darauf, daß das Chlornatrium bei der Temperatur der Bunsenflamme verdampft und zerfällt in Chlor und in Natriumdämpfe, die im glühenden Zustande gelbes Licht aussenden.

Platindrähte für derartige Flammenreaktionen schmilzt man in Glasröhren ein. An eine 10 cm lange Glasröhre zieht man am einen Ende eine Spitze. In die Spitze führt man den ungefähr 5 cm langen Platindraht etwa $^1/_2$ cm weit ein und läßt die Spitze im Gebläsefeuer zusammenfallen. Zur Aufbewahrung steckt man die Röhrchen mit den Drähten, von denen man mehrere vorrätig hält, durch die Bohrungen eines breiten Stopfens, der auf einem weithalsigen Gefäß mit etwa 20 proz. Salzsäure sitzt, so daß die Drähte in die Säure tauchen.

Ein Körnchen Kochsalz löse man auf einem Objektträger in einem Tropfen Wasser und lasse die Lösung verdunsten, was durch mäßiges Erwärmen über einem kleinen, leuchtenden Flämmchen und Blasen unterstützt werden kann. Die Krystalle betrachte man bei mäßiger Vergrößerung unter dem Mikroskop. Das Kochsalz krystallisiert regulär in Würfeln, die sich meist zu treppenartigen Gebilden zusammenlagern.

Eine Probe des Salzes löse man in Wasser und weise mit den bekannten Reaktionen die Chlorionen in der Lösung nach.

Lösungen und Löslichkeitsprodukt.

Man löse in einem Reagensrohr in etwas Wasser so viel Kochsalz, als bei gewöhnlicher Temperatur in Lösung geht. Die Lösung versetze man mit konzentrierter Salzsäure. Ein Teil des Kochsalzes scheidet sich krystallinisch ab.

Bei Lösungen von Stoffen unterscheidet man gesättigte, ungesättigte und übersättigte Lösungen. Gesättigte Lösungen entstehen, wenn der betreffende Stoff mit dem Lösungsmittel geschüttelt wird, bis sich nichts mehr löst. Durch das Verhältnis zwischen der gelösten Stoffmenge und der Menge des Lösungsmittels wird die Löslichkeit des Stoffes ausgedrückt. Sie ist bei niederer Temperatur in der Regel kleiner als bei höherer Temperatur. Bei übersättigten Lösungen ist die Konzentration größer als bei gesättigten Lösungen, bei ungesättigten ist sie kleiner. Bei Berührung mit dem gelösten Stoff in fester Form gehen übersättigte und ungesättigte Lösungen in gesättigte über. Die übersättigte Lösung scheidet so viel von dem gelösten Stoff aus, daß die Konzentration der gesättigten Lösung erreicht wird, die ungesättigte nimmt so viel davon auf, daß sie gesättigt wird.

Diese Gesetzmäßigkeiten gelten nicht nur für Lösungen von Stoffen, die unverändert in Lösung gehen, sondern auch für die Lösungen der Salze, die bei der Auflösung in Wasser zum größten Teile in ihre Ionen zerfallen. Bringt man zu Salzlösungen Stoffe hinzu, die ein Ion liefern, das bereits in der Lösung vorhanden ist, wie das beim Zusammenbringen der Kochsalzlösung mit der Salzsäure geschieht, so zeigt sich eine weitere Regelmäßigkeit. Eine gesättigte Lösung eines Salzes wird übersättigt in bezug auf dieses Salz, wenn man die Konzentration eines seiner Ionen vermehrt. Wird dabei die Übersättigung sehr stark, so kann sich das Salz in fester Form aus der Lösung abscheiden. Ebenso kann eine übersättigte Lösung eines Salzes erhalten werden durch Zusammenbringen zweier Lösungen, die Ionen dieses Salzes in genügender Menge enthalten, also z. B. durch Vermischen einer gesättigten Lösung von Natriumnitrat mit konzentrierter Salzsäure. Besonders leicht wird die Bildung einer übersättigten Lösung und die Abscheidung des Salzes erfolgen, wenn Ionen zusammengebracht werden, die ein schwerlösliches Salz bilden.

Diese Erscheinungen lassen sich erklären durch das Gesetz der Massenwirkung, wenn die Ionen der Salze als selbständige Bestandteile betrachtet werden. Nach dem Massenwirkungsgesetz herrscht Gleichgewicht bei einer Reaktion, wenn die

Konzentrationen der beteiligten Stoffe gewisse Werte erreicht haben, die durch die auf S. 8 abgeleitete Gleichung

$$\frac{c_1 \cdot c_2}{c_3 \cdot c_4} = K$$

geregelt sind.

Die Konzentration wird ausgedrückt durch die Anzahl der Grammoleküle, die in der Volumeneinheit, dem Liter, gelöst sind. Die Anzahl der Moleküle, mit der ein Stoff an der Reaktion beteiligt ist, erscheint als Exponent. Die Größe K ist die Gleichgewichtskonstante, die unabhängig ist von den absoluten Werten der Konzentrationen, aber abhängig von der Temperatur.

Wird das Massenwirkungsgesetz auf ein einfaches Salz angewendet, das bei der Lösung zum größten Teil in zwei einwertige Ionen, das Kation Me und das Anion R zerfällt, nach der Gleichung

$$\mathrm{MeR} \rightleftharpoons \mathrm{Me}^{\cdot} + \mathrm{R}' ,$$

so besteht unter der oben schon erwähnten Voraussetzung, daß die beiden Ionen wie selbständige Stoffe betrachtet werden, in jeder Lösung die Beziehung

$$\frac{[\mathrm{Me}^{\cdot}] \cdot [\mathrm{R}']}{[\mathrm{MeR}]} = K \quad \text{oder} \quad \mathrm{Me}^{\cdot} \cdot \mathrm{R}' = K \cdot \mathrm{MeR} ,$$

wobei die Konzentrationen der Ionen und des nicht dissoziierten Anteils durch Einschließen in eckige Klammern angedeutet werden und K die von der Temperatur abhängige Gleichgewichtskonstante ist, die in diesem speziellen Falle Dissoziationskonstante genannt wird.

Löslichkeitsprodukt. Solange die Lösung noch festes Salz aufzulösen vermag, wächst die Konzentration [MeR] und, da das Salz dissoziiert, auch die Größe des Produktes $[\mathrm{Me}^{\cdot}] \cdot [\mathrm{R}']$ aus den Konzentrationen der beiden Ionen, das man als Ionenprodukt bezeichnet. Wenn die Lösung nichts mehr aufnimmt, also den Gleichgewichtszustand der gesättigten Lösung erreicht hat, dann hat bei einer gegebenen Temperatur der Wert $[\mathrm{MeR}] \cdot K$ und damit auch das Produkt $[\mathrm{Me}^{\cdot}] \cdot [\mathrm{R}']$ seinen maximalen Wert. Es besteht dann, wenn in dieser gesättigten Lösung die Konzentrationen $[\mathrm{Me}^{\cdot}_1]$, $[\mathrm{R}'_1]$ und $[\mathrm{MeR}_1]$ angenommen werden, die Beziehung

$$[\mathrm{Me}^{\cdot}_1] \cdot [\mathrm{R}'_1] = K \cdot [\mathrm{MeR}_1] .$$

Entsteht dasselbe Salz durch Vermischen zweier Lösungen, die seine Ionen enthalten, so muß das Produkt aus der Konzentration dieser beiden Ionen, wenn Gleichgewicht in der Lösung herrschen soll, denselben Wert $[\mathrm{Me}^{\cdot}_1] \cdot [\mathrm{R}'_1]$ annehmen, der auch bei der Auflösung des Salzes erreicht wurde. Das Produkt, das diesen Wert hat, heißt Löslichkeitsprodukt. Es läßt sich kurz definieren als das Ionenprodukt einer gesättigten Lösung eines Elektrolyten.

Ist das Löslichkeitsprodukt eines Stoffes groß, so bezeichnet man ihn als leicht löslich, ist es klein, so ist der Stoff schwerlöslich. In einer übersättigten Lösung ist das Produkt aus den Ionenkonzentrationen, das Ionenprodukt, größer als das Löslichkeitsprodukt, in ungesättigten Lösungen kleiner, und beide streben, wie bereits erwähnt, dem Gleichgewichtszustand der gesättigten Lösung zu. Bei dem Versuch mit Chlornatrium und Salzsäure wird durch die stark dissoziierte Salzsäure die Konzentration der Chlorionen stark erhöht. Dadurch wird das Ionenprodukt vergrößert, und sobald es das Löslichkeitsprodukt des Chlornatriums überschreitet, tritt Ausscheidung des Kochsalzes aus der übersättigten Lösung ein.

Man stelle sich in drei Reagensgläsern gesättigte Lösungen von Kochsalz, Kaliumchlorid und Kaliumchlorat her. Beim Zusammenbringen von Kaliumchloratlösung und Kochsalzlösung tritt kein Niederschlag ein, wohl aber, wenn die beiden Lösungen von Kaliumchlorid und Kaliumchlorat miteinander vereinigt werden. Sollte sich der Niederschlag nicht sofort abscheiden, sondern eine übersättigte Lösung entstehen, so leite man die Krystallisation durch Reiben mit dem Glasstab ein.

Durch die Zugabe der Kaliumchloridlösung zur Kaliumchloratlösung wird in dieser das Ionenprodukt aus Kaliumionen und Chlorationen so groß, daß es das

Löslichkeitsprodukt des Kaliumchlorats überschreitet, so daß sich dieses Salz abscheiden muß. Es ergibt sich aus diesen Beobachtungen der allgemeine Satz, daß die Löslichkeit eines Elektrolyten herabgesetzt wird, wenn ein anderer Elektrolyt, der ein gleichnamiges Ion bildet, in die Lösung gebracht wird. Daraus ergibt sich dann weiter die praktische Regel, analytische Fällungen mit einem Überschuß des Fällungsmittels vorzunehmen, wenn dieses nicht im anderen Sinne mit dem Niederschlag reagiert.

Die Reaktionen des Natriumions.

Kaliumpyroantimoniat. Zur Herstellung des Reagenses, das man am besten stets frisch bereitet, übergießt man ein Viertelgramm Kaliumpyroantimoniat mit einer Mischung aus 5 ccm normaler Kalilauge und 2 ccm Wasserstoffsuperoxyd, kocht auf, schüttelt nach dem Abkühlen gut um und läßt absitzen. Die abgeklärte Lösung bringe man mit der Natriumsalzlösung zusammen. Es entsteht ein weißer *krystallinischer* Niederschlag von Natriumpyroantimoniat.

$$2\,Na^{\cdot} + H_2Sb_2O_7'' = Na_2H_2Sb_2O_7\,.$$

Die Reaktion ist nur brauchbar bei ganz neutralen oder schwach alkalischen Lösungen, da durch Säure aus dem Reagens weiße, *amorphe* Antimonsäure gefällt wird. Sauere Lösungen müssen daher vor Zugabe des Reagenses mit Kalilauge übersättigt werden. Ammoniumsalze stören die Reaktion ebenfalls.

Platinchlorwasserstoffsäure gibt mit Natriumsalzen Natriumplatinchlorid, $Na_2PtCl_6 + 6H_2O$, orangegelbe, lange prismatische Nadeln, die in Wasser und Alkohol leicht löslich sind. Zur Ausführung der Reaktion versetze man auf einem Objektträger einen Tropfen Chlornatriumlösung mit einem Überschuß (3 Tropfen) Platinchlorwasserstoffsäure, dunste das Ganze vorsichtig zur Krystallisation ein und betrachte die Krystalle unter dem Mikroskop. Man vermeide beim Eindunsten ein scharfes Eintrocknen des Rückstandes, da sonst das Salz sein Krystallwasser und damit sowohl seine Krystallstruktur als auch seine Löslichkeit in Alkohol verliert.

Uranylacetat. Ein Tropfen Natriumchloridlösung werde auf einem Objektträger über einem kleinen Flämmchen eingetrocknet. Einen dünn ausgezogenen Glasstab tauche man in eine gesättigte Lösung von Uranylacetat in verdünnter Essigsäure, befeuchte damit den Rückstand auf dem Objektträger und lege das Präparat sofort unter das Mikroskop. Es zeigen sich stark lichtbrechende, kleine tetraedrische Krystalle des Doppelsalzes von Uranylacetat und Natriumacetat, die in Wasser leicht löslich sind.

$$NaCl + UO_2(C_2H_3O_2)_2 + C_2H_4O_2 = NaC_2H_3O_2 \cdot UO_2(C_2H_3O_2)_2 + HCl\,.$$

Lösungen von Uranylacetat in Essigsäure, die Magnesiumacetat[1] oder Kobaltacetat[2] enthalten, sind in neuerer Zeit ebenfalls für den Natriumnachweis empfohlen worden. Das Natrium soll damit als Salz von der Formel

$$3\,UO_2(C_2H_3O_2)_2 \cdot Mg(C_2H_3O_2)_2 \cdot NaC_2H_3O_2 \cdot 9\,H_2O$$

oder $\qquad 3\,UO_2(C_2H_3O_2)_2 \cdot Co(C_2H_3O_2)_2 \cdot NaC_2H_3O_2 \cdot 6\,H_2O$

unlöslich abgeschieden werden.

---

[1] Chem. Zbl **4**, 632 (1923).　　　[2] J. amer. chem. Soc. **151**, 1965.

Darstellung von Salpetersäure.

Ähnlich wie auf die Chloride wirkt konzentrierte Schwefelsäure auf Nitrate. So setzt sie sich mit Kaliumnitrat um zu saurem Kaliumsulfat und freier Salpetersäure. Reaktionsgleichung?

Zur Darstellung von Salpetersäure (Abb. 3) reinige man zunächst eine tubulierte Retorte gründlich durch Ausspülen mit Wasser, dann trockne man sie durch Einblasen oder Durchsaugen von Luft unter gleichzeitigem Erwärmen. Nun bringe man mit Hilfe eines Trichters 30 ccm konzentrierte Schwefelsäure in die Retorte und trage in die Säure durch den Tubus 50 g pulverisierten Kalisalpeter in kleinen Portionen ein, wobei man die Retorte durch Eintauchen in kaltes Wasser fortwährend kühlt. Nach beendigtem Eintragen verschließt man den Tubus mit einem Glasstopfen oder mit einem durch Asbestpapier geschützten Kork und läßt das Reaktionsgemisch zur völligen Umsetzung 1—2 Stun-

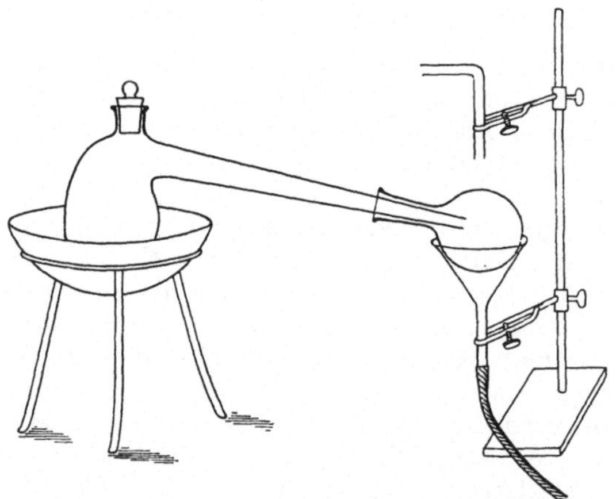

den stehen. Nach dieser Zeit setzt man die Retorte in einer Eisenschale auf eine dünne Schicht Sand, umgibt sie bis zur Höhe des Flüssigkeitsspiegels mit rings angeschüttetem Sand und destilliert mit einer kleinen Flamme die gebildete Salpetersäure ab. Den Vorlauf, d. h. die ersten übergehenden Tropfen, fängt man gesondert auf. Sie sind mit Stickoxyden verunreinigt, die ihre Entstehung dem Um-

Abb. 3. Apparat zur Salpetersäuredarstellung.

stande verdanken, daß unverbrauchte konzentrierte Schwefelsäure der destillierenden Salpetersäure Wasser entzieht, so daß das Anhydrid N_2O_5 entsteht, das leicht in niedere Oxyde und Sauerstoff zerfällt nach der Gleichung:
$$N_2O_5 = N_2O_4 + O.$$

Die Hauptmenge wird in einem kleinen gewogenen Erlenmeyer gesammelt, der in einem Trichter liegt und durch Wasser gekühlt wird. Das Destillat werde gewogen. Man berechne aus der Reaktionsgleichung die aus der angewandten Salpetermenge theoretisch zu erwartende Menge Salpetersäure und vergleiche damit die erhaltene Ausbeute. Wenn gegen Ende der Destillation infolge steigender Temperatur die Salpetersäure sich wie oben zersetzt und rötliche Dämpfe von Stickoxyden auftreten, wechselt man die Vorlage abermals und fängt auch den Nachlauf getrennt auf. Der Rückstand wird noch heiß aus der Retorte ausgegossen (unter einem Abzug!).

Die Umsetzung der Schwefelsäure mit Salpeter kann durch Steigerung der Temperatur auch bis zur Bildung von neutralem Sulfat und vollkommener Ausnutzung der Schwefelsäure getrieben werden. Unter diesen Versuchsbedingungen erfolgt aber der bei vorsichtiger und langsamer Destillation nur geringe Zerfall in viel stärkerem Maße. Es entstehen dann reichliche Mengen von Stickstoffoxyden, die sich mit gelber bis rotbrauner Farbe in der unzersetzten Salpetersäure auflösen. Ein solches Stickoxyde enthaltendes Produkt wird als rote, rauchende Salpetersäure bezeichnet.

In einem Reagensrohr übergieße man etwa 1 g Salpeter mit konzentrierter Phosphorsäure und erwärme. In einem andern Reagensrohr mache man den gleichen Versuch mit 1 g Salpeter und konzentrierter Salzsäure. Man beobachte die Reaktionen, formuliere und begründe sie.

Man mische im Reagensrohr 1 ccm konzentrierter Salpetersäure mit 3 ccm konzentrierter Salzsäure, erwärme mäßig und beobachte die Reaktion.

Die Mischung, die im Sinne der Gleichung

$$HNO_3 + 3\,HCl = NOCl + Cl_2 + 2\,H_2O$$

nascierendes Chlor und Nitrosylchlorid liefert, wirkt sehr stark oxydierend. Da sie das Gold, den „König der Metalle" auflöst, hat man sie Königswasser genannt.

Reaktionen der Salpetersäure und der Nitrate.

Ein kleines Kryställchen **Diphenylamin** werde in 1 ccm reiner konzentrierter Schwefelsäure gelöst und 1 Tropfen stark verdünnter Salpetersäure oder Nitratlösung zugegeben. Es erfolgt intensive Blaufärbung. Die Reaktion ist zwar sehr empfindlich, aber nicht· charakteristisch, da auch andere Stoffe, die gleich der Salpetersäure oxydierend wirken, sie hervorrufen.

Eine Probe **Indigolösung** werde mit verdünnter Salpetersäure erwärmt. Es tritt Entfärbung ein. Auch diese Reaktion ist nicht charakteristisch, da auch sie durch andere Oxydationsmittel bewirkt werden kann.

Nitrate werden ferner erkannt durch Erhitzen mit konzentrierter Schwefelsäure. Dabei entwickeln sich rotbraune Dämpfe, weil die in Freiheit gesetzte Salpetersäure bei der raschen Erhitzung unter Bildung von Stickoxyden zerfällt, eine Reaktion, die bei den analytischen Vorproben verwendet wird.

Zu einer kaltgesättigten, mit 2 Tropfen verdünnter Salzsäure versetzten Lösung von Eisenvitriol gebe man 2 Tropfen Salpetersäure oder Salpeterlösung. Dann gieße man vorsichtig konzentrierte Schwefelsäure in das schräg gehaltene Reagensrohr, so daß die Säure an der Wand herabfließt und sich unter die Flüssigkeit schichtet. An der Berührungsstelle der beiden Flüssigkeiten bildet sich eine braune bis amethystfarbene Zone, je nachdem größere oder kleinere Mengen Nitrat vorhanden sind.

Die Reaktion beruht auf einer Oxydation des Eisen(2)sulfates zu Eisen(3)sulfat:

$$6\,FeSO_4 + 3\,H_2SO_4 + 3\,O = 3\,H_2O + 3\,Fe_2(SO_4)_3\,.$$

Den erforderlichen Sauerstoff liefert die Salpetersäure, die im Sinne der Gleichung

$$2\,HNO_3 = H_2O + 2\,NO + 3\,O$$

zerfällt. Das bei diesem Zerfall entstehende Stickoxyd vereinigt sich mit dem überschüssigen Eisen(2)sulfat zu dem braun gefärbten Dinitroso-eisen(2)sulfat $[Fe(NO)_2]SO_4$, das ziemlich unbeständig ist und beim Erwärmen unter Abgabe von Stickoxyd wieder zerfällt. Durch Zugabe einiger Tropfen Salzsäure wird die Reaktion begünstigt. Die Reduktion der Salpetersäure erfolgt nämlich nach den Versuchen von MANCHOT und HÜTTNER[1] durch Eisen(2)sulfat allein bei Zimmertemperatur nur in hochprozentiger Schwefelsäure mit für die Analyse hinreichender Geschwindigkeit. Bei Gegenwart kleiner Mengen Salzsäure reagiert diese zuerst, wie schon erwähnt, mit der Salpetersäure unter Bildung von Nitrosylchlorid und freiem Chlor[2].

Nitronlösung. Gefällt werden Salpetersäure und Nitrate durch eine organische Base, die unter der Bezeichnung „*Nitron*" im Handel ist[3]. Eine Lösung dieses Produktes in der zehnfachen Menge 5 proz. Essigsäure gibt mit Lösungen, die Nitrationen enthalten, auch bei starker Verdünnung einen weißen, krystallinischen Niederschlag, besonders bei Kühlung mit Eiswasser, da das entstehende Nitrat der Base in der Kälte sehr schwer löslich ist.

Die Reaktion wird gestört durch Anwesenheit von salpetriger Säure, Bromwasserstoff, Jodwasserstoff, Chromsäure, Chlorsäure, Überchlorsäure, Oxalsäure, Ferri- und Ferrocyanwasserstoffsäure, die ähnliche Niederschläge geben.

Zinkstaub und Natronlauge, DEVARDAsche Legierung, ARNDsche Legierung. 1 ccm etwa 10 proz. Salpeterlösung wird mit einer Messerspitze Zinkstaub versetzt. Dann wird 30 proz. Natronlauge zugegeben und mäßig erwärmt. Man beobachte Geruch und Reaktion des entstehenden Gases und lasse es gegen einen mit konzentrierter Salzsäure befeuchteten Glasstab strömen.

Durch energische erschöpfende Reduktion der salpetersauren Salze in alkalischer Lösung mit nascierendem Wasserstoff entsteht nach der Gleichung

$$NaNO_3 + 4\,Zn + 7\,NaOH = 4\,Zn(ONa)_2 + 2\,H_2O + NH_3$$

das Ammoniak, NH_3, eine gasförmige Verbindung von charakteristischem Geruch, die Lackmuspapier bläut und mit Chlorwasserstoff Salmiaknebel bildet. Diese Reduktionsreaktion kann vorteilhaft zum Nachweis der Salpetersäure neben anderen oxydierenden stickstofffreien Säuren verwendet werden.

Ähnlich wie Zinkstaub wirkt die DEVARDAsche Legierung, die sich aus Aluminium, Zink und Kupfer zusammensetzt. Man koche wieder 1 ccm Salpeterlösung mit Natronlauge und einem halben Gramm DEVARDAscher Legierung.

In ganz schwach saurer Lösung werden Nitrate zu Ammoniak reduziert, wenn man sie nach TH. ARND[4] mit einer Legierung aus Magnesium und Kupfer und einer Magnesiumchloridlösung kocht. 1—2 ccm der 10 proz. Salpeterlösung werden in einem Erlenmeyer-Kölbchen mit Wasser auf etwa 25 ccm verdünnt. Zu der Lösung gibt man ungefähr ein Gramm ARNDscher Legierung und etwa 5 ccm einer 10 proz. Magnesium-

---

[1] Liebigs Ann. **372**, 177.   [2] Ber. dtsch. chem. Ges. **56**, 338.

[3] Nitron ist Diphenyl-endanilo-dihydrotriazol. Es entspricht der Formel $C_{20}H_{16}N_4$, auf die hier nicht näher eingegangen werden kann, da zu ihrem Verständnis Kenntnisse in der organischen Chemie erforderlich sind.

[4] Z. angew. Chem. **30**, 169; **33**, 296.

chloridlösung. Dann erhitzt man zum Sieden und läßt die Dämpfe gegen ein über die Kolbenmündung gelegtes Lackmuspapier strömen.

Trockene Reaktion. Auf einem Stück Holzkohle wird mit dem Messer oder mit einem Schlüsselbart eine kleine Grube hergestellt und diese mit etwas Kalisalpeter beschickt. Erhitzt man die Probe von oben her mit einem Bunsenbrenner, so erfolgt eine lebhafte Verbrennung unter Gasentwicklung und Funkensprühen, da die Kohle auf Kosten des Sauerstoffs des Salpeters zu Kohlendioxyd verbrennt, wobei gleichzeitig der Stickstoff des Salpeters in Freiheit gesetzt wird.

$$4\,KNO_3 + 5\,C = 2\,K_2CO_3 + 3\,CO_2 + 2\,N_2\,.$$

Oxydation und Reduktion.

Eine schwer schmelzbare, 25—30 cm lange, etwa 12—14 mm weite Glasröhre wird mit zwei durchbohrten Korkstopfen versehen. Durch die Bohrung des einen Stopfens führt ein 7 cm langes, 6 mm starkes gerades Glasrohr. In den anderen Stopfen wird ein gleich starkes Glasrohr, das zu einem rechten Winkel von 5 und 10 cm Schenkellänge gebogen ist, so eingesetzt, daß der kurze Schenkel durch den Kork geht. Man spannt das weite Glasrohr in eine am Stativ sitzende Klammer so ein, daß das gerade, kurze Glasrohr sich dicht bei der Klammer befindet und verbindet den langen Schenkel des anderen Rohres mit einer Wasserstrahlpumpe. Ein 3 cm breites, 5 cm langes Stück Kupferdrahtnetz rollt man über einem Glasstab zusammen und schiebt die Drahtnetzrolle in das schwer schmelzbare Rohr etwa bis zur Mitte ein. Dann saugt man mit der Wasserstrahlpumpe einen langsamen Luftstrom über die Kupfernetzrolle, die man gleichzeitig mit dem Bunsenbrenner erst vorsichtig, um ein Springen des Rohrs zu vermeiden, dann etwas kräftiger erhitzt. Das blanke Kupfer bedeckt sich mit einer schwarzen Oxydschicht. Jetzt läßt man erkalten, löst die Verbindung mit der Saugpumpe, dreht den langen Schenkel des Glasrohrs nach oben und leitet aus einem KIPPschen Wasserstoffentwickler einen Strom von Wasserstoff, der, in einer Waschflasche mit Wasser gewaschen, in einer zweiten mit Schwefelsäure getrocknet wird, durch das kurze Glasrohr über das in der weiten Röhre befindliche oxydierte Kupfernetzröllchen. Man prüfe, ob die Luft aus dem Apparat verdrängt ist, indem man über den nach oben gerichteten Schenkel des zweiten Glasrohrs ein trockenes Reagensglas stülpt. Der leichte Wasserstoff verdrängt die Luft und füllt das Glas an. Das Reagensrohr wird dann von dem Rohr abgenommen und, mit der Mündung stets nach unten, einer Flamme genähert. Sobald das Gas nicht mehr unter Verpuffung, sondern ruhig abbrennt, ist die Luft aus dem Apparat verdrängt und der Wasserstoff rein. Jetzt wird das Drahtnetzröllchen wie vorher erwärmt. Aus dem schwarzen Kupferoxyd wird wieder rotes Kupfer, und an dem kalten Ende des Rohres schlägt sich Wasser nieder.

Eine Oxydation kommt zustande durch eine Zuführung von Sauerstoff zu Elementen und Verbindungen oder durch Wegnahme von Wasserstoff, eine Reduktion durch Zuführung von Wasserstoff oder Entziehung von Sauerstoff. Oxydationsmittel sind also Stoffe, die Sauerstoff abgeben oder Wasserstoff aufnehmen können, Reduktionsmittel dagegen geben Wasserstoff ab und nehmen Sauerstoff auf. An die Stelle des Sauerstoffs können auch andere negative Elemente oder Atomgruppen treten, und der Wasserstoff kann durch ein anderes positives Element oder eine positive Atomgruppe vertreten werden. Bei Oxydationsreaktionen erhöht somit ein Element die Zahl seiner positiv elektrischen Ladungen, während bei Reduktionen die Zahl der negativen Ladungen eines Elementes erhöht wird. Im gleichen Sinne läßt sich die Oxydation demnach auch definieren als eine Verminderung der negativen Ladung oder eine Abgabe von Elektronen, und die Reduktion wäre dann eine Vermehrung der negativen Ladung oder eine Aufnahme von Elektronen. Auf Grund dieser Auffassung ließe sich die Oxydation des Eisen(2)sulfates zu Eisen(3)-sulfat durch die Salpetersäure, die bereits früher als eine Zuführung von Sauerstoff formuliert wurde, auch als eine Erhöhung der positiven Ladung des Ferroions darstellen:

$$6\,Fe^{\cdot\cdot} + 2\,NO_3' + 8\,H^{\cdot} = 6\,Fe^{\cdot\cdot\cdot} + 4\,H_2O + 2\,NO\,.$$

Reduktionsprodukte der Salpetersäure.

Darstellung von Stickoxyd aus Salpetersäure und Kupfer.

Die Reaktion zwischen Salpetersäure und Kupfer läßt sich in folgende Phasengleichungen zerlegen:

$$2\,HNO_3 = H_2O + 2\,NO + 3\,O\,,$$

d. h. die Salpetersäure liefert, indem sie zerfällt, zunächst Sauerstoff, der das Kupfer oxydiert:

$$3\,Cu + 3\,O = 3\,CuO\,.$$

Das Kupferoxyd löst sich in der überschüssigen Säure:

$$3\,CuO + 6\,HNO_3 = 3\,Cu(NO_3)_2 + 3\,H_2O\,.$$

Daraus ergibt sich die Gesamtgleichung:

$$3\,Cu + 8\,HNO_3 = 3\,Cu(NO_3)_2 + 4\,H_2O + 2\,NO\,.$$

Die Lösung des Kupfers geht schon bei Zimmertemperatur vor sich. Die Salpetersäure soll das spezifische Gewicht 1,20 haben, was einem Gehalt von 32 % HNO_3 entspricht.

Zur Entwicklung benutzt man den bei der Salzsäuredarstellung angegebenen Apparat, dessen Waschflasche mit einer gesättigten Lösung von Ferrocyankalium in verdünnter Essigsäure beschickt wird, um das in kleinen Mengen neben dem Stickoxyd entstehende braune Stickstoffdioxyd in Stickoxyd überzuführen, was nach der Gleichung

$$\underset{\text{Ferrocyankalium}}{2\,K_4FeCy_6} + NO_2 + 2\,C_2H_4O_2 = \underset{\text{Ferricyankalium}}{2\,K_3FeCy_6} + 2\,KC_2H_3O_2 + H_2O + NO$$

geschieht.

In den Entwicklungskolben gebe man 10 g Kupferspäne, übergieße sie mit 80 g 32proz. Salpetersäure, die durch Verdünnen der konzentrierten Säure hergestellt wird, und verbinde den Kolben mit der Waschflasche. Man achte darauf, daß an den Verbindungsstellen innerhalb des Schlauches stets Glas an Glas stößt, da der Schlauch sonst sehr leicht zerfressen wird. Sofort beginnt die Entwicklung des Stickoxyds. Solange noch Luft in dem Kolben ist, färbt sich das Gas braun, weil es in Stickstoffdioxyd übergeht; sobald alle Luft verdrängt ist, bleibt es farblos. Auch wenn sich die Temperatur des Reaktionsgemisches durch die Reaktionswärme etwas steigert, mischt sich dem Gas Stickstoffdioxyd bei, das aber in der Waschflasche in Stickoxyd übergeführt wird.

Man fülle zwei Pulvergläser von je 300 ccm Inhalt über Wasser mit dem Gas an und bedecke sie mit Uhrgläsern. In einem eisernen Verbrennungslöffel entzünde man ein Stückchen Schwefel und führe es brennend in das erste Pulverglas ein. Die Schwefelflamme erlischt. In das zweite Pulverglas führe man in gleicher Weise eine kleine Menge brennenden roten Phosphors ein. Der Phosphor brennt weiter, weil die Flamme des lebhaft brennenden Phosphors im Gegensatz zu der Schwefelflamme die Spaltung des Stickoxyds einzuleiten vermag, so daß der zur Verbrennung erforderliche Sauerstoff verfügbar wird.

Stickoxyd werde in eine Eisenvitriollösung, die sich in einem kleinen Becherglase befindet, geleitet. Es entsteht eine tiefbraune Lösung, die die Verbindung $[Fe(NO)_2]SO_4$, Dinitroso-eisen(2)sulfat, enthält, aus der beim Erhitzen das Stickoxyd wieder vollkommen entweicht.

Ein anderes hohes, enges Bechergläschen werde mit einer verdünnten, mit Essigsäure schwach angesäuerten Jodkaliumlösung gefüllt und das Stickoxyd durch eine bis auf den Boden des Glases reichende, spitz ausgezogene Röhre eingeleitet. An der Eintrittstelle des Gases findet keine Ausscheidung von Jod statt, wohl aber an der Oberfläche, wo das Stickoxyd durch den Luftsauerstoff in Stickstoffdioxyd übergeht.

Salpetrigsäureanhydrid und salpetrige Säure.

Das Anhydrid der salpetrigen Säure, N_2O_3, ist nur wenig beständig und zerfäll leicht in ein Molekül Stickstoffdioxyd und ein Molekül Stickoxyd. Man kann es erhalten durch Abkühlung eines molekularen Gemenges dieser beiden Gase unter -21°. Bei dieser Temperatur verbinden sich die beiden Gase zu N_2O_3, das sich zu einer blauen Flüssigkeit verdichtet. Wenig oberhalb dieser Temperatur beginnt wieder der Zerfall. Zur Darstellung des Salpetrigsäureanhydrids erhitzt man Arsenig-säureanhydrid mit etwa 52proz. Salpetersäure. Nach der Gleichung

$$2\,HNO_3 + As_2O_3 + 2\,H_2O = 2\,H_3AsO_4 + \underbrace{NO_2 + NO}_{N_2O_3}$$

wird das Arsenigsäureanhydrid zu Arsensäure oxydiert, und die Salpetersäure wird reduziert.

Darstellung von Salpetrigsäureanhydrid.

In dem bei der Stickoxydentwicklung benutzten Apparat werden 40 g Arsentrioxyd in kleinen Stücken mit Salpetersäure vom spezifischen Gewicht 1,33 (oder 52% HNO_3) übergossen. Die Waschflasche bleibt leer. Sie hat den Zweck, mitgerissene Salpetersäure und destillierendes Wasser zurückzuhalten. An die Waschflasche schließt sich ein tariertes Peligotrohr an, das durch eine Eis-Viehsalz-Kältemischung gekühlt wird. Der Kolben wird nun mit einer kleinen Flamme mäßig erwärmt. Es entwickelt sich intensiv braun gefärbtes Gas, das durch die Kältemischung zu einer blauen Flüssigkeit kondensiert wird, die sich in dem Peligot-rohr sammelt. Man bestimme das Gewicht und die Ausbeute. Beim Schütteln mit Eiswasser löst sich die blaue Flüssigkeit darin auf. Es entsteht eine blau gefärbte wässerige Lösung von salpetriger Säure. Die-selbe Lösung von salpetriger Säure entsteht auch, wenn die braunen Gase direkt in Eiswasser eingeleitet werden.

Die freie salpetrige Säure ist sehr wenig beständig. Sucht man sie aus ihren Salzen in Freiheit zu setzen, so zerfällt sie unter Bildung brauner Gase:

$$2\,HNO_2 = H_2O + NO_2 + NO\,.$$

2*

In verdünnten wässerigen Lösungen ist sie vorübergehend haltbar, doch bei längerem Stehen tritt auch hier Zersetzung ein:

$$3\,HNO_2 = HNO_3 + 2\,NO + H_2O\,.$$

Reaktionen der salpetrigen Säure.

Mit der Lösung der salpetrigen Säure oder mit einer mit Essigsäure angesäuerten Nitritlösung stelle man die folgenden Reaktionen an.

Jodkalium. Zu einer essigsauren Jodkaliumlösung gebe man einige Tropfen Salpetrigsäurelösung. Es erfolgt Ausscheidung von Jod, das die Lösung gelb bis braun färbt und zugesetzte Stärkelösung intensiv bläut.

$$2\,J' + 2\,NO_2' + 4\,H^{\cdot} = J_2 + 2\,NO + H_2O\,.$$

Kaliumpermanganat. Zu einigen Kubikzentimetern der Salpetrigsäurelösung gebe man eine mit Schwefelsäure angesäuerte Kaliumpermanganatlösung. Die Kaliumpermanganatlösung wird reduziert und entfärbt, da die salpetrige Säure Sauerstoff aufnimmt und nach der Gleichung

$$2\,MnO_4' + 5\,NO_2' + 6\,H^{\cdot} = 3\,H_2O + 2\,Mn^{\cdot\cdot} + 5\,NO_3'$$

in Salpetersäure übergeht, während sie sonst unter Bildung von Stickoxyd Sauerstoff abgibt und selbst oxydierend wirkt.

Metaphenylendiamin $[C_6H_4(NH_2)_2]$. Eine Federmesserspitze voll Metaphenylendiamin wird in Wasser gelöst und mit reiner verdünnter Schwefelsäure bis zur deutlich sauren Reaktion versetzt. Tropfenweiser Zusatz von Salpetrigsäurelösung bewirkt Gelb- bis Braunfärbung.

Sulfanilsäure-α-Naphtylamin. In je einem Reagensglas koche man eine Federmesserspitze voll Sulfanilsäure $[C_6H_4 \cdot NH_2 \cdot SO_3H(p)]$ und eine halbe Federmesserspitze voll α-Naphtylamin $(C_{10}H_7NH_2)$ mit je 4—5 ccm verdünnter Essigsäure und gieße die beiden Lösungen zusammen. Zu etwa 5 ccm der Reagenslösung gebe man einen Tropfen einer stark verdünnten Nitritlösung. Es entsteht sofort intensive Rotfärbung.

Übergang von Nitrat in Nitrit. Zu einer Jodkaliumlösung, die mit Stärkelösung versetzt und mit Essigsäure angesäuert ist, gebe man einige Tropfen verdünnte Salpetersäure. Es tritt keine Veränderung ein. Man werfe nun in das Gemisch ein Stückchen Zink. Alsbald tritt eine Blaufärbung auf.

Salpetersäure macht aus Jodkalium kein Jod frei. Durch das Zink wird die Salpetersäure zu salpetriger Säure reduziert, die das Jod in Freiheit setzt. Mit dem freien Jod gibt dann die Stärke die Blaufärbung.

Eine Messerspitze voll Kaliumnitrat werde in Wasser gelöst und mit essigsaurer Jodkaliumlösung versetzt. Die Lösung bleibt farblos.

3—4 g Kaliumnitrat erhitze man in einem trockenen Reagensglas. Das Salz schmilzt, und aus der Schmelze entweicht Sauerstoff, der mit einem glimmenden Span nachweisbar ist. Wenn die Gasentwicklung einige Zeit gedauert hat, läßt man das Reagensrohr erkalten und löst die erstarrte Schmelze in Wasser. Bringt man zu dieser Lösung angesäuerte Jodkaliumlösung, so erfolgt sofort Jodausscheidung.

Das Nitrat hat Sauerstoff abgegeben und ist in Nitrit, ein Salz der salpetrigen Säure, übergegangen

$$2\,KNO_3 = 2\,KNO_2 + O_2\,.$$

Unterscheidung von Nitrit- und Nitration.

Man prüfe die frisch dargestellte salpetrige Säure oder eine Nitritlösung auf ihr Verhalten gegen alle bei der Salpetersäure angeführten Reagenzien. Es erfolgen die gleichen Reaktionen, zum Teil sogar noch leichter als bei der Salpetersäure.

Die Eisenvitriolreaktion tritt hier schon ein, wenn eine mit Essigsäure angesäuerte Ferrosulfatlösung mit der Nitritlösung überschichtet wird, während bei dem Nitratnachweis die Gegenwart konzentrierter Schwefelsäure erforderlich war.

Zur Unterscheidung der salpetrigen Säure und der Nitrite von der Salpetersäure und den Nitraten läßt sich sowohl die Eisenvitriolreaktion als auch das Verhalten gegen essigsaure Jodkaliumlösung verwenden, aus denen die salpetrige Säure Jod frei macht, während die Salpetersäure dies nicht vermag.

Zum Nachweis der Salpetersäure neben der salpetrigen Säure muß letztere zuerst zerstört werden. Es geschieht das durch Kochen mit überschüssigem Chlorammonium. Die Nitrite — die freie Säure kommt praktisch so gut wie nicht in Betracht — setzen sich mit dem Chlorammonium zu Ammoniumnitrit um

$$NH_4Cl + NaNO_2 = NH_4NO_2 + NaCl.$$

Das Ammoniumnitrit zerfällt unter intramolekularer Oxydation

$$NH_4NO_2 = 2\,H_2O + N_2,$$

während Ammoniumnitrat beim Kochen in wässeriger Lösung beständig ist.

0,1 g Natriumnitrat und 0,1 g reines nitratfreies Natriumnitrit werden in zwei Erlenmeyer-Kolben in etwa 10 ccm Wasser gelöst und je 3 g Chlorammonium, gelöst in Wasser, zugegeben. Auf die Kolben werden etwa meterlange, nicht zu enge Glasröhren als Luftkühler aufgesetzt und dann die Lösungen auf Asbestdrahtnetzen gekocht. Zur Vermeidung des unruhigen Siedens kommen in die Kolben einige kleine Tonscherben als Siedesteinchen. Von Zeit zu Zeit entnimmt man den beiden Kolben Proben und prüft mit der Jodkaliumreaktion auf Nitrit und mit Ferrosulfat auf Nitrat. Die Nitritreaktion wird nach einiger Zeit verschwinden, die Nitratreaktion bleibt bestehen. Man kann auf die Vollständigkeit der Zerstörung des Nitrits und das Vorhandensein von Nitrat auch in einer Reaktion prüfen. Die entnommene Probe säuert man mit Essigsäure an und gibt Jodkaliumlösung und Stärkelösung zu. Erfolgt keine Blaufärbung, so ist kein Nitrit mehr vorhanden. Nun wirft man ein Stückchen Zink in die Lösung. Bei Gegenwart von Nitrat wird dieses reduziert, und die Lösung wird blau. (Vgl. S. 20.)

In ähnlicher Weise zersetzen sich Nitrite mit Harnstoff bei Gegenwart von freier Säure. 2 g Harnstoff werden gelöst in 20 ccm Wasser und die Lösung mit 3 ccm konzentrierter Salzsäure angesäuert. Zu der zum Sieden erhitzten Lösung gebe man die Lösung von 0,1 g Natriumnitrit. Unter starker Gasentwicklung erfolgt der Zerfall im Sinne der Gleichung:

$$CO(NH_2)_2 + 2\,HNO_2 = 2\,N_2 + CO_2 + 3\,H_2O.$$

Zu beachten ist bei Ausführung der Reaktionen, daß die Nitritlösung nicht zu konzentriert und daß ein starker Überschuß von Chlorammonium oder Harnstoff zugegen ist, da unter diesen Bedingungen die Bildung von Salpetersäure aus der salpetrigen Säure sicher vermieden wird.

Auch mit Hydroxylamin- und Hydrazinsalz kann salpetrige Säure zerstört werden. Beim Hydroxylamin entsteht intermediär untersalpetrige Säure, die in Stickoxydul und Wasser zerfällt:

$$NH_2OH + HNO_2 = H_2O + HON = NOH$$
$$HON = NOH = H_2O + N_2O.$$

Hydrazinsulfat liefert nach Sommer und Pinkas[1] in neutraler Lösung mit salpetriger Säure Stickoxydul und Ammoniak:

$$N_2H_4 + HNO_2 = N_2O + NH_3 + H_2O.$$

In stark saurer oder basischer Lösung entsteht Stickstoffwasserstoffsäure, die ihrerseits mit salpetriger Säure weiterreagiert:

$$N_2H_4 + HNO_2 = N_3H + 2\,H_2O$$
$$N_3H + HNO_2 = N_2 + N_2O + H_2O.$$

Daraus geht hervor, daß auch eine mit Essigsäure angesäuerte Lösung von Natriumazid beim Kochen die salpetrige Säure zu zerstören vermag.

Stickstoffdioxyd und -tetroxyd.

In ein schwer schmelzbares Reagensglas wird mit einem durchbohrten Kork ein rechtwinklig gebogenes Gasableitungsrohr eingesetzt, dessen einer Schenkel unmittelbar hinter dem Kork innerhalb des Reagensglases endet, während der andere Schenkel die Länge eines gewöhnlichen Reagensglases hat. In das schwer schmelzbare Glas bringt man 10 g Bleinitrat, spannt es in horizontaler Lage ein und erhitzt. Zwei trockene Reagensgläser fülle man mit dem entstehenden braunen Gase durch Luftverdrängung an, indem man es bis auf den Boden der Reagensgläser leitet, und verschließe die gefüllten Gläser mit Korkstopfen, die man durch Asbestpapier vor der Berührung mit dem Gase schützt. Den Rest des Gases leite man in eine Lösung von 1 g Natriumhydroxyd in 4 ccm Wasser. Das eine der beiden mit dem Gas gefüllten Gläser kühle man durch fließendes Leitungswasser oder Einstellen in Eiswasser ab, das andere erwärme man durch Einstellen in siedendes Wasser und beobachte die Änderung der Farbe des Gases. Man stelle ein mit Stickstoffdioxyd gefülltes Glas mit der Mündung nach unten in ein kleines mit Wasser gefülltes Bechergläschen. Ein Teil des Gases wird absorbiert. Man prüfe, was bei der Absorption im Wasser entstanden ist, und stelle fest, woraus der nicht absorbierte Teil des Gases besteht. Man ermittele, was bei der Absorption des Gases in Natronlauge entsteht.

Bleinitrat zersetzt sich beim Erhitzen im Sinne der Gleichung:

$$2\,Pb(NO_3)_2 = 2\,PbO + 4\,NO_2 + O_2.$$

Das Stickstoffdioxyd ist bei erhöhter Temperatur ein braunrotes Gas, dessen Molekeln größtenteils — bei 100^0 zu 89% — der Formel NO_2 entsprechen. Beim Abkühlen wird die Farbe heller, da nach der Gleichung

$$2\,NO_2 \rightleftarrows N_2O_4$$

Stickstofftetroxyd entsteht, so daß bei 27^0 nur noch 20% des Gases aus Stickstoffdioxyd bestehen.

---

[1] Z. anorg. Chem. **83**, 119; Ber. dtsch. chem. Ges. **49**, 259.

Mit Wasser reagiert das Gas unter Bildung von Salpetersäure und Stickoxyd:

$$3\,NO_2 + H_2O = 2\,HNO_3 + NO\,.$$

Bei Zutritt von Luft wird dieses Stickoxyd wieder zu Stickstoffdioxyd oxydiert, so daß schließlich das ganze Stickstoffdioxyd in Salpetersäure übergeführt werden kann. Durch Alkalilauge wird das Stickstoffdioxyd unter Bildung von Nitrit und Nitrat absorbiert.

$$2\,NO_2 + 2\,NaOH = NaNO_2 + NaNO_3 + H_2O\,.$$

Darstellung von Kaliumnitrat aus Natriumnitrat.
(Konversionssalpeter.)

19 g Natriumnitrat löse man in einem tarierten Erlenmeyer-Kolben in 20 ccm siedenden Wassers auf. In die siedende Lösung werden portionsweise 15 g feingepulvertes Kaliumchlorid eingetragen, worauf man noch etwa fünf Minuten auf kleiner Flamme unter Umrühren im Sieden erhält. Das verdampfende Wasser wird dabei ersetzt, so daß der Kolbeninhalt am Ende der Operation immer noch 54 g wiegt. Dann wird die heiße Lösung mit dem Bodensatz rasch auf einen Büchner-Trichter gegossen und in eine angewärmte Saugflasche abgesaugt. Das Filtrat gießt man in einen Erlenmeyer-Kolben und führt durch Abkühlen und Rühren mit einem Glasstab eine rasche Krystallisation herbei. Die Krystalle werden abgesaugt, mit einer kleinen Menge kalten Wassers nachgewaschen und auf einen Gehalt an Chlor geprüft. Ist das Präparat chlorhaltig, so krystallisiere man es aus Wasser bis zur völligen Reinheit um.

Aus einer Lösung, die Natriumnitrat und Kaliumchlorid, also die Ionen Na·, K·, NO_3' und Cl′ enthält, wird sich bei unzureichender Menge des Lösungsmittels zuerst das Salz ausscheiden, das das kleinste Löslichkeitsprodukt hat oder am schwerlöslichsten ist (vgl. S. 12). Nun lösen 100 g Wasser bei 100° 246 g Kaliumnitrat, 180 g Natriumnitrat, 56 g Kaliumchlorid und 40 g Natriumchlorid. Es muß also das Kochsalz aus der siedenden Lösung, die an Kochsalz übersättigt ist, abgeschieden werden. Beim Erkalten des Filtrats krystallisiert das Kaliumnitrat aus, von dem sich bei 10° nur 21 g in 100 g Wasser lösen, während bei der gleichen Temperatur 36 g Kochsalz in Lösung bleiben.

Die Konversion des Natriumnitrats, des Chilesalpeters, in das Kaliumnitrat, den Kalisalpeter, wurde früher für die Zwecke der Schießpulverfabrikation in großem Maßstab ausgeführt, da das hygroskopische Natriumnitrat zur Herstellung von Pulver ungeeignet war.

Reaktionen des Kaliumions.

Überchlorsäure, $HClO_4$, gibt mit Kaliumsalzen einen weißen, krystallinischen Niederschlag, der in der Kälte sowohl in Wasser als auch in verdünnten Säuren schwer löslich ist. Reaktionsgleichung.

Weinsäure gibt mit nicht zu verdünnten Kaliumsalzlösungen einen weißen krystallinischen Niederschlag, der aber erst ausfällt, wenn man die Lösung heftig schüttelt oder innerhalb der Flüssigkeit die Wandung des Reagensglases mit einem Glasstab reibt.

Weinsäure ist eine organische Säure von der Formel

$$COOH—CHOH—CHOH—COOH\,.$$

Sie ist, da bei der Salzbildung nur die beiden Wasserstoffatome der Carboxylgruppe (COOH) durch Metall ersetzbar sind, zweibasisch. Das saure Kaliumsalz ist schwer löslich; es ist der sog. Weinstein, der sich nach folgender Gleichung bildet:

$$(C_4H_4O_6)H_2 + KNO_3 = KH(C_4H_4O_6) + HNO_3 .$$

In einer Ionengleichung würde sich die Reaktion, da die Weinsäure als zweibasische Säure stufenweise dissoziiert, folgendermaßen darstellen:

$$C_4H_4O_6H' + H^\cdot + K^\cdot + NO_3' = C_4H_4O_6HK + H^\cdot + NO_3'$$

oder
$$C_4H_4O_6H' + K^\cdot = C_4H_4O_6HK .$$

Mit dem Niederschlag von saurem · weinsaurem Kalium werden, nachdem er in mehrere Reagensgläser verteilt wurde, folgende Reaktionen angestellt:

Der Niederschlag wird mit Wasser gekocht. Es erfolgt Auflösung, und beim Abkühlen krystallisiert der Niederschlag wieder aus.

Der Niederschlag werde mit überschüssiger verdünnter Salpetersäure oder Salzsäure versetzt; es erfolgt Lösung des Niederschlags unter Rückbildung von freier Weinsäure.

Der Niederschlag werde mit überschüssiger Natronlauge oder Kalilauge versetzt. Er löst sich, da neutrale lösliche Salze der Weinsäure entstehen, und zwar bei der Natronlauge ein gemischtes Salz, das Kaliumnatriumtartrat, das auch den Namen Seignette-Salz führt, bei der Kalilauge das neutrale Kaliumtartrat.

Da bei der Fällung der Kaliumsalze mit Weinsäure nach der Gleichung freie Säure entsteht, die freie Säure aber lösend auf den Weinstein wirkt, so kann diese Reaktion nur unvollständig, und zwar nur bis zur Erreichung eines Gleichgewichtszustandes verlaufen, wie aus dem früher erörterten Massenwirkungsgesetz folgt. Soll eine möglichst vollständige Fällung erzielt werden, so verwendet man an Stelle der freien Weinsäure besser das saure weinsaure Natrium $C_4H_4O_6HNa$, da dann an Stelle der freien Säure ein Salz entsteht:

$$C_4H_4O_6HNa + KNO_3 = C_4H_4O_6KH + NaNO_3 .$$

Darstellung einer Lösung von saurem weinsaurem Natrium. Zu 10 ccm Weinsäurelösung gebe man unter mäßigem Erwärmen langsam Sodalösung bis zur Neutralisation. Das Ende der Neutralisation erkennt man an der Farbenänderung eines Stückchen Lackmuspapier, das in die Lösung hineingeworfen wird. Die Lösung enthält jetzt neutrales Natriumtartrat. Reaktionsgleichung? Zu dieser Lösung wird nun das gleiche Quantum Weinsäure gegeben, wie neutralisiert wurde, also 10 ccm. Aus einem Molekül freier Säure und einem Molekül des neutralen Salzes entstehen dann zwei Moleküle sauren Salzes. Reaktionsgleichung?

Man führe mit dem so bereiteten Reagens und einer Kaliumsalzlösung die Reaktion nochmals aus. Der Niederschlag ist reichlicher als bei Verwendung der freien Weinsäure.

Die Abscheidung der Weinsteinfällung erfolgt meist nicht sofort, sondern erst nach Reiben der Reagensglaswand mit einem Glasstab, da der Weinstein stark dazu neigt, übersättigte Lösungen zu bilden (vgl. S. 11). Eine solche Lösung kann durch Reiben mit dem Glasstab, wodurch der metastabile Übersättigungszustand mechanisch gestört wird, oder durch Einbringen eines Kryställchens des gelösten Stoffs, durch „Impfen", zur Krystallisation gebracht werden.

Platinchlorwasserstoffsäure, H_2PtCl_6, gibt mit Kaliumsalzen einen gelben, krystallinischen Niederschlag von Kaliumplatinchlorid K_2PtCl_6, der in der Kälte in Wasser und verdünnten Säuren schwer löslich ist, in der Hitze aber leicht in Lösung geht. In Alkohol ist der Niederschlag ganz unlöslich.

Auf einem Uhrglas bringt man einen Tropfen Kaliumsalzlösung mit einer 10 proz. Lösung von Platinchlorwasserstoffsäure zusammen. Den gelben Niederschlag erwärme man über einem kleinen Flämmchen evtl. unter Zugabe von etwas Wasser bis zur Lösung. Beim Erkalten krystallisiert der Niederschlag wieder aus. Einen Tropfen der Flüssigkeit mit darin suspendiertem Niederschlag bringe man auf einem Objektträger unter das Mikroskop und beobachte die gelben, oktaedrischen Krystalle. Die Reaktion ist wertvoll zum Nachweis von Kalium neben Natrium und zur Trennung der beiden Elemente.

In einem kurzen Reagensglas fälle man eine Probe Kaliumsalzlösung mit Platinchlorwasserstoffsäure und spüle den Niederschlag mit wenig Wasser auf ein kleines glattes Filter. Auf dem Filter wird der Niederschlag in einigen Tropfen heißen Wassers gelöst und die Lösung direkt in einem kleinen Tiegel aufgefangen, in dem sie vorsichtig auf dem Wasserbad eingedunstet wird. Nach völligem Trocknen wird der Rückstand mäßig geglüht und nach dem Erkalten mit etwas Wasser ausgelaugt. Die wässerige Lösung enthält Chlorkalium, dessen Ionen man mit Silbernitrat und Platinchlorwasserstoffsäure nachweisen kann. Der Rückstand ist metallisches Platin. Kaliumplatinchlorid zerfällt also beim Glühen nach der Gleichung:

$$K_2PtCl_6 = 2\,KCl + Pt + 2\,Cl_2.$$

Gegenwart von Jodwasserstoffsäure stört die Reaktion mit Platinchlorwasserstoffsäure, da sie die Platinichlorwasserstoffsäure zur Platinochlorwasserstoffsäure reduziert,

$$H_2PtCl_6 + 2\,KJ = 2\,KCl + J_2 + H_2PtCl_4,$$

deren Kaliumsalz leicht löslich ist.

Natriumkobaltinitrit oder Natriumhexanitrokobaltiat, $Na_3Co(NO_2)_6$, Bereitung des Reagens: 5 g Kobaltonitrat $(Co(NO_3)_2 + 6\,H_2O)$, gelöst in 15 ccm Wasser, und 10 g reines Natriumnitrit, ebenfalls in 15 ccm Wasser gelöst, werden zusammengegeben und zu dem Gemisch 3 g Eisessig tropfenweise hinzugesetzt, worauf das Ganze $^1/_2$ Stunde stehengelassen wird. Falls sich durch eine Verunreinigung des Natriumnitrits durch Kaliumsalz ein Niederschlag gebildet hat, filtriert man und benutzt die klare, tief rotbraun gefärbte Lösung als Reagens. Selbst mit stark verdünnten Kaliumsalzlösungen gibt das Reagens einen intensiv gelben Niederschlag von Kaliumkobaltinitrit, $K_3Co(NO_2)_6$. Reaktionsgleichung? Der Niederschlag ist unlöslich in verdünnter Essigsäure und sehr schwer löslich in verdünnter Salzsäure. Durch Kochen mit Natronlauge wird er zerlegt, und es entsteht schwarzes Kobaltihydroxyd, $Co(OH)_3$.

Natriumkobaltinitrit und Platinchlorwasserstoffsäure sind sog. Komplexverbindungen. Sie dissoziieren in der Lösung in Natriumionen und Wasserstoffionen einerseits und in die komplexen Ionen $Co(NO_2)_6'''$ und $(PtCl_6)''$ andererseits, wie sich beim Stromdurchgang zeigen läßt. Sie geben weder die Reaktionen des Platins noch des Kobalts, solange der Komplex nicht zerstört wird. Sie unterscheiden sich dadurch von den Doppelsalzen, zu denen man sie früher rechnete, bei welchen jeder einzelne Bestandteil in Ionenform nachweisbar ist. Allerdings ist der Unterschied nicht in allen Fällen vollkommen scharf, da auch manche Komplexionen Neigung zeigen, in Einzelionen weiter zu dissoziieren, so daß man zwischen stark komplexen und schwach komplexen Ionen unterscheidet, je nachdem ein Zerfall in Einzelionen leichter oder schwerer erfolgt.

Weitere schwerlösliche Kaliumsalze sind das Kaliumphosphorwolframat $K_3[PO_4(WoO_3)_{12}]$, das Kaliumphosphormolybdat $K_3[PO_4(MoO_3)_{12}]$ und das Kaliumwismutthiosulfat $K_3[Bi(S_2O_3)_3]$. Ferner entsteht ein dunkler Niederschlag von der Formel $K_2[PbCu(NO_2)_6]$, ein Bleikupferkaliumnitrit[1], wenn zu einer essigsauren Lösung von Kupferacetat, Bleiacetat und Natriumnitrit Kaliumionen gebracht werden.

Flammenfärbung. Kaliumsalze färben die Flamme des Bunsenbrenners violettrot. Bei Verwendung von Kalisalpeter oder chlorsaurem Kalium wird die Flamme etwas blaustichiger gefärbt, weil der aus dem Salz frei werdende Sauerstoff die Temperatur der Flamme erhöht, wodurch etwas mehr blaues Licht hervorgerufen wird. Bei gleichzeitiger Anwesenheit von Natriumsalz wird die Violettfärbung verdeckt. Betrachtet man aber die Flamme durch ein Kobaltglas von genügender Stärke oder durch ein Indigoprisma, so werden die gelben Strahlen absorbiert, und die rotviolette Färbung wird wieder sichtbar. Die Reaktion ist natürlich nur dann zum Nachweis des Kaliums neben Natrium verwendbar, wenn keine anderen Elemente, die der Flamme rote oder violette Färbung erteilen, zugegen sind.

Ammoniak und Ammoniumsalze.

Darstellung von Ammoniak.

Die Darstellung des Ammoniaks beruht auf dem Zerfall des hypothetischen Ammoniumhydroxyds NH_4OH, das durch stärkere Basen, wie Kali- oder Natronlauge oder Calciumhydroxyd aus den Ammonsalzen in Freiheit gesetzt wird, gemäß der Gleichung:

$$2\,NH_4Cl + Ca(OH)_2 = CaCl_2 + 2\,NH_4OH\,.$$

Das Ammoniumhydroxyd zerfällt dann weiter:

$$NH_4OH = NH_3 + H_2O\,.$$

Zur Darstellung von Ammoniakgas versieht man einen Kolben, der auf einem Stativ steht und in einem Sandbad oder einer Asbestschale erwärmt werden kann, mit einem durchbohrten Stopfen, der ein rechtwinklig gebogenes Gasableitungsrohr trägt. Ein Z-förmig gebogenes Rohr führt das Gas zu einem mit Natronkalk beschickten Trockenturm, aus dem es dann an seinen Bestimmungsort geleitet wird (Abb. 4). Der Natronkalk dient als Trockenmittel für das Gas. Schwefelsäure oder Chlorcalcium sind nicht verwendbar, da erstere mit dem Ammoniak Ammoniumsulfat gibt, letzteres eine Verbindung von der Formel $CaCl_2$ $+8NH_3$ bildet.

In den Kolben gibt man 30 g gepulvertes Chlorammonium, dazu 50 g gelöschten Kalk und mischt durch Umschütteln. Das Gemisch wird mit 30 ccm Wasser übergossen und abermals durchgeschüttelt. Danach setzt man den Kork mit dem Gasleitungsrohr auf und unterstützt die Entwicklung durch gelindes Erwärmen.

Mit dem Gase wird eine Halbliterflasche durch Luftverdrängung gefüllt. Die Flasche wird zu diesem Zweck mit dem Hals nach unten

---

[1] Chem. Zbl. **1921 II**, 1008.

an einem Stativ eingespannt und das Ammoniak, das leichter ist als
Luft, von unten her eingeleitet. Ist die Flasche gefüllt, was man am
Erlöschen eines glimmenden Spans an der Flaschenmündung erkennt,
verschließt man sie mit einem durchbohrten Kork, der eine an beiden
Enden zur Spitze ausgezogene Glasröhre hält. Die Spitze, die in die
Flasche kommt, ist offen, die außen befindliche geschlossen. Die offene
Spitze taucht man vor dem Einsetzen des Korks in die Flasche in Wasser
ein, so daß in ihr ein Tropfen Wasser haftenbleibt. Es wird dadurch
etwas Ammoniak in der Flasche gelöst, und der geringe Unterdruck
saugt nachher die ersten Tropfen Wasser in die Flasche ein. Die Flasche

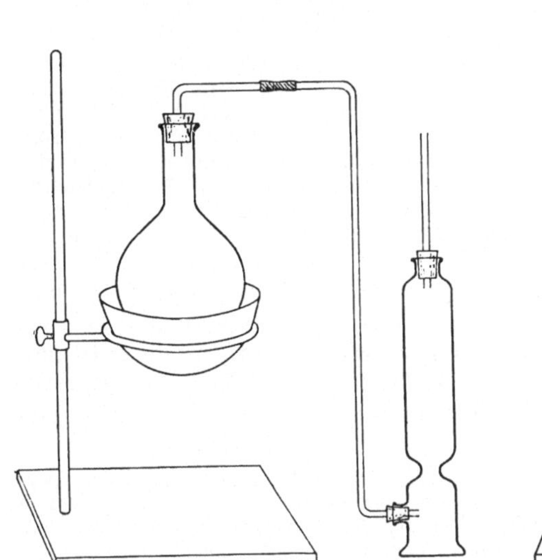 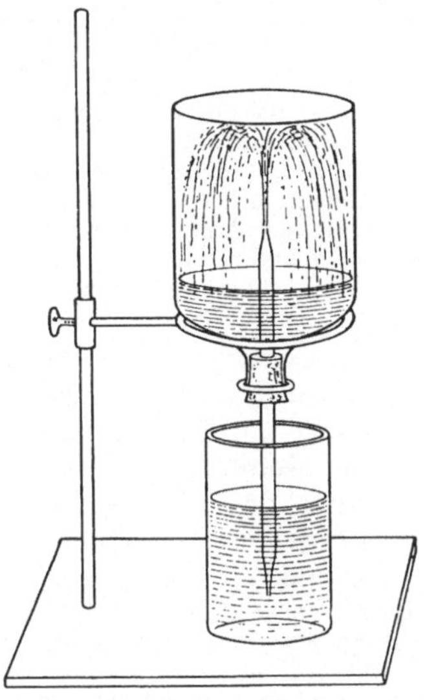

Abb. 4. Darstellung von Ammoniak. Abb. 5. Löslichkeit von Ammoniak im Wasser.

wird dann wieder mit dem Hals nach unten über einem geräumigen
Gefäß mit Wasser so angebracht, daß die geschlossene Spitze tief in das
Wasser eintaucht. Bricht man nun die Spitze unter Wasser ab, so steigt
das Wasser, da sich das Ammoniak leicht in Wasser löst, in die Flasche
und bildet einen Springbrunnen (Abb. 5).

Den Rest des Gases leite man zur Absorption auf Wasser, von dem
es begierig aufgenommen wird. 1 Volum Wasser löst etwa 1100 Volumina Ammoniakgas bei 0^0. Die Lösung ist das Ammoniakwasser, das
auch als „Salmiakgeist“ bezeichnet wird.

In der wässerigen Lösung ist das Ammoniak größtenteils als NH_3
enthalten, ein kleinerer Teil geht über in NH_4OH nach der Gleichung

$$NH_3 + H_2O \rightleftharpoons NH_4OH.$$

Das NH_4OH zerfällt leicht wieder in Ammoniak und Wasser, denn
durch Kochen wird alles Ammoniak wieder aus der Lösung ausgetrieben.
Es läßt sich daher auch rasch und bequem ein kontinuierlicher Strom
von Ammoniakgas durch Erwärmen der im Handel befindlichen konzentrierten Ammoniaklösungen erhalten.

Das Ammoniumhydroxyd ist die Hydroxylverbindung eines hypothetischen Radikals NH_4—, das in seinem chemischen Verhalten den Alkalimetallen völlig analog ist. Daher ist das Ammoniumhydroxyd, das sich in Lösung befindet, teilweise dissoziiert in Ammoniumionen und Hydroxylionen. Werden diese Ionen durch irgendwelche Reaktionen verbraucht, so wird von dem als NH_3 gelösten Anteil neues Ammoniumhydroxyd nachgebildet, das dann wieder in Ionen zerfällt. Die Dissoziation des Ammoniumhydroxyds ist jedoch sehr viel geringer als die der anderen Alkalihydroxyde. Es ist daher auch eine viel schwächere Base als diese.

Die basischen Eigenschaften des Ammoniumhydroxyds und der schwachen Basen überhaupt können noch herabgesetzt werden durch Einbringen eines Salzes der betreffenden Base in die Lösung, wie aus dem Massenwirkungsgesetz hervorgeht.

Nach diesem Gesetz besteht zwischen den Konzentrationen des dissoziierten und des nicht dissoziierten Anteils des Ammoniumhydroxyds folgende Beziehung:

$$\frac{[NH_4^{\cdot}] \cdot [OH']}{[NH_4OH]} = K.$$

Durch Zusatz eines Ammonsalzes werden Ammoniumionen in die Lösung gebracht, die die Konzentration der Ammoniumionen im Zähler erhöhen und damit das Gleichgewicht stören. Zur Wiederherstellung des Gleichgewichtes treten nun Hydroxylionen mit Ammoniumionen zusammen, wodurch die Konzentration des nicht gespaltenen Ammoniaks im Nenner wächst, bis der Wert der Gleichgewichtskonstante wieder erreicht ist. Dadurch wird aber die Zahl der freien Hydroxylionen in der Lösung stark vermindert und damit auch die basische Wirkung herabgedrückt.

2 ccm verdünnte Ammoniaklösung werden mit 2 Tropfen Phenolphthaleinlösung versetzt. Die rotviolette Lösung verteile man auf zwei Reagensgläser und gebe zum einen 10 ccm Wasser, zum andern 10 ccm Chlorammoniumlösung und schüttele beide gut um. In dem Reagensrohr, in das das Chlorammonium gebracht wurde, ist die Farbe viel heller als in dem andern.

In ganz ähnlicher Weise kann man die Dissoziation des Ammoniumhydroxyds auch durch Vergrößerung der Hydroxylionenkonzentration, also durch Zugabe von Natriumhydroxyd zurückdrängen. Die Erhöhung der Konzentration des ungespaltenen Ammoniumhydroxyds hat auch eine Erhöhung der Konzentration des NH_3 zur Folge, und es muß sich gasförmiges Ammoniak entwickeln, wenn die Löslichkeit des Ammoniaks in Wasser überschritten ist. Darauf beruht eine bequeme Darstellungsmethode für gasförmiges Ammoniak.

Zu einem Stückchen Ätznatron, das sich in einem Reagensglas befindet, tropft man eine konzentrierte Ammoniaklösung. Es entwickelt sich ein regelmäßiger Strom gasförmigen Ammoniaks.

Ein ähnliches Verhalten zeigen auch die schwachen Säuren. Hier kann die Säurewirkung herabgemindert werden durch Zusatz eines neutralen Salzes der betreffenden Säure.

Essigsäure z. B. dissoziiert nach der Gleichung:

$$C_2H_4O_2 \rightleftharpoons C_2H_3O_2' + H^{\cdot}.$$

Es gilt also hier die Beziehung:

$$\frac{[C_2H_3O_2'] \cdot [H^{\cdot}]}{[C_2H_4O_2]} = K.$$

Durch Zugabe von Natriumacetat wird die Konzentration der Acetionen erhöht. Um das Gleichgewicht herzustellen, vereinigen sich nun Wasserstoffionen mit den hinzukommenden Acetionen zu nicht dissoziierter Essigsäure. Dadurch vermindert sich die Zahl der freien Wasserstoffionen in der Lösung und damit auch die Säurewirkung, was sich mit Methylorange nachweisen läßt.

Man versetze in einem Reagensglase verdünnte Essigsäure mit zwei Tropfen einer Lösung von Methylorange. Bringt man zu der rosa gefärbten Essigsäure einen Löffel voll essigsaures Natron, so schlägt die rote Färbung in Gelb um, woran man erkennt, daß die Wasserstoffionen zum Verschwinden gebracht worden sind.

Der Indicator Methylorange ist nämlich selbst eine schwache Säure, die undissoziiert rot und im dissoziierten Zustand gelb gefärbt ist. In einer Lösung, die eine ausreichende Menge Wasserstoffionen enthält, wird seine Dissoziation zurückgedrängt, so daß die rote Farbe überwiegt. Werden die Wasserstoffionen in der Lösung verringert, so dissoziiert jetzt das Methylorange, und die gelbe Farbe kommt zum Vorschein.

Eine Jodkaliumlösung wird mit Essigsäure angesäuert und mit einer Lösung von Natriumnitrit versetzt. Es erfolgt Abscheidung von Jod. Zu einer ebenfalls mit Essigsäure angesäuerten Jodkaliumlösung gebe man zuerst einen Löffel voll festes Natriumacetat und dann etwas Natriumnitritlösung. Die Säurewirkung der Essigsäure ist so stark herabgedrückt, daß keine Jodausscheidung erfolgt.

Man gebe in ein Reagensglas 11 ccm Wasser und setze zwei Tropfen Methylorangelösung zu. In ein zweites Reagensrohr gebe man 10 ccm Natriumacetatlösung und 1 ccm verdünnte Essigsäure. Setzt man auch dieser Lösung zwei Tropfen Methylorangelösung zu, so wird sie gleiche Farbe zeigen wie das Wasser. Bringt man nun in beide Reagensgläser tropfenweise verdünnte Salzsäure, so wird in dem Reagensglas, das das reine Wasser enthält, die gelbe Farbe des Indicators sofort nach Rot umschlagen, während in der Natriumacetatlösung der Umschlag zunächst ausbleibt und erst nach Zugabe einer weit größeren Säuremenge eintritt.

In Gegenwart des Natriumacetats verhält sich die Essigsäure hier ebenso wie in dem bereits oben angestellten Versuch. Die Konzentration der Wasserstoffionen ist so gering, daß das Methylorange dadurch nicht beeinflußt wird. Die durch die Salzsäure eingebrachten Wasserstoffionen treten zunächst größtenteils mit den Acetionen des Natriumacetats zusammen zu nichtdissoziierter Essigsäure, so daß in der Lösung keine freien Wasserstoffionen auftreten, die auf den Indicator wirken könnten. Die Lösung behält also ihre Reaktion gegen den Indicator trotz Zugabe von Säure bei, da sich die Wasserstoffionenkonzentration in ihr nur ganz allmählich ändert. Analog verhalten sich die Lösungen der Salze aller schwachen Säuren, z. B. Natriumphosphat oder Natriumbicarbonat. Derartige Substanzen nennt man Puffersubstanzen. In Lösungsgemischen aus schwachen Säuren und Neutralsalz oder auch aus schwachen Basen und Neutralsalz hängt die Wasserstoff- oder Hydroxylionenkonzentration ausschließlich von dem Verhältnis der Konzentrationen von Säure zu Salz und von Base zu Salz ab. Solche Lösungen nennt man Pufferlösungen. Sie können ohne Änderung der Wasserstoffionenkonzentration beliebig verdünnt werden.

In vier Reagensgläsern stelle man vier Lösungsgemische aus zehntelnormaler Essigsäure und zehntelnormaler Natriumsulfatlösung her. Im ersten Glas mische man 5 ccm Essigsäure und 5 ccm Natriumacetatlösung, im zweiten 3 ccm Essigsäure und 7 ccm Acetatlösung, im dritten 1,5 ccm Essigsäure und 8,5 ccm Acetatlösung und im letzten 1 ccm Essigsäure und 9 ccm Acetatlösung. Aus jedem der vier Reagensgläser gebe man 1 ccm in ein anderes Reagensglas und verdünne mit Wasser auf 10 ccm. Es entstehen so vier Paare von Reagensgläsern, bei denen der Inhalt des einen gegen den des anderen auf das Zehnfache verdünnt ist. Gibt man zu allen acht Proben je drei Tropfen Methylrotlösung und schüttelt um, so sind die Färbungen in den einzelnen Gläserpaaren gleich, vom ersten zum vierten Paar aber geht die Farbe von rot nach gelb über.

Darstellung von Chlorammonium.

20 g der oben bereiteten Ammoniaklösung versetze man tropfenweise mit verdünnter Salzsäure vom Platz, die man in einem Meß-

zylinder abmißt, bis eben zum Auftreten der sauren Reaktion. Die verdünnte Salzsäure ist doppelt normal. Es ist die Reaktionsgleichung für die Neutralisation aufzustellen und zu berechnen, wieviel Prozent Ammoniak in der Lösung enthalten sind.

Die neutralisierte Lösung wird in einer Porzellanschale vorsichtig zur Trockne eingedampft und das hinterbleibende Chlorammonium zu den Reaktionen verwendet.

Reaktionen der Ammoniumsalze.

Eine Probe des Salzes werde in einem trockenen Reagensrohr mäßig erhitzt. Das Salz verflüchtigt sich und schlägt sich an den kälteren Stellen des Reagensrohres wieder nieder. Im kleinen Tiegel erhitzt, verflüchtigt sich das Chlorammonium vollständig.

In der Hitze zerfällt das Chlorammonium in Salzsäure und Ammoniak, die sich getrennt verflüchtigen und an den kälteren Stellen des Rohres sich wiedervereinigen. Bei Salzen, in denen die Säure nicht flüchtig ist, entweicht nur das Ammoniak, die Säure bleibt zurück. Bei einigen Salzen des Ammoniums erfolgt bei höherer Temperatur weitergehende Zersetzung. So zerfällt das Ammoniumnitrit schon beim Kochen in wässeriger Lösung in Stickstoff und Wasser (vgl. S. 21) und das Ammoniumnitrat, allerdings erst beim Schmelzen, in Stickoxydul und Wasser:

$$NH_4NO_3 = 2\,H_2O + N_2O\,.$$

Wegen ihrer Flüchtigkeit werden die Salze des Ammoniums als die Salze des flüchtigen Alkalis bezeichnet, im Gegensatz zu den Salzen des Kaliums und des Natriums, die feuerbeständig sind und daher fixe Alkalisalze genannt werden. Im Gang der Analyse benutzt man das Ammoniak stets zur Neutralisation der Säuren, da bei seiner Verwendung nichts Feuerbeständiges in die Analyse hineingebracht wird.

Mercuronitrat. Eine andere Probe Chlorammonium werde im Reagensrohr mit etwas Natronlauge gekocht. Es entwickelt sich gasförmiges Ammoniak, kenntlich am Geruch und an der Reaktion auf Lackmuspapier sowie an der Bildung von Nebeln bei Berührung mit Chlorwasserstoff. Ein Stück Filtrierpapier, das mit einer Lösung von Mercuronitrat benetzt wurde, färbt sich durch das aufströmende Ammoniak schwarz. Die gleiche Reaktion erfolgt, wenn Ammoniakwasser mit einer Lösung von Mercuronitrat im Reagensglase zusammengebracht wird. In beiden Fällen bildet sich eine Mercuriamidoverbindung $O\!<^{Hg\cdot NH_2}_{HgNO_3}$ (vgl. beim Quecksilber), und metallisches Quecksilber wird abgeschieden, das im feinverteilten Zustand schwarz aussieht. Die Reaktion ist nur für den Nachweis des freien Ammoniaks brauchbar.

Platinchlorwasserstoffsäure gibt mit Ammoniumionen das Salz $(NH_4)_2PtCl_6$, den Platinsalmiak, der in Farbe, Krystallform und Löslichkeit in Wasser und Alkohol dem Kaliumplatinchlorid völlig ähnlich ist. Verschieden ist der Glührückstand. Kaliumplatinchlorid hinterläßt einen Glührückstand von Platin und Chlorkalium (vgl. S. 25), während beim Glühen von Ammoniumplatinchlorid nur metallisches Platin zurückbleibt. Reaktionsgleichungen?

Saures Natriumtartrat gibt mit Ammonsalzen einen Niederschlag von saurem Ammontartrat. Der Niederschlag bildet sich unter denselben Bedingungen wie der Niederschlag von Weinstein und ist auch analog zusammengesetzt. Reaktionsgleichung? Die Reaktion ist wenig empfindlich und daher zum Nachweis nicht geeignet.

Natriumkobaltinitrit gibt mit Salmiaklösung einen gelben Niederschlag von Ammoniumkobaltinitrit. Gleichung? Da der Niederschlag nicht so unlöslich ist wie das entsprechende Kaliumsalz, ist die Reaktion auch nicht so empfindlich wie der analoge Kaliumnachweis.

NESSLERS **Reagens.** Einen sehr empfindlichen Nachweis des Ammoniaks sowohl im freien wie im gebundenen Zustande ermöglicht das NESSLERsche Reagens.

Bereitung des Reagens. Zu einer Lösung von 1,3 g Mercurichlorid in 60 g Wasser wird eine Lösung von 3,5 g Jodkalium in 20 ccm Wasser gegeben. Es bildet sich vorübergehend ein Niederschlag, der sich nach Zusatz der ganzen Jodkaliumlösung klar auflöst. Zu der klaren Lösung gebe man tropfenweise so lange von einer Quecksilberchloridlösung zu, bis wieder ein bleibender Niederschlag entsteht. In die trübe Flüssigkeit trage man 10 g festes Kaliumhydroxyd ein, fülle auf 100 ccm mit Wasser auf, lasse absitzen und gieße die klare Flüssigkeit vom Bodensatz ab.

In ein Becherglas voll Wasser werden einige Tropfen Ammoniaklösung oder Ammonsalzlösung gebracht, und danach wird NESSLERsches Reagens zugesetzt. Es entsteht eine rotbraune Fällung oder bei sehr starker Verdünnung eine rotbraune Färbung.

Das NESSLERsche Reagens ist eine alkalische Lösung des Kaliumjodmercurat K_2HgJ_4, eines komplexen Quecksilbersalzes. Der Niederschlag hat die Summenformel OHg_2NH_2J. Er wird als das Jodid der MILLONschen Base (vgl. beim Quecksilber) aufgefaßt. Die Reaktion ist charakteristisch und auch sehr empfindlich. Sie dient daher zum Nachweis des Ammoniaks im Trinkwasser. Sie kann aber nur ausgeführt werden, wenn keine Stoffe zugegen sind, die mit Kalilauge Fällungen geben. Sind solche Stoffe vorhanden, so wird ein größeres Volumen des Wassers unter Zusatz von Soda destilliert und das Destillat mit NESSLERschem Reagens geprüft.

In der Analyse wird das Ammonium in der ursprünglichen Substanz nachgewiesen. Die Substanz wird mit Natronlauge oder mit Calciumhydroxyd und Wasser in einem kleinen Becherglas zu Brei angerührt. Das Becherglas wird mit einem Uhrglas bedeckt, an dessen Wölbung ein angefeuchteter Streifen roten Lackmuspapiers klebt. Das Ganze wird auf einem Asbestteller oder in einem Sandbad mit kleiner Flamme ganz mäßig erwärmt. Bei Gegenwart von Ammoniak färbt sich der Streifen blau. An Stelle des Lackmuspapiers kann auch Curcumapapier oder ein mit Mercuronitratlösung befeuchtetes Stück Filtrierpapier verwendet werden.

Eine besonders interessante Eigenschaft des Ammoniaks ist seine Fähigkeit, mit verschiedenen Metallatomen zu Atomkomplexen zusammenzutreten, die sich wie ein einfaches Metallatom verhalten und mit Säureresten zu Salzen sich vereinigen. In diesen Salzen ist dann die chemische Natur des Ammoniaks und des mit ihm verbundenen Metalls verdeckt. Sie sind Komplexsalze, die bei der Dissoziation in das komplexe Metallamminion und in das Ion des Säurerestes zerfallen. Man bezeichnet sie als Amminsalze und drückt die Anzahl der NH_3-Gruppen, die in ihnen enthalten ist, durch die griechischen Zahlworte aus, z. B. Diammin-, Triammin-, Tetramminsalze. Eine Verbindung dieser Art $[Ag(NH_3)_2]Cl$ bildet sich z. B. bei der Auflösung des Chlorsilbers in Ammoniaklösung (vgl. S. 4).

Schwefel, Schwefelsäure und die Sulfate.

Im trockenen Reagensrohr erhitze man etwa 5 g Schwefel. Der Schwefel schmilzt zu einer leicht beweglichen Flüssigkeit, die bei weiterem Erhitzen zunächst zähflüssig, dann wieder dünnflüssig wird und schließlich siedet. Man gieße jetzt den geschmolzenen Schwefel in ein mit Wasser gefülltes Becherglas. Er wird im Wasser eine weiche plastische Masse, die erst nach längerem Stehen wieder erhärtet.

Beim Schmelzen geht der bei gewöhnlicher Temperatur beständige, in der Natur vorkommende rhombisch krystallisierende Schwefel (λ) in den oberhalb 95⁰ beständigen monoklinen β-Schwefel über, und bei weiterem Erhitzen entstehen auch noch andere Formen, durch welche die beobachteten Veränderungen der Schmelze hervorgerufen werden. Der plastische Schwefel ist ein Gemisch verschiedener Modifikationen, die allmählich wieder in den beständigen λ-Schwefel übergehen.

Die verschiedenen Modifikationen des Schwefels unterscheiden sich auch hinsichtlich ihrer Löslichkeit in Schwefelkohlenstoff. λ-Schwefel löst sich leicht darin auf, während die bei höherer Temperatur entstehenden Modifikationen teils schwerer, teils leichter löslich sind.

In einem Eisenlöffelchen, dessen Stiel durch einen Korkstopfen geführt ist, entzünde man ein Stückchen Schwefel und führe den Löffel so in einen Halbliterkolben ein, daß der Stopfen den Kolben verschließt. Wenn der Schwefel im Kolben erloschen ist, gieße man 5 Tropfen konzentrierte Salpetersäure hinein, schwenke um, so daß die Säure die Wände des Kolbens benetzt, verschließe den Kolben, der nun von rot gefärbten Gasen erfüllt ist, mit einem Kork und lasse 10 Minuten stehen. Nach dieser Zeit gießt man 20 ccm destilliertes Wasser in den Kolben, schüttelt abermals um und versetzt sodann mit einigen Kubikzentimetern Chlorbariumlösung. Es erfolgt Bildung eines dicken, weißen Niederschlags von Bariumsulfat, der in verdünnter Salzsäure und verdünnter Salpetersäure praktisch ganz unlöslich ist.

Schwefel verbrennt mit dem Sauerstoff der Luft zu Schwefeldioxyd, das durch Salpetersäure und Wasser in Schwefelsäure übergeführt wird, wobei Stickoxyd entsteht.

$$2\,HNO_3 + 3\,SO_2 + 2\,H_2O = 3\,H_2SO_4 + 2\,NO\,.$$

Das Stickoxyd oxydiert sich wieder zu rotbraunem Stickstoffdioxyd, und dieses kann bei Gegenwart von Wasser wieder Schwefeldioxyd in Schwefelsäure überführen. Das Stickoxyd wirkt also als Sauerstoffüberträger, und es können mit Hilfe kleiner Mengen Stickoxyd große Mengen Schwefeldioxyd zu Schwefelsäure oxydiert werden. Dieser Vorgang, der für den Verlauf des Bleikammerprozesses der Schwefelsäurefabrikation die Grundlage bildet, läßt sich in Lösung zeigen durch einen von VOLHARD[1] angegebenen, später von RASCHIG[2] als „Bleikammer im Wasserglas“ beschriebenen Versuch:

3 ccm 1proz. Natriumnitritlösung werden mit 40 ccm Wasser und 10 ccm verdünnte Schwefelsäure versetzt. Dazu füge man etwas Stärkelösung und 1 ccm einer 1proz. Jodkaliumlösung. Es erfolgt intensive Blaufärbung durch das von der salpetrigen Säure frei gemachte Jod. Bisulfitlösung des Handels verdünnt man mit Wasser auf das Zehnfache und tropft von dieser Lösung so viel zu der blauen Flüssigkeit, daß sie farblos wird und jetzt freie schweflige Säure enthält. Aus der Lösung entwickelt sich Stickoxyd, das sich bei Berührung mit der Luft zu Stickstoffdioxyd oxydiert, wodurch die Lösung von oben her wieder gebläut wird. Auf Zusatz von Sulfitlösung verschwindet die Farbe wieder und kehrt nach kurzer Zeit zurück, so daß bei vielfacher Wiederholung des Versuchs große Mengen der Sulfitlösung oxydiert werden können.

Die Schwefelsäure ist eine flüssige Säure, die ölig fließt und geruchlos ist. Im konzentrierten Zustand enthält sie 98,5 % Schwefelsäure, der Rest ist Wasser, das

---

[1] Liebigs Ann. **198**, 335.   [2] Ber. dtsch. chem. Ges. **40**, 4584.

durch Destillation oder Abdampfen nicht entfernt werden kann. Schwefelsäure ist sehr schwer flüchtig. Der Siedepunkt der 98,5proz. Säure liegt bei 338°. Beim Verdünnen der Säure erfolgt starke Erwärmung. Es muß daher bei dieser Operation die Säure stets vorsichtig in das Wasser gegossen werden. Bei umgekehrtem Verfahren wird das Wasser lebhaft zum explosionsartigen Verdampfen gebracht, wobei leicht die ätzende Säure umhergespritzt werden kann. Die Formel der Schwefelsäure ist H_2SO_4. Sie ist eine zweibasische Säure und vermag saure und neutrale Salze zu bilden (vgl. S. 3). Ihre Konstitutionsformel wird unter Annahme eines sechs-

wertigen Schwefelatoms gewöhnlich $\begin{array}{c} O \diagdown \diagup OH \\ \diagup S \diagup \diagdown \\ O \diagup \diagdown OH \end{array}$ geschrieben.

Beweisen läßt sich in der Formel die Existenz der beiden an Schwefel gebundenen OH-Gruppen. Daß die beiden Sauerstoffatome doppelt an Schwefel gebunden sind, hat sich bis jetzt noch nicht experimentell beweisen lassen.

In einem trockenen Reagensrohr, das in eine am Stativ befestigte Klammer eingespannt ist, werden 2 Löffel Kalisalpeter geschmolzen und so stark erhitzt, daß eine lebhafte Gasentwicklung einsetzt. Dann wird die Flamme entfernt und ein bohnengroßes Stück Schwefel eingeworfen. Der Schwefel verbrennt unter glänzender Lichtentwicklung. Da das Reagensglas bei dem Versuch gewöhnlich durchschmilzt, wird zweckmäßig eine Porzellanschale untergestellt. Nach beendeter Reaktion löst man die Schmelze in Wasser auf und versetzt mit Chlorbariumlösung. Es erfolgt eine Ausfällung von Bariumsulfat.

Die Verbrennung des Schwefels auf Kosten des aus dem Salpeter frei werdenden Sauerstoffs erfolgt sehr viel lebhafter als die Verbrennung an der Luft im Sinne der Gleichung:

$$2\,KNO_3 + 2\,S = K_2SO_4 + N_2 + SO_2\,.$$

Es entsteht daher neben dem Schwefeldioxyd auch das höhere Oxydationsprodukt, das Schwefeltrioxyd oder Schwefelsäureanhydrid, das in der Schmelze gebunden wird und als schwefelsaures Kalium nachgewiesen werden kann.

Die Reaktion zwischen Sulfationen und Bariumionen, die bei den oben ausgeführten Versuchen benutzt wurde, ist infolge der großen Unlöslichkeit des Bariumsulfates sehr empfindlich und dient stets zum analytischen Nachweis der Schwefelsäure oder der Sulfationen. Der Niederschlag wird näher charakterisiert durch seine Unlöslichkeit in Salzsäure und Salpetersäure.

Auch mit Strontium-, Calcium- und Bleiionen vereinigen sich die Sulfationen zu sehr schwerlöslichen Niederschlägen. Man fälle in drei Reagensgläsern verdünnte Schwefelsäure oder Natriumsulfatlösung mit Lösungen von Strontium- und Calciumchlorid sowie mit Bleiacetatlösung und formuliere die Reaktionen.

Trockene Reaktion auf Sulfate und andere Schwefelverbindungen (Heparreaktion). Sie beruht auf der Reduktion der Sulfate zu Sulfiden. Bewirkt wird die Reduktion in einer Reduktionsflamme, die man erhält, wenn man die Flamme eines Bunsenbrenners auf die Hälfte ihrer vollen Höhe einstellt und die Luftzufuhr so weit abschneidet, daß ein kleiner leuchtender Kegel in der Flamme erscheint.

An die Öse eines Platindrahtes schmelze man eine Probe Natriumsulfat an und setze die Salzperle der Wirkung des in dem leuchtenden Flammenkegel befindlichen glühenden Kohlenstoffs aus. Dann geht das Sulfat in Sulfid über.

$$Na_2SO_4 + 4\,C = Na_2S + 4\,CO\,.$$

Nach halbminutenlangem Erhitzen führt man die Perle in den dunkeln, blauen Raum der Flamme, der hauptsächlich unverbranntes Leuchtgas enthält, läßt sie hier abkühlen, um eine Oxydation der heißen Perle beim Passieren des äußeren Flammenmantels zu vermeiden, und nimmt sie dann erst aus der Flamme heraus. Auf einem Silberblech wird die Perle mit einem Pistill zerdrückt und mit Wasser befeuchtet. Auf dem Silberblech entsteht ein brauner Fleck von Schwefelsilber.

$$2\,Ag + Na_2S + H_2O + \underset{\text{Luft}}{O} = Ag_2S + 2\,NaOH\,.$$

Sulfate von Metallen, deren Sulfide wasserunlöslich sind, erhitzt man mit Soda zusammen entweder auf der Kohle mit dem Lötrohr oder besser am Kohle-Soda-Stäbchen.

Lötrohrversuche. Zu Lötrohrversuchen wird die leuchtende Flamme des Bunsenbrenners, die aus einem Lötrohreinsatz brennt, benutzt. Der Lötrohreinsatz ist ein in die Brennerröhre passendes Metallrohr, das am einen Ende zu einem breiten Spalt zusammengedrückt und schräg abgeschnitten ist. In die auf halbe Höhe eingestellte Flamme wird mit dem Lötrohr von der Seite her Luft eingeblasen, und zwar in der Richtung des Schlitzes des Lötrohreinsatzes. Wird das Lötrohr so gehalten, daß seine Spitze den Rand der Flamme oberhalb des oberen Endes des Spaltes des Lötrohreinsatzes berührt, daß also die eingeblasene Luft auf die ganze Flamme wirkt, so entsteht bei nicht zu starkem Blasen eine Reduktionsflamme. Führt man die Lötrohrspitze bis mitten in die Flamme hinein und bläst kräftig, so entsteht eine Oxydationsflamme, da die Stichflamme noch überschüssige Luft enthält, die oxydierend wirken kann. Als Unterlage für die Substanzen dient Holzkohle.

Man filtriere für den Versuch den oben hergestellten Niederschlag von Bleisulfat auf einem glatten Filter ab, wasche mit etwas Wasser nach, trockne eine Probe davon auf einem Uhrglas auf dem Wasserbade und mische sie mit der doppelten Menge calcinierter Soda.

An ein Stück Holzkohle schleife man auf einem Stück Schmirgelpapier eine glatte Fläche, grabe mit dem Messer oder mit einem Schlüsselbart eine kleine Grube hinein, bringe in diese das Bleisulfat-Soda-Gemisch und richte die Reduktionsflamme darauf. Die Reaktion läßt sich durch folgende Teilgleichungen darstellen:

Das Bleisulfat wird durch die glühende Kohle reduziert:

$$PbSO_4 + 4\,C = PbS + 4\,CO\,.$$

Das Bleisulfid setzt sich mit Soda um:

$$PbS + Na_2CO_3 = Na_2S + PbCO_3\,.$$

Das Bleicarbonat spaltet infolge der hohen Temperatur Kohlendioxyd ab:

$$PbCO_3 = PbO + CO_2\,.$$

Das Bleioxyd wird zu Metall reduziert:

$$PbO + C = CO + Pb\,.$$

Die Schmelze wird mit dem Messer von der Kohle losgelöst und auf einem Silberblech mit Wasser befeuchtet und zerdrückt, wobei das entstandene Natriumsulfid im Sinne der bereits früher entwickelten Gleichung reagiert. Außerdem kann man in der Schmelze das metallische Blei finden in Form kleiner Kügelchen, die sich mit dem Pistill leicht plattdrücken lassen, während das Bleioxyd auf der Kohle als „Beschlag" zu beobachten ist.

Reduktion am Kohle-Soda-Stäbchen. Zur Herstellung der Kohle-Soda-Stäbchen werden 5—7 cm lange, etwa 1—2 mm starke Holzstäbchen mit schmelzender Soda überzogen. Stäbchen dieser Art sind entweder von Zündholzfabriken unter der Bezeichnung „Holzdraht" käuflich, oder sie werden aus runden Zahnstochern, an denen man eine Spitze abschneidet, gemacht. Um einem Stäbchen einen Überzug von Soda zu geben, erhitzt man es bis eben zur Entzündung und löscht es ab, indem man es auf der Fläche eines Sodakrystalles in der Längsrichtung des Stäbchens unter gleichzeitigem Drehen hin und her zieht. Auf dem Sodakrystall bildet sich dabei eine Rinne, in der sich das Hölzchen leicht führen läßt. Nach zwei- bis dreimaliger Wiederholung der Operation ist das Stäbchen mit einer Kruste von Soda völlig umgeben und für den Versuch bereit.

Die Substanzprobe — eine halbe Federmesserspitze voll von dem Bleisulfatniederschlag — wird auf den Handteller gebracht und von einem Sodakrystall, den man *an* einer Bunsenflamme bis gerade zum Schmelzen erwärmt hat, ein Tropfen geschmolzener Soda dazugegeben. Die Substanzprobe wird dann auf der Hand mit der Soda gemischt und ein Teil davon an die Spitze des Kohle-Soda-Stäbchens gebracht. Der Rest wird in der geschlossenen Hand für eine eventuelle Wiederholung des Versuchs aufbewahrt.

Das Erhitzen geschieht zuerst vorsichtig am Rande der Flamme, bis das Krystallwasser der Soda verdampft und die Probe am Stäbchen festgeschmolzen ist, darauf wird im Reduktionsraum etwa eine halbe Minute lang erhitzt und im dunkeln Flammenraum abgekühlt. Die Reduktion, für die der Kohlenstoff teils von der Flamme, teils von dem verkohlenden Hölzchen geliefert wird, verläuft im gleichen Sinne wie bei der Lötrohrreaktion. Die Schmelze gibt, auf dem Silberblech befeuchtet und zerdrückt, einen schwarzen Fleck und enthält das Blei in Form eines kleinen Metallregulus.

Verhalten der Schwefelsäure gegen Metalle.

a) Im verdünnten Zustand. Darstellung von Wasserstoff. Ein Kochkolben von etwa 300 ccm Inhalt wird mit einem doppelt durchbohrten Korkstopfen versehen, durch dessen eine Bohrung ein bis auf den Flaschenboden reichendes Trichterrohr führt, während die zweite ein unter dem Kork endigendes Gasableitungsrohr trägt, das zu einer mit Wasser gefüllten Waschflasche führt (Abb. 6). Vor Beginn des Versuchs ist der Apparat in der beim Chlorwasserstoff beschriebenen Weise auf Dichtigkeit zu prüfen.

In dem Kolben werden 14 g granuliertes Zink mit 60 ccm Wasser übergossen und langsam 20 g konzentrierte Schwefelsäure durch das Trichterrohr zugegeben. Der entwickelte Wasserstoff wird in ein Reagensrohr geleitet, das man über das nach oben gerichtete Gasableitungsrohr stülpt. Der leichte Wasserstoff verdrängt dann die Luft und füllt das Glas an. Wird das Reagensrohr nach dem Abnehmen von dem Gasentbindungsrohr einer Flamme genähert, so entzündet sich der Wasserstoff. Zu Beginn des Versuchs erfolgt die Verbrennung unter Verpuffen, da das Gas mit Luft gemischt ist. Wenn das Gas schon reich an Wasserstoff, aber noch explosiv ist, brennt nach der Verpuffung im Reagensrohr mitunter noch eine kleine, fast unsichtbare Wasserstofflamme, die das im Apparat noch vorhandene Knallgas zur Explosion bringt,

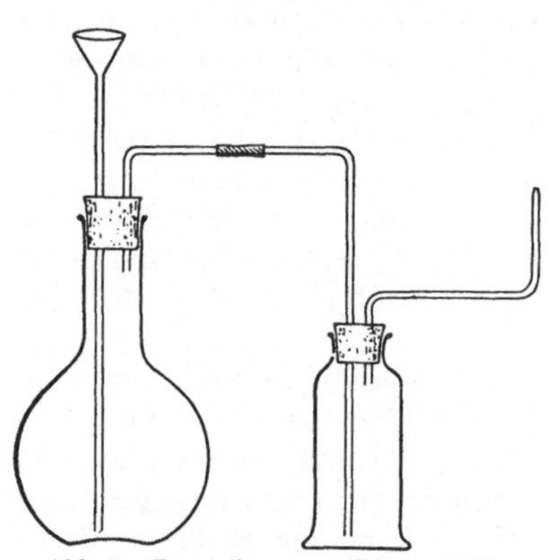

Abb. 6. Darstellung von Wasserstoff.

wenn das Reagensrohr zu erneuter Prüfung wieder über das Gasentbindungsrohr gestülpt wird. Man verschließe deshalb das Reagensrohr vor jeder Prüfung einen Augenblick mit dem Handballen, um eine eventuell vorhandene Wasserstofflamme sicher zu löschen. Sobald das Gas rein ist, brennt es im Reagensrohr ruhig ab und kann dann auch am Apparat selbst entzündet werden. Der Wasserstoff verbrennt mit wenig sichtbarer, nicht leuchtender Flamme, indem er sich mit dem Luftsauerstoff verbindet. Hält man daher ein trockenes Becherglas über die Flamme, so beschlägt es sich mit Wasserdampf. Man berechne, wieviel Wasserstoff aus den angewandten Mengen Zink und Schwefelsäure theoretisch entstehen kann, und welchen Raum diese Gasmenge bei 0^0 und 760 mm einnimmt.

Beim Nachlassen der Gasentwicklung nimmt man den Apparat auseinander, erwärmt das Zink im Kolben mit der Schwefelsäure noch so lange, bis die Gasentwicklung völlig zu Ende ist, und gießt dann von dem ungelösten ab. Zur Lösung gibt man 10 Tropfen konzentrierte Salpetersäure und kocht auf zur Oxydation von Eisen, mit dem das Zink oft verunreinigt ist. Dann setzt man einen kleinen Löffel voll Zinkoxyd zu und kocht damit 3 Minuten, um das Eisen völlig auszufällen, worauf abfiltriert wird. Das Filtrat wird so weit eingedampft, daß 1 Tropfen davon auf dem Uhrglase beim Erkalten und Reiben mit dem Glasstab krystallisiert, worauf man im Eisschrank auskrystallisieren läßt. Die abgeschiedenen Krystalle von Zinksulfat, $ZnSO_4 + 7H_2O$, werden abgesaugt und zwischen Filtrierpapier getrocknet. Sie können später bei der Ausführung der Reaktionen des Zinkions verwendet werden.

Die Reaktion zwischen Zink und verdünnter Schwefelsäure findet ihren Ausdruck in der Gleichung:
$$Zn + H_2SO_4 = ZnSO_4 + H_2.$$
Aus der Ionengleichung für den Vorgang
$$Zn + 2H^{\cdot} = Zn^{\cdot\cdot} + H_2$$
ist ersichtlich, daß bei der Reaktion der Wasserstoff seine Ladung verliert, und daß das Zink, das als Ion in Lösung geht, elektrische Ladungen erhält. Es gehen nämlich von dem Zinkatom zwei Elektronen auf zwei Wasserstoffionen über und neutrali-

sieren deren Ladung, während das Zinkatom nach Verlust zweier Elektronen durch Überwiegen der Kernladung zum positiv geladenen Zinkion wird. Ordnet man die häufiger vorkommenden elektropositiven Elemente nach ihrer Fähigkeit, in dieser Weise eine elektrische Ladung anzunehmen, so erhält man die VOLTAsche Spannungsreihe:

K, Na, Ca, Mg, Al, Mn, Zn, Cd, Fe, Ni, Sn, Pb, H, As, Cu, Sb, Hg, Ag, Pt, Au.

In dieser Reihe hat jedes Element größere Elektroaffinität als alle folgenden und vermag sie daher auch in den meisten Fällen aus dem Ionenzustand in elektrisch neutraler Form abzuscheiden.

b) Im konzentrierten Zustand. Darstellung von Schwefeldioxyd. In einem Kolben (100 ccm Inhalt), der mit Sicherheitsrohr und Gasableitungsrohr versehen ist, werden 15 g Kupferspäne mit 30 g konzentrierter Schwefelsäure übergossen und auf einem Asbestteller mäßig erwärmt. Das entstehende Schwefeldioxyd wird in einer Waschflasche mit wenig Wasser gewaschen, um mitgerissene Schwefelsäure zurückzuhalten, und dann in einen mit 50 ccm Wasser gefüllten Erlenmeyer-Kolben zur Absorption geleitet. Das Absorptionsgefäß wird zweckmäßig durch Einstellen in Eiswasser gekühlt. Von Zeit zu Zeit unterbreche man das Einleiten und

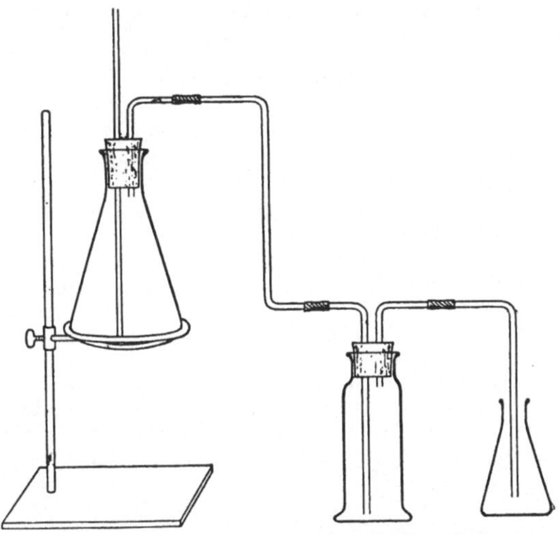

Abb. 7. Darstellung von Schwefeldioxyd.

prüfe, ob das vorgelegte Wasser mit dem Gase gesättigt ist. Zu dem Zweck wird das Absorptionsgefäß mit dem Handballen verschlossen und geschüttelt. Ist das Wasser noch nicht mit dem Gas gesättigt, so wird das im Gasraum über dem Wasser befindliche Schwefeldioxyd noch gelöst, und die Hand wird infolge des entstehenden Unterdrukkes angesogen, während sie bei gesättigter Lösung abgestoßen wird, da dann durch Gas, das beim Schütteln aus der Lösung entweicht, Überdruck entsteht. Wenn das erste Quantum Wasser gesättigt ist, lege man nochmals 50 ccm vor und bewahre die gesättigten Lösungen für die Reaktionen auf. Wenn die Gasentwicklung dem Ende nahe ist, wird der Apparat auseinander genommen und der Inhalt des Entwicklungskolbens noch bis zum Verschwinden des Geruchs nach schwefliger Säure erwärmt, worauf man ihn vollkommen erkalten läßt. Der erkaltete Rückstand von Kupfervitriol wird vorsichtig mit Wasser verdünnt und mäßig erwärmt, bis er sich vom Boden des Kolbens losgelöst hat. Dann erhitzt man zum Sieden, bis aller Kupfervitriol gelöst ist, und filtriert heiß in eine Porzellanschale, in der die Lösung zur Krystallisation (Probe mit einem Tropfen auf dem Uhrglase) eingeengt wird. Beim Erkalten krystallisiert das Kupfersulfat $CuSO_4 + 5H_2O$, das für die späteren Kupferreaktionen aufbewahrt wird.

Auf die konzentrierte Schwefelsäure wirken Kupfer und andere edlere Metalle wie Quecksilber als Reduktionsmittel, indem sie der Säure Sauerstoff entziehen. Das entstandene Metalloxyd löst sich dann in der überschüssigen Säure und gibt Sulfat, während die schweflige Säure in Wasser und Schwefeldioxyd zerfällt:

$$H_2SO_4 + Cu = CuO + H_2SO_3$$
$$H_2SO_3 = H_2O + SO_2$$
$$CuO + H_2SO_4 = CuSO_4 + H_2O,$$

oder in eine Gleichung zusammengezogen:

$$Cu + 2\,H_2SO_4 = CuSO_4 + 2\,H_2O + SO_2.$$

In ganz ähnlicher Weise reagiert Schwefelsäure auch mit leicht oxydierbaren Nichtmetallen, wie Kohle und Schwefel. So entsteht beim Erhitzen von Schwefelsäure mit Kohle Schwefeldioxyd und Kohlendioxyd nebeneinander:

$$C + 2\,H_2SO_4 = CO_2 + 2\,SO_2 + 2\,H_2O,$$

während Schwefel und viele Sulfide mit Schwefelsäure erhitzt reines Schwefeldioxyd liefern:

$$S + 2\,H_2SO_4 = 3\,SO_2 + 2\,H_2O.$$

Unedle Metalle sind zur Darstellung von Schwefeldioxyd wenig geeignet, da sie durch Nebenreaktionen Wasserstoff liefern, der durch weitergehende Reduktion der Schwefelsäure zur Bildung von Schwefelwasserstoff und freiem Schwefel Veranlassung gibt.

Ein Stückchen Stangenzink — granuliertes Zink ist für diese Reaktion ungeeignet — wird im Reagensrohr mit konzentrierter Schwefelsäure übergossen und bis zum Aufschäumen erwärmt. Es entwickelt sich Schwefeldioxyd, über der Flüssigkeit beschlägt sich das Rohr mit Schwefel, und es tritt der Geruch nach Schwefelwasserstoff auf.

Schwefeldioxyd löst sich in Wasser teils unverändert, teils nimmt es Wasser auf und geht in das Hydrat H_2SO_3, die schweflige Säure, über, die als mittelstarke zweibasische Säure in die Ionen SO_3H' und $H^{\cdot}$ und bei größerer Verdünnung in die Ionen SO_3'' und $2\,H^{\cdot}$ dissoziiert. Von der Formel H_2SO_3 leiten sich die Salze der schwefligen Säure, die Sulfite, ab, von denen zwei Reihen, saure und neutrale, bekannt sind. Werden Sulfite mit starken Säuren behandelt, so wird nach den Gleichungen:

$$SO_3H' + H^{\cdot} = H_2SO_3$$
$$SO_3'' + 2\,H^{\cdot} = H_2SO_3$$
$$H_2SO_3 = H_2O + SO_2$$

Schwefeldioxyd entwickelt.

5 ccm der Natriumsulfitlauge des Handels werden mit einigen Tropfen konzentrierter Schwefelsäure versetzt. Es erfolgt eine lebhafte Gasentwicklung. Zur Darstellung größerer Mengen von Schwefeldioxyd ist diese Reaktion sehr bequem. Die Bisulfitlauge wird in eine Saugflasche gegeben, die mit einem durchbohrten Stopfen versehen ist. Durch die Bohrung geht ein mit roher Schwefelsäure gefüllter Tropftrichter. Beim Eintropfen der Säure erhält man einen regelmäßigen Strom von Schwefeldioxyd, dessen Stärke man durch langsameres oder schnelleres Zutropfen der Säure regulieren kann.

Reaktionen der schwefligen Säure und der Sulfite.

Die freie Säure sowohl wie die Salze sind kräftige Reduktionsmittel, da sie leicht Sauerstoff aufnehmen und in Schwefelsäure oder Sulfate übergehen.

Bariumchlorid. Eine Lösung von Natriumsulfit werde mit einer Bariumchloridlösung versetzt. Es fällt ein Niederschlag, der sich in Salzsäure leicht löst. Unvollständige Lösung deutet auf eine Verunreinigung des Sulfits mit Sulfat hin. In diesem Fall filtriert man von dem Niederschlag ab. Die klare oder die geklärte Flüssigkeit wird mit einigen Tropfen Salpetersäure versetzt und gekocht. Es fällt ein Niederschlag, der in Säuren unlöslich ist.

Sulfite geben mit Bariumsalzen Bariumsulfit:

$$Na_2SO_3 + BaCl_2 = BaSO_3 + 2\,NaCl,$$

das löslich ist in Salzsäure:

$$BaSO_3 + 2\,HCl = BaCl_2 + SO_3H_2.$$

Durch die Oxydation mit Salpetersäure geht die schweflige Säure in Schwefelsäure über:

$$3\,H_2SO_3 + 2\,HNO_3 = 3\,H_2SO_4 + H_2O + 2\,NO.$$

Mit der Schwefelsäure bildet aber das Bariumsalz unlösliches Bariumsulfat.

Die Reaktion kann zum Nachweis der Sulfite neben Sulfaten dienen. Man fällt das Sulfat in salzsaurer Lösung mit Bariumchlorid vollständig aus und filtriert ab. Im Filtrat zeigt dann ein Niederschlag, der beim Kochen mit Salpetersäure eintritt, die Anwesenheit der schwefligen Säure an.

Man versetze eine Probe der frisch dargestellten schwefligen Säure mit Chlorbariumlösung. Wenn das Präparat frei von Schwefelsäure ist, erfolgt kein Niederschlag, weil die bei der Reaktion entstehende freie Salzsäure sofort lösend auf das Bariumsulfit einwirkt. Reaktionsgleichung?

Strontiumsalze verhalten sich analog wie Bariumsalze und geben Strontiumsulfit, unlöslich in Wasser, löslich in verdünnten Säuren.

Jodjodkaliumlösung. Eine Lösung von Jod in Jodkalium wird durch schweflige Säure entfärbt.

$$SO_3'' + J_2 + H_2O = SO_4'' + 2\,J' + 2\,H^{\cdot}$$
$$H_2SO_3 + J_2 + H_2O = H_2SO_4 + 2\,HJ.$$

Kaliumpermanganatlösung wird durch schweflige Säure oder Sulfite in saurer Lösung entfärbt unter Reduktion zu Manganosalz (vgl. Mangan).

Mercuronitratlösung. Beim Zusammenbringen mit schwefliger Säure wird schwarzes, metallisches Quecksilber abgeschieden (vgl. Quecksilber). Die Reaktion kann zum Nachweis des gasförmigen Schwefeldioxyds dienen. Man koche eine Probe der Schwefligsäurelösung und halte ein mit Mercuronitratlösung befeuchtetes Stück Filtrierpapier über die Mündung des Reagensrohres. Das Papier wird durch das aus der Lösung entweichende Gas geschwärzt.

Silbernitratlösung gibt mit einer Lösung von Natriumsulfit eine weiße Fällung von Silbersulfit, das in verdünnter Salpetersäure löslich ist. Reaktionsgleichungen? Ammoniak löst das Silbersulfit unter Bildung eines Komplexsalzes, des Diamminsilbersulfits

$$Ag_2SO_3 + 2\,NH_3 = [Ag_2(NH_3)_2]SO_3.$$

Auch in überschüssiger Natriumsulfitlösung ist das Silbersulfit löslich. Es bildet sich hier das Komplexsalz Silbernatriumsulfit.

$$Ag_2SO_3 + Na_2SO_3 = [Ag_2(SO_3)_2]Na_2.$$

Wird die Lösung gekocht, so zerfällt der Komplex, und metallisches Silber scheidet sich aus:

$$[Ag_2(SO_3)_2]Na_2 = Na_2SO_4 + SO_2 + 2\,Ag.$$

Kaliumjodat. Wird eine Kaliumjodat- oder Jodsäurelösung zu einer angesäuerten und mit Stärkelösung versetzten Sulfitlösung getropft, so erfolgt vorübergehend Bläuung durch ausgeschiedenes Jod.

Schweflige Säure reduziert die durch das Ansäuern frei gemachte Jodsäure zu Jodid

$$3\,H_2SO_3 + HJO_3 = 3\,H_2SO_4 + HJ,$$

das mit weiterem Jodat unter Jodausscheidung reagiert.

$$HJO_3 + 5\,HJ = 3\,H_2O + 3\,J_2.$$

Dieses aber wird von der überschüssigen schwefligen Säure wieder zu Jodid reduziert,

$$J_2 + H_2SO_3 + H_2O = H_2SO_4 + 2\,HJ,$$

so daß die vorübergehend gebläute Stärke wieder entfärbt wird. Sobald durch ausreichenden Zusatz von Jodsäure alle schweflige Säure oxydiert ist, bleibt die Blaufärbung bestehen. Setzt man der angesäuerten Sulfitlösung die zur völligen Oxydation erforderliche Jodsäuremenge auf einmal zu, so erfolgt in konzentrierten Lösungen die Jodausscheidung sofort, in verdünnten erst nach einiger Zeit, dann aber plötzlich und vollständig.

0,2 g Jodsäure löse man in 110 ccm Wasser. Ferner löse man 0,1 g krystallisiertes Natriumsulfit in 50 ccm Wasser, gebe 10 Tropfen verdünnte Schwefelsäure und die Lösung von 0,5 g löslicher Stärke in 60 ccm Wasser dazu. Von beiden auf Zimmertemperatur abgekühlten Lösungen messe man je 25 ccm in zwei Meßzylindern ab, gieße den Inhalt beider Zylinder möglichst gleichzeitig in ein Becherglas zusammen und rühre um. Die Mischung bleibt zunächst farblos und wird nach etwa einer Viertelminute plötzlich blau. Man nehme je 20 ccm der beiden Lösungen und verdünne sie mit 5 ccm Wasser und beobachte die Verzögerung des Eintritts der Blaufärbung. (Zeitreaktion von H. LANDOLT[1].)

Trockene Reaktionen der Sulfite. Eine Probe Natriumsulfit wird im Porzellantiegel erhitzt. Das Salz, das mit 7 Molekülen Wasser krystallisiert, verliert das Krystallwasser.

Ein Teil des wasserfreien Salzes wird im Glühröhrchen zum Schmelzen gebracht. Die dunkel gefärbte Schmelze wird nach dem Zerschlagen des Röhrchens in der Reibschale zerrieben. Ein Teil des Pulvers, auf ein Silberblech gebracht und angefeuchtet, erzeugt einen braunen Fleck von Schwefelsilber.

Der Rest, in Wasser gelöst und mit Salzsäure angesäuert, fällt aus Chlorbariumlösung unlösliches Bariumsulfat.

Beim Glühen der Alkalisulfite entsteht Sulfat und Sulfid nebeneinander; indem ein Teil des Sulfites mit dem Sauerstoff des anderen Teiles oxydiert wird:

$$Na_2SO_3 = Na_2S + 3\,O$$
$$\underline{3\,Na_2SO_3 + 3\,O = 3\,Na_2SO_4}$$
$$4\,Na_2SO_3 = Na_2S + 3\,Na_2SO_4.$$

Dagegen geben die Sulfite der Erdalkalien, der Schwermetalle und der Erden beim Glühen Schwefeldioxyd ab, und es hinterbleibt das Metalloxyd, wenn es glühbeständig ist, oder andernfalls das Metall selbst.

Die Heparreaktion tritt bei den Sulfiten ebenso ein wie bei den Sulfaten.

---

[1] Ber. dtsch. chem. Ges. **19**, 1317; **20**, 745.

Schwefelwasserstoff.

Wirkt auf schweflige Säure ein energisches Reduktionsmittel ein, so entsteht Schwefelwasserstoff, der, wie oben gezeigt wurde, auch als letztes Reduktionsprodukt von der Schwefelsäure aus erhalten werden kann.

Man übergieße einige Stückchen granulierten Zinks mit Salzsäure und gebe, nachdem die Wasserstoffentwicklung in Gang gekommen ist, etwa 10 Tropfen Natriumsulfitlösung zu. Der Schwefelwasserstoff ist alsbald am Geruch zu erkennen und an der Schwarzfärbung eines Tropfens Bleiacetatlösung auf Filtrierpapier. (Reaktionsgleichungen.)

Bequemer und in größeren Mengen läßt sich der Schwefelwasserstoff aus den Schwefelmetallen, den Sulfiden, gewinnen. Schwefelmetalle finden sich in der Natur in beträchtlichen Mengen und lassen sich auch synthetisch sehr leicht erhalten.

Darstellung von Schwefeleisen und Schwefelwasserstoff.

Man berechne die Mengen Schwefel und Eisen, die zur Herstellung von 22 g Schwefeleisen (FeS) erforderlich sind, aus der Bildungsgleichung. Die abgewogenen Mengen werden innig miteinander gemischt und in trockene Reagensgläser gebracht, die von der Mischung höchstens zur Hälfte angefüllt sein dürfen. Ein Reagensglas mit der Mischung wird mit der Klammer gehalten und vorsichtig angewärmt, indem man zunächst den ganzen Inhalt mit der Flamme des Bunsenbrenners bestreicht, dann aber einen Punkt stark erhitzt. Die Reaktion tritt an diesem Punkt ein und pflanzt sich von selbst durch den ganzen Rohrinhalt fort. Da das Reagensrohr dabei oft abschmilzt, stellt man eine eiserne Schale unter. Das entstandene Schwefeleisen wird in haselnußgroße Stücke zerschlagen, in einen mit Trichterrohr und Gasableitungsrohr versehenen Kolben gebracht (vgl. Abb. 6) und mit 50 ccm Wasser übergossen. Durch allmähliche Zugabe von konzentrierter Salzsäure wird die Gasentwicklung in Gang gebracht. Das Schwefelwasserstoffgas leite man zur Reinigung von mitgerissener Säure durch eine Waschflasche mit wenig Wasser und sättige mit dem gewaschenen Gase 50 ccm Wasser in der beim Schwefeldioxyd beschriebenen Weise.

1 Volum Wasser nimmt bei 15° 2,233 Volumina Schwefelwasserstoffgas auf. Die Lösung, das Schwefelwasserstoffwasser, ist eine sehr schwache Säure, da sie nur kleines Leitvermögen besitzt. Sie ist arm an S''-Ionen, da der Schwefelwasserstoff zum größten Teil in Form des undissoziierten Moleküls in ihr enthalten ist.

Sämtliche Versuche mit dem Schwefelwasserstoffgase müssen im Schwefelwasserstoffraum oder zum mindesten unter einem gut wirkenden Abzuge ausgeführt werden, da das Gas nicht nur unangenehm riecht, sondern auch erhebliche Giftwirkung besitzt.

Reaktionen des Schwefelwasserstoffs und der Sulfide.

Der Schwefelwasserstoff ist, da er leicht oxydiert wird, ein kräftiges Reduktionsmittel. 10 ccm konzentrierter Salpetersäure werden mit dem gleichen Volum Wasser verdünnt und durch die Mischung Schwefelwasserstoff geleitet. Der Schwefelwasserstoff wird unter Abscheidung von Schwefel oxydiert. Reaktionsgleichung?

Jodjodkaliumlösung wird von Schwefelwasserstoff entfärbt unter Bildung von Jodwasserstoff und Schwefel. Man führe die Reaktion mit 5 ccm Jodjodkaliumlösung aus und stelle die Gleichung dafür auf.

Silbernitrat und **Bleiacetat** geben mit Schwefelwasserstoff und wasserlöslichen Sulfiden schwarze Niederschläge von Silbersulfid und Bleisulfid, unlöslich in verdünnten Säuren.

Sulfide, die in Wasser nicht löslich sind, erhitzt man mit verdünnter Salzsäure. Es entwickelt sich Schwefelwasserstoff, der durch den Geruch und die Schwärzung von Bleipapier nachgewiesen wird.

Sulfide, die sich mit Salzsäure nicht zersetzen lassen, bringt man trocken in einem Reagensglas mit einem Stückchen granulierten Zinks zusammen, übergießt und erwärmt mit 2—3 ccm konzentrierter Salzsäure. Der entweichende Wasserstoff ist schwefelwasserstoffhaltig, und Bleipapier wird von dem entweichenden Gas geschwärzt.

Mit dem Rest des Gases sättige man 20 ccm Ammoniaklösung. Zur gesättigten Lösung gebe man die gleiche Menge, also 20 ccm, Ammoniaklösung hinzu. Mit Ammoniak vereinigt sich der Schwefelwasserstoff zu Ammoniumsulfhydrat, NH_4SH, das mit einem zweiten Ammoniakmolekül in $(NH_4)_2S$, das Schwefelammonium, übergeht. Es entstehen hier also schwefelwasserstoffsaure Salze oder Sulfide, deren Lösung im Gegensatz zum Schwefelwasserstoffwasser reich an S''-Ionen ist, da die Sulfide, sofern sie löslich sind, in wässeriger Lösung stark dissoziieren.

Der Unterschied läßt sich erkennen an dem Verhalten gegen eine Lösung von Nitroprussidnatrium, $[Fe(CN)_5(NO)]Na_2 + 2H_2O$, das ein Reagens auf S''-Ionen, nicht aber auf ungespaltenen Schwefelwasserstoff ist.

Zu einer verdünnten wässerigen Lösung von Schwefelwasserstoff bringe man einige Tropfen einer Lösung von Nitroprussidnatrium; es erfolgt keine Reaktion. Man füge einige Tropfen Natronlauge zu, worauf eine schöne Rotviolettfärbung entsteht. Mit Schwefelammonium erfolgt ebenfalls Violettfärbung.

Eine Probe der frisch bereiteten Schwefelammoniumlösung werde mit einer Messerspitze voll Schwefelblumen digeriert. Der Schwefel wird allmählich aufgelöst, und es entsteht eine gelbe Lösung von Polysulfiden von der Formel $(NH_4)_2S_2$ bis $(NH_4)_2S_5$. Auf Zusatz von Salzsäure erfolgt Zersetzung unter Entwicklung von Schwefelwasserstoff, und der Schwefel scheidet sich wieder ab.

Dieselben Polysulfide entstehen, wenn Schwefelammonium oder Ammoniumsulfhydrat sich beim Stehen an der Luft oxydiert.

$$2\,NH_4SH + O = (NH_4)_2S_2 + H_2O$$
$$2\,(NH_4)_2S + O = H_2O + 2\,NH_3 + (NH_4)_2S_2.$$

Bei noch weitergehender Oxydation wird aus dem Polysulfid Ammoniumthiosulfat gebildet:

$$(NH_4)_2S_2 + 3\,O = (NH_4)_2S_2O_3.$$

Der Gehalt an Polysulfid in dem Schwefelammonium wird erkannt an der Schwefelabscheidung, die beim Zersetzen mit Salzsäure eintritt. Frisches Ammonsulfid und Ammoniumsulfhydrat scheiden keinen Schwefel ab.

Schwefelwasserstoffwasser oxydiert sich ebenfalls in Berührung mit dem Luftsauerstoff unter Abscheidung von Schwefel. Es hält sich daher nur in gut verschlossenen und völlig angefüllten Flaschen längere Zeit brauchbar.

Verhalten der Metallsalze gegen Schwefelwasserstoff.

Die Mehrzahl der Metallionen reagiert mit Schwefelwasserstoff unter Bildung von Sulfiden, die durch ihr Verhalten gegen Wasser und verdünnte Säuren in Gruppen geteilt werden können. Andere Metalle bilden auf trockenem Wege, d. h. beim Erhitzen mit Schwefel, Sulfide, die mit Wasser Schwefelwasserstoff entwickeln und in Hydroxyde übergehen. Auf solchen Unterschieden im Verhalten der Sulfide beruht die von BERGMANN zuerst vorgeschlagene Gruppeneinteilung in der qualitativen Analyse.

Sulfide, die in verdünnten Säuren und in Wasser unlöslich sind, bilden die Elemente: Silber, Blei, Quecksilber, Kupfer, Wismut, Cadmium, Arsen, Antimon, Zinn; ferner die seltenen Elemente Germanium, Molybdän, Wolfram, Gold und die Platinmetalle. Die Ionen dieser Metalle werden daher aus Lösungen in Gegenwart mäßiger Mengen freier Säure als Sulfide gefällt.

Sulfide, die in Wasser unlöslich sind, die aber durch verdünnte Säure gelöst werden, bilden die Elemente: Kobalt, Nickel, Eisen, Mangan, Zink; daneben die selteneren Uran, Thallium, Indium. Die Ionen dieser Metalle fallen aus angesäuerten Lösungen mit Schwefelwasserstoff nicht aus, werden aber in alkalischer Lösung, d. h. von Schwefelammonlösung, gefällt.

Ferner fällt Schwefelammonium Chrom und Aluminium als Hydroxyde, sowie die seltenen Erdmetalle ebenfalls als Hydroxyde. Die Sulfide dieser Elemente entstehen durch direkte Vereinigung der Metalle mit Schwefel bei Glühtemperatur. Sie werden durch Wasser zerlegt, wobei die bei der Zersetzung entstehenden schwerlöslichen Hydroxyde ausfallen.

Auch die Sulfide der Elemente Barium, Strontium, Calcium und Magnesium können nur unter Anschluß von Wasser durch direkte Vereinigung der Elemente beim Erhitzen oder durch Reduktion der Sulfate dargestellt werden. Sie zerfallen mit Wasser und liefern neben Sulfhydraten Hydroxyde, die aber in Wasser leichter löslich sind als die der Erdmetalle, und zwar besonders bei Gegenwart von Ammonsalz. Sie werden daher durch Schwefelwasserstoff in saurer Lösung und durch Schwefelammonium nach Zusatz von Ammonsalz nicht gefällt.

Ebensowenig fallen die Elemente Kalium, Natrium, Lithium, Rubidium, Cäsium und das Radikal Ammonium mit Schwefelwasserstoff in saurer oder alkalischer Lösung, da ihre Sulfide wasserlöslich sind.

Man versetze im Reagensglase eine angesäuerte Kupfersulfatlösung mit Schwefelwasserstoffwasser. Schwarze Fällung von Kupfersulfid. Eine angesäuerte Zinklösung wird von Schwefelwassersotff nicht gefällt, dagegen fällt Ammoniumsulfid einen weißen Niederschlag von Schwefelzink daraus. Aus einer Alaunlösung fällt Ammonsulfid ebenfalls einen weißen Niederschlag, der aber aus Hydroxyd besteht. Man filtriere den Zinkniederschlag und den Aluminiumniederschlag ab und löse sie nach sorgfältigem Auswaschen auf dem Filter durch Aufgießen von verdünnter Salzsäure. Der Zinkniederschlag löst sich unter Entwicklung von Schwefelwasserstoff, kenntlich am Geruch und an der Reaktion auf Bleipapier, während sich der Aluminiumniederschlag ohne Gasentwicklung löst.

Thioschwefelsäure und die Thiosulfate.

Eine Lösung von 25 g Natriumsulfit ($Na_2SO_3 + 7 H_2O$) in 50 ccm Wasser werde mit 3 g fein gepulverten Stangenschwefels (keine Schwefelblumen) in einem Kolben mit Steigrohr so lange gekocht, bis nach etwa 1 Stunde der Schwefel in Lösung gegangen ist.

Eine Probe der klaren, eventuell von ungelöstem Schwefel abfiltrierten Lösung versetze man mit Salzsäure. Es erfolgt nach kurzer Zeit Abscheidung von Schwefel und Entwicklung von Schwefeldioxyd. (Charakteristische Reaktion.)

Den Rest dampfe man stark ein und lasse krystallisieren. Es krystallisiert das Salz $Na_2S_2O_3 + 5\,H_2O$.

Alkalisulfitlösungen lösen Schwefel auf und bilden Thiosulfate.

$$Na_2SO_3 + S = Na_2S_2O_3 .$$

Die Thiosulfate sind die Salze der Thioschwefelsäure, die sich von der Schwefelsäure ableiten läßt durch Ersatz eines Sauerstoffatoms durch Schwefel, so daß für sie entweder die Formel

$$\overset{S}{\underset{O}{>}}S\overset{OH}{\underset{OH}{<}}$$

oder die Formel

$$\overset{O}{\underset{O}{>}}S\overset{SH}{\underset{OH}{<}}$$

in Betracht kommt, zwischen denen sich nicht einwandfrei entscheiden läßt[1].

Die freie Säure ist unbeständig. Sucht man sie aus ihren Salzen in Freiheit zu setzen, so zerfällt sie in Schwefeldioxyd, Schwefel und Wasser. Die Abscheidung des Schwefels erfolgt bei der Zersetzung mit verdünnten Säuren erst nach einiger Zeit. Sie wird beschleunigt durch Temperaturerhöhung oder durch größere Säurekonzentration. Die freie Säure zerfällt zwar sofort, aber der Schwefel, der zunächst kolloidal gelöst bleibt, muß sich erst zu sichtbaren Teilchen zusammenlagern, wozu eine gewisse Zeit erforderlich ist. Die Salze dagegen sind beständiger, und besonders das Natriumsalz findet vielfach Verwendung in der Bleicherei und bei der Papierfabrikation als Antichlor, ferner in der Photographie als Fixiernatron, da es mit Halogensilbersalzen leichtlösliche Komplexsalze bildet.

Eine Silbernitratlösung fälle man mit einem kleinen Überschuß von Kochsalzlösung. Auf Zusatz einer Natriumthiosulfatlösung löst sich die Fällung wieder auf.

$$AgNO_3 + NaCl = AgCl + NaNO_3$$
$$AgCl + Na_2S_2O_3 = Na[AgS_2O_3] + NaCl .$$

Silbernitrat. Eine Probe Silbernitratlösung werde tropfenweise mit einer Lösung von Natriumthiosulfat versetzt. Es bildet sich ein Niederschlag von Silberthiosulfat $Ag_2S_2O_3$, der bei weiterem Zusatz von Natriumthiosulfat das schwerlösliche Komplexsalz von der Formel $Na_2[Ag_2(S_2O_3)_2]$ bildet, und bei großem Überschuß von Natriumthiosulfat das leichtlösliche Komplexsalz $Na_4[Ag_2(S_2O_3)_3]$. Reaktionsgleichungen? Sowohl das Silberthiosulfat als auch die Komplexsalze sind nicht sehr beständig. Beim Stehen und noch rascher beim Erwärmen erfolgt Zerfall und Schwarzfärbung, da Schwefelsilber entsteht.

$$Ag_2S_2O_3 + H_2O = Ag_2S + 2\,H^{\cdot} + SO_4''$$
$$2\,[AgS_2O_3]' = Ag_2S + SO_4'' + SO_2 + S$$
$$[Ag_2(S_2O_3)_3]'''' = Ag_2S + SO_4'' + SO_2 + S + S_2O_3'' .$$

Bleiacetatlösung gibt mit Natriumthiosulfatlösung einen weißen Niederschlag von Bleithiosulfat. Auch dieses Salz ist in einem Überschuß von Natriumthiosulfat löslich und wird beim Erwärmen unter Abscheidung von Bleisulfid zersetzt.

Jodjodkaliumlösung wird von neutraler Thiosulfatlösung entfärbt. Aus dem Thiosulfat entsteht dabei ein Tetrathionat.

$$2\,S_2O_3'' + J_2 = S_4O_6'' + 2\,J'$$
$$2\,Na_2S_2O_3 + J_2 + = 2\,NaJ + Na_2S_4O_6 .$$

Im Gegensatz zu der analogen Reaktion bei den Sulfiten entsteht hier keine freie Säure. Daher reagiert die entfärbte Lösung neutral.

---

[1] Z. anorg. Chem. **199**, 353.

Eisenchloridlösung erzeugt in Natriumthiosulfatlösung eine dunkelrotviolette Färbung, die nach kurzer Zeit wieder verschwindet. Die Lösung enthält nachher Natriumtetrathionat und Eisenchlorür.

$$2\,Na_2S_2O_3 + 2\,FeCl_3 = 2\,NaCl + 2\,FeCl_2 + Na_2S_4O_6\,.$$

Bariumchlorid erzeugt nur in konzentrierten Thiosulfatlösungen einen Niederschlag von Bariumthiosulfat. Da das Bariumthiosulfat sehr stark zur Bildung übersättigter Lösungen neigt, so fällt der Niederschlag meist erst nach energischem Reiben der Reagensglaswand mit einem Glasstab aus.

Strontiumnitrat gibt mit Thiosulfationen kein schwerlösliches Salz.

Kaliumpermanganat. Eine mit Schwefelsäure angesäuerte Kaliumpermanganatlösung wird durch Thiosulfatlösung entfärbt.

Reaktionen auf trockenem Wege. Beim Erhitzen im Glühröhrchen gehen die Alkalithiosulfate in Sulfate und Polysulfide über. Durch Zerfall der letzteren entsteht freier Schwefel, der in die kälteren Teile des Röhrchens sublimiert (Unterschied von den Sulfiten).

$$4\,Na_2S_2O_3 = 3\,Na_2SO_4 + Na_2S_5$$
$$Na_2S_5 = Na_2S + 4\,S\,.$$

Die Heparreaktion tritt bei den Thiosulfaten selbstverständlicherweise ebenfalls ein.

Phosphorsäure und die Phosphate.

Ein halbes Gramm roten Phosphors wird in einem Erlenmeyer-Kölbchen mit konzentrierter Salpetersäure übergossen und mäßig erwärmt. Die Oxydation des Phosphors zu Phosphorsäure durch die Salpetersäure erfolgt nach der Gleichung:

$$3\,P + 5\,HNO_3 + 2\,H_2O = 3\,H_3PO_4 + 5\,NO\,.$$

Die Lösung wird auf dem Wasserbad bis zur sirupartigen Konsistenz eingedampft, um alle Salpetersäure zu verjagen, der Rückstand wird mit etwas Wasser aufgenommen.

Mit der so erhaltenen verdünnten Phosphorsäure stelle man Reaktionen an:

Ammonmolybdat. 5 ccm Ammonmolybdatlösung werden mit so viel verdünnter Salpetersäure versetzt, daß der anfänglich ausfallende weiße Niederschlag von Molybdänsäure wieder in Lösung geht. Dann gibt man zu der klaren Lösung 3 Tropfen der Phosphorsäurelösung und erwärmt mäßig auf 60—70⁰ und nicht etwa bis zum Sieden. Es bildet sich ein gelber Niederschlag von Ammoniumphosphormolybdat.

$$H_3PO_4 + 12\,(NH_4)_2MoO_4 + 21\,HNO_3$$
$$= (NH_4)_3[(MoO_3)_{12}PO_4] + 21\,(NH_4)NO_3 + 12\,H_2O\,,$$
$$PO_4''' + 12\,MoO_4'' + 3\,NH_4{}^{\cdot} + 24\,H^{\cdot} = (NH_4)_3[(MoO_3)_{12}PO_4] + 12\,H_2O\,.$$

Magnesiamixtur. Zu 2 ccm Magnesiumchloridlösung gebe man so viel Ammoniaklösung, daß sie stark danach riecht, und dann so viel Chlorammoniumlösung, daß der durch das Ammoniak gefällte Niederschlag wieder in Lösung geht. Zu diesem Gemisch, der sog. Magnesiamixtur, bringt man etwa 0,5 ccm der Phosphorsäurelösung. Es fällt ein krystallinischer Niederschlag von Magnesiumammoniumphosphat aus (vgl. beim Magnesium).

$$PO_4''' + Mg'' + NH_4^{\cdot} = Mg(NH_4)PO_4$$
$$H_3PO_4 + MgCl_2 + 3\,NH_4OH = Mg(NH_4)PO_4 + 2\,NH_4Cl + 3\,H_2O\,.$$

Silbernitrat. Zu 1 ccm Natriumphosphatlösung gebe man Silbernitratlösung. Es entsteht ein eigelber Niederschlag von Silberphosphat. Reaktionsgleichung? Der Niederschlag ist in verdünnter Salpetersäure löslich und ebenso löst ihn Ammoniak unter Bildung von Silberamminkomplexsalzen auf.

Bariumchlorid gibt mit Natriumphosphatlösung einen weißen Niederschlag von sekundärem Bariumphosphat:

$$Ba'' + HPO_4'' = BaHPO_4\,.$$

Bei Gegenwart von Ammoniak wird weißes tertiäres Bariumphosphat gefällt:

$$3\,Ba'' + 2\,HPO_4'' + 2\,OH' = Ba_3(PO_4)_2 + 2\,H_2O\,.$$

Bleiacetat liefert einen weißen Niederschlag von tertiärem Bleiphosphat, der in Essigsäure schwer löslich ist.

$$3\,Pb'' + 2\,HPO_4'' = Pb_3(PO_4)_2 + 2\,H^{\cdot}\,.$$

Pyrophosphorsäure. In der Öse eines Platindrahts stelle man eine Perle von Dinatriumphosphat her, glühe sie kräftig im Bunsenbrenner und zerdrücke sie nach dem Erkalten in einer Achatreibschale. Man wiederhole den Versuch zwei- bis dreimal, bis man etwa eine Messerspitze geglühten Salzes hat, und löse es dann in Wasser auf. Versetzt man die Lösung mit Silbernitrat, so entsteht ein weißer Niederschlag von Silberpyrophosphat $Ag_4P_2O_7$.

Durch Glühen der sekundären Alkaliphosphate entstehen die Salze der Pyrophosphorsäure, die in freiem Zustande durch Erhitzen der Orthophosphorsäure auf etwa 250° erhalten wird, durch Abspaltung von 1 Molekül Wasser aus 2 Molekülen Orthophosphorsäure.

$$2\,H_3PO_4 = H_2O + H_4P_2O_7\,.$$

Sie kann von der Orthophosphorsäure unterschieden werden durch die Reaktion gegen Silbernitrat, bei der sie ein weißes Silbersalz gibt.

Metaphosphorsäure. In derselben Weise wie das Dinatriumphosphat erhitze man Phosphorsalz, das Natriumammoniumphosphat $Na(NH_4)HPO_4$, in der Bunsenflamme und zerdrücke die Salzperlen in der Achatschale. Von der Lösung in Wasser versetze man einen Teil mit Silbernitratlösung und einen anderen mit einigen Tropfen Essigsäure und Eiweißlösung.

Werden primäre Alkaliphosphate oder sekundäre, in denen ein Wasserstoffatom durch Ammonium ersetzt ist, geglüht, so entstehen die Salze der Metaphosphorsäure. Die freie Säure entsteht direkt aus der Orthophosphorsäure, wenn diese energisch erhitzt wird.

$$H_3PO_4 = H_2O + HPO_3\,.$$

Außerdem bildet sie sich bei der Auflösung von Phosphorpentoxyd in Wasser:

$$P_2O_5 + H_2O = 2\,HPO_3\,.$$

Sie liefert ebenso wie die Pyrophosphorsäure ein weißes Silbersalz und unterscheidet sich von ihr dadurch, daß sie Eiweißlösung koaguliert. Wahrscheinlich kommt ihr nicht die einfache Formel HPO_3 zu, sondern sie dürfte polymolekular und $(HPO_3)x$ zu formulieren sein.

Hydrolyse.

Lösungen von Natriumphosphat, Natriumcarbonat und von Ammoniumacetat prüfe man mit einem Stückchen Lackmuspapier auf ihre Reaktion. Obwohl das Natriumphosphat ein saures Salz, das Natriumcarbonat ein neutrales Salz ist, reagieren beide alkalisch, die Natriumacetatlösung dagegen neutral. Diese Erscheinung ist bedingt durch die Hydrolyse.

Hydrolyse oder hydrolytische Spaltung tritt auf in Lösungen von Salzen, denen entweder eine schwache Base oder eine schwache Säure zugrunde liegt, oder bei denen diese beiden Komponenten schwach sind. Sie stellt letzten Endes die Zerlegung des Salzes durch Wasser dar unter Rückbildung von Säure und Base, von denen sich das Salz ableitet. Die Reaktion der Lösung hängt ab von der Größe des Dissoziationsgrades der frei werdenden Base und Säure. Zerfallen nämlich Salze schwacher Basen und Säuren bei der Auflösung in Wasser durch elektrolytische Dissoziation, so können die Ionen des Wassers, das ja in geringem Grade gespalten ist, sich mit den Ionen des Salzes vereinigen, und zwar kann das Wasserstoffion mit dem Anion, das Hydroxylion mit dem Kation zusammentreten.

Ammoniumacetat dissoziiert nach der Gleichung

$$(NH_4)C_2H_3O_2 = NH_4^{\cdot} + C_2H_3O_2'.$$

Nun erfolgt Vereinigung mit den Ionen des Wassers.

$$NH_4^{\cdot} + C_2H_3O_2' + HOH = NH_4OH + C_2H_4O_2.$$

Da Essigsäure eine schwache Säure und Ammoniumhydroxyd eine schwache Base ist, beide also nur sehr wenig dissoziiert sind, so bleibt die Reaktion hier praktisch neutral.

Daß bei der Hydrolyse eines Ammonsalzes freie Säure und Ammoniumhydroxyd entsteht, das seinerseits wieder im Sinne der Gleichung

$$NH_4OH \rightleftarrows NH_3 + H_2O.$$

zerfällt, läßt sich leicht durch folgenden Versuch zeigen:

In einem Kölbchen bringe man eine Ammonsulfatlösung, die mit blauer Lackmuslösung gefärbt ist, zum Sieden und leite die Dämpfe durch ein zweimal rechtwinklig gebogenes Glasrohr, das mittels eines durchbohrten Korks eingesetzt ist, in eine Vorlage mit Wasser, das mit roter Lackmustinktur gefärbt ist. Mit den Wasserdämpfen geht das gasförmige Ammoniak über, das die vorgelegte Lackmuslösung bläut, während die Lösung im Destillierkölbchen durch die zurückbleibende Schwefelsäure gerötet wird.

Handelt es sich um das Salz einer starken Base mit einer schwachen Säure, wie beim Natriumphosphat, so erfolgt die elektrolytische Dissoziation im Sinne der Gleichung $\qquad Na_2HPO_4 = 2\,Na^{\cdot} + HPO_4''$.

Da die Phosphorsäure stufenweise dissoziiert, also zunächst das Ion H_2PO_4' bildet, während das Ion HPO_4'' wesentlich schwerer, erst bei stärkerer Verdünnung entsteht, so vereinigt sich mit dem Ion HPO_4'' Wasserstoffion aus dem Wasser:

$$HPO_4'' + HOH = H_2PO_4' + OH'.$$

Das Hydroxylion des Wassers bleibt aber frei, da es bei dem hohen Dissoziationsgrad der Natronlauge nicht mit dem Natrium zusammentreten kann, also wird die Reaktion alkalisch.

Bei einem Salz aus einer schwachen Base und einer starken Säure ist die Reaktion sauer. Aluminiumchlorid z. B. dissoziiert in Aluminiumionen und Chlorionen. Wenn hier Hydroxylion aus dem Wasser mit Aluminium zusammentritt, da das Aluminiumhydroxyd eine schwache Base ist, so bleiben infolge des hohen Dissoziationsgrades der Salzsäure Wasserstoffionen frei und bedingen die saure Reaktion.

Aus dem neutralen Metallsalz entsteht bei der Hydrolyse ein basisches Salz, das sich, wenn es schwer löslich ist, ausscheidet, und bei weitergehender Hydrolyse kann das Hydroxyd gefällt werden. Da Temperaturerhöhung und Verdünnung die Hydrolyse begünstigen, so kann man manche Metalle als Hydroxyde fällen, wenn man die Lösung ihres Salzes mit Natriumacetat versetzt, mit Wasser verdünnt und kocht.

Phosphorsalzperlen.

Die Alkalimetaphosphate haben die Fähigkeit, im geschmolzenen Zustande Metalloxyde aufzulösen, indem sie Salze der Orthophosphorsäure bilden. Die entstehenden Schmelzflüsse zeigen nach dem Erkalten bei vielen Metallen charakteristische Färbungen, so daß sie zur Erkennung und Charakterisierung dienen können.

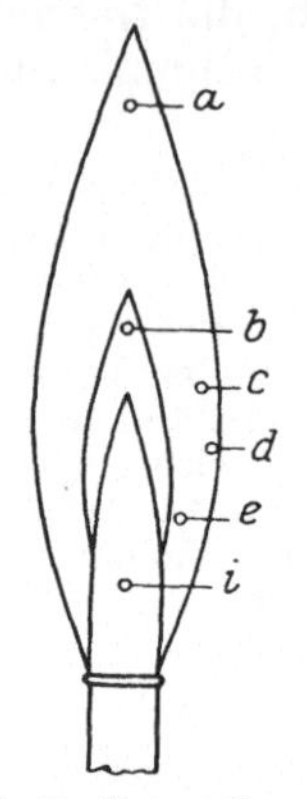

Abb. 8. Bunsenflamme.
a oberer Oxydationsraum.
b oberer Reduktionsraum.
c Schmelzraum.
d unterer Oxydationsraum.
e unterer Reduktionsraum.
i innerer Flammenraum.

Zur Ausführung der Perlproben schmilzt man zunächst an das Öhr eines Platindrahts eine Phosphorsalzperle an. Der erhitzte Draht wird in eine Probe Phosphorsalz hineingeführt, so daß eine kleine Menge des Salzes daran hängenbleibt. Beim Erhitzen im Bunsenbrenner, das man zunächst vorsichtig am Rande der Flamme vornimmt, entweicht das Krystallwasser, dann wird Ammoniak und Wasser abgespalten, und es bleibt das Metaphosphat zurück.

$$NH_4NaHPO_4 = NH_3 + H_2O + NaPO_3.$$

Bringt man nun an die Perle, am besten solange sie noch warm ist, eine Spur eines Metallsalzes, z. B. etwas Kupfersulfat, und erhitzt im oberen Teil der Flamme oder vor dem Lötrohr im Oxydationsfeuer, bis die Salzprobe völlig von der Perle aufgelöst ist, so erhält man eine blaugrün gefärbte Perle. Das Kupfersulfat geht beim Erhitzen in Kupferoxyd über, und dieses tritt mit dem Metaphosphat in Reaktion.

$$NaPO_3 + CuO = PO_4NaCu.$$

Erhitzt man die Perle in der Reduktionsflamme, die man entweder mit dem Bunsenbrenner oder mit dem Lötrohr auf die früher angegebene Weise erzeugt, und läßt dann im inneren Flammenraum erkalten, um die noch heiße Perle vor Oxydation zu schützen, so wird durch die Reduktionswirkung das Kupferoxyd zu Metall reduziert, und da dieses in der Perle sich nicht löst, scheidet es sich ab, färbt die Perle rot und macht sie undurchsichtig.

Die Reduktionswirkung, die durch den glühenden Kohlenstoff ausgeübt wird, kann man auch erzielen durch Einbringen eines Reduktionsmittels in die Perle. Man bringe an eine in der Oxydationsflamme erzeugte Kupferperle eine Spur metallischen Zinns und schmelze damit. Es wird auch jetzt eine Abscheidung von rotem, metallischem Kupfer in der Perle eintreten.

Man stelle noch einige weitere Perlproben mit Eisen-, Chrom- und Kobaltsalz an und beobachte die Färbungen in der Oxydations- und Reduktionsflamme. Will man Perlen als Vergleichsmaterial herstellen und aufbewahren, so schleudert man die Perlen, solange sie noch heiß sind, über einer Porzellanschale durch Aufklopfen mit der den Draht haltenden Hand auf den Tisch vom Draht ab und schmilzt sie in kleine Glasröhrchen ein.

Statt der teueren Platindrähte können auch ausgeglühte Magnesiastäbchen für die Perlreaktionen verwendet werden. Nach Beendigung der Reaktion wird dann das Ende des Stäbchens, an dem die Perle sitzt, abgebrochen.

Borax und Borsäure.

10 g Borax werden in etwa 40 ccm Wasser gelöst und die Lösung wird mit etwas mehr als der berechneten Menge konzentrierter Salzsäure versetzt. Die Borsäure wird in Freiheit gesetzt und scheidet sich in Form glänzender Krystallblättchen ab. Die Krystalle werden abfiltriert und durch Umkrystallisieren aus heißem Wasser gereinigt.

Die Borsäure ist, wie aus ihrer geringen Leitfähigkeit und ihrem kaum sauren Geschmack hervorgeht, eine sehr schwache Säure. Sie hat die Formel $B(OH)_3$.

Die Salze der Borsäure leiten sich mit Ausnahme eines Magnesiumsalzes $Mg_3(BO_3)_2$ nicht von der Formel $B(OH)_3$ der Orthoborsäure ab, sondern von einer wasserärmeren Metaborsäure $BO(OH)$, die aus der Orthosäure durch Erhitzen auf 100^0 entsteht:

$$B{-}OH = H_2O + B{=}O\,(OH)$$

Bei stärkerem Erhitzen auf etwa 160^0 entsteht durch Wasserabspaltung zwischen 4 Molekülen der Orthosäure die Tetraborsäure, deren wichtigstes Salz der Borax, das Natriumtetraborat, ist, das mit 10 Molekülen Krystallwasser krystallisiert.

$$4\,B(OH)_3 = 5\,H_2O + H_2B_4O_7\,.$$

$$\cdots = O \quad + 5\,H_2O$$

Beim Glühen der Orthoborsäure geht schließlich alles Wasser verloren, und es entsteht das Anhydrid B_2O_3.

$$2\,B(OH)_3 = 3\,H_2O + B_2O_3\,.$$

Reaktionen der Borsäure und der Borate.

Einen Tropfen Borsäurelösung bringe man auf ein Stückchen blaues Lackmuspapier, einen anderen auf Curcumapapier. Lackmuspapier wird schwach gerötet, Curcumapapier dagegen gebräunt wie von Alkalien. Die Färbung tritt besonders nach dem Trocknen deutlich auf.

Boraxlösung reagiert alkalisch, da der Borax als Salz einer schwachen Säure mit einer starken Base stark hydrolysiert ist.

Silbernitratlösung gibt mit Boraxlösung in der Kälte einen weißen, in Salpetersäure leicht löslichen Niederschlag von Silberborat:

$$B_4O_7'' + 2\,Ag^{\cdot} + 3\,H_2O = 2\,AgBO_2 + 2\,H_3BO_3\,.$$

Beim Kochen wird der Niederschlag braun, da das Silberborat hydrolytisch gespalten wird, wodurch Silberoxyd entsteht:

$$2\,AgBO_2 + 3\,H_2O = 2\,H_3BO_3 + Ag_2O\,.$$

Bariumchlorid fällt aus konzentrierten Lösungen von Boraten weißes, amorphes $Ba(BO_2)_2$, löslich in verdünnten Säuren. Im Überschuß des Fällungsmittels sowie in Chlorammoniumlösung ist der Niederschlag wahrscheinlich infolge von Komplexsalzbildung ebenfalls löslich.

Flammenreaktion. Man schmelze ein Körnchen Borax an einen heißen Platindraht an, befeuchte mit konzentrierter Schwefelsäure, um die Borsäure frei zu machen, und bringe die Probe in die Flamme des Bunsenbrenners. Die Flamme wird durch die freie Säure, die sich verflüchtigt, lebhaft grün gefärbt. Die Reaktion wird noch empfindlicher, wenn man das Borat mit etwas Flußspat mischt und mit der Mischung in analoger Weise die Probe ausführt. Es bildet sich dann Borfluorid, das die Flamme noch intensiver färbt, da es noch flüchtiger ist als die Borsäure selbst.

In einem Reagensglas übergießt man eine Messerspitze voll Borax mit etwa 2—3 ccm Alkohol oder noch besser Methylalkohol, setzt 10 Tropfen konzentrierter Schwefelsäure zu, erhitzt zum Sieden und entzündet die entweichenden Dämpfe. Es entsteht eine schön grün gefärbte Flamme.

Borsäure und Alkohol vereinigen sich zu sog. Estern, indem zwischen 1 Molekül Borsäure und 3 Molekülen Alkohol unter dem Einfluß der konzentrierten Schwefelsäure Wasser abgespalten wird:

$$B{\left<{\!\begin{array}{l}OH\\OH\\OH\end{array}}\right.} + {\begin{array}{l}HO\cdot CH_3\\HO\cdot CH_3\\HO\cdot CH_3\end{array}} = 3\,H_2O + B(OCH_3)_3$$

oder

$$B{\left<{\!\begin{array}{l}OH\\OH\\OH\end{array}}\right.} + {\begin{array}{l}HO\cdot C_2H_5\\HO\cdot C_2H_5\\HO\cdot C_2H_5\end{array}} = 3\,H_2O + B(OC_2H_5)_3$$

Die leicht flüchtigen Borsäureester mischen sich den Alkoholdämpfen bei und färben beim Verbrennen die Flamme grün.

Boraxperlen.

Beim Schmelzen am Platindraht verliert der Borax unter starkem Aufblähen sein Krystallwasser und gibt eine klare Perle, die beim Schmelzen, ebenso wie die Phosphorsalzperle, Metalloxyde aufzulösen vermag. Es entstehen dann die Metaborate der betreffenden Metalle, die der Perle charakteristische Färbungen erteilen, z. B.

$$Na_2B_4O_7 + CuO = Cu(BO_2)_2 + 2\,NaBO_2\,.$$

Man führe in der beim Phosphorsalz beschriebenen Weise mit Kupfer-, Chrom-, Eisen- und Kobaltsalzen Reaktionen in der Boraxperle aus und vergleiche die hier erhaltenen Färbungen mit jenen.

Die Erdalkalien und das Magnesium.
Die Erdalkalien.

Die Elemente Calcium, Strontium, Barium werden als die Erdalkalimetalle bezeichnet und bilden im Gang der Analyse die Ammoncarbonatgruppe. Die freien Metalle werden am besten elektrolytisch gewonnen. Sie sind schwerer als das Wasser. Sie zersetzen Wasser in der Kälte, aber langsamer als die Alkalimetalle unter Bildung ihrer Hydroxyde. Die Erdalkalihydroxyde sind stark basisch, aber schwerer löslich als die Alkalihydroxyde. Entsprechend ihrer Stellung im periodischen System, in dem sie eine Triade bilden, zeigen sie weitgehende Übereinstimmung in ihrem chemischen Verhalten und sind daher nur schwer zu trennen. Alle drei bilden schwerlösliche Carbonate, Sulfate und Oxalate. Von den Sulfaten ist das Bariumsulfat das schwerlöslichste, das Calciumsulfat das löslichste, während das Strontiumsulfat in der Mitte steht. Bei den Oxalaten ist umgekehrt die Löslichkeit am geringsten beim Calcium, am größten beim Barium. Größere Unterschiede, die zur Trennung benutzt werden, bestehen bei den Chromaten. Bariumchromat ist beständig gegen schwache Säuren, wie Essigsäure, während Strontium- und Calciumchromat in Säure leicht löslich sind. Ferner lösen sich das Nitrat und das Chlorid des Calciums sowie das Chlorid des Strontiums in Alkohol, während die Bariumsalze in Alkohol unlöslich sind.

Calcium.

Ein erbsengroßes Stückchen Marmor übergieße man im Reagensrohr mit Salzsäure und beobachte die Gasentwicklung, ein zweites Stückchen glühe man einige Zeit auf einem Stück Holzkohle vor dem Gebläse und behandle es nach dem Erkalten ebenfalls im Reagensrohr mit Salzsäure. Es tritt jetzt keine Gasentwicklung mehr auf.

Marmor ist Calciumcarbonat, das von der Salzsäure zersetzt wird. Beim Glühen geben die Carbonate der Schwermetalle sowie die der Erdalkalien Calcium, Strontium, Barium mehr oder weniger leicht Kohlendioxyd ab und gehen in die Oxyde über:

$$CaCO_3 = CaO + CO_2 .$$

In der Technik bezeichnet man diese Operation als Brennen des Kalks und das entstandene Calciumoxyd als gebrannten Kalk.

Zu einem Stück gebrannten Kalks gebe man einige Kubikzentimeter Wasser. Unter lebhafter Wärmeentwicklung, die so groß ist, daß das überschüssige Wasser verdampft, wird ein Molekül Wasser aufgenommen, und der gebrannte Kalk geht in gelöschten Kalk — Calciumhydroxyd $Ca(OH)_2$ — über.

Ein Löffel gelöschten Kalks werde im Becherglas mit Wasser übergossen und umgerührt. Das Calciumhydroxyd ist schwerlöslich in Wasser. Die Suspension in Wasser heißt Kalkmilch. Filtriert man vom Ungelösten ab oder gießt nach dem Absitzen klar ab, so erhält man eine stark alkalisch reagierende Lösung von Calciumhydroxyd in Wasser, das Kalkwasser.

Darstellung von Kohlendioxyd und Calciumchlorid.

Ein Kolben von 300 ccm Inhalt wird mit einem doppelt durchbohrten Kork versehen, dessen eine Bohrung einen Tropftrichter hält, während durch die andere ein Gasableitungsrohr führt. Das Gasableitungsrohr wird mit einer Waschflasche verbunden, die etwas Wasser enthält, um das Gas von mechanisch mitgerissener Säure zu befreien. Aus der Waschflasche wird das Gas mittels eines rechtwinklig gebogenen Rohres an seinen Bestimmungsort geleitet (Abb. 9).

In den Kolben werden 20 g Marmor in erbsen- bis haselnußgroßen Stücken eingebracht, wobei man den Kolben schief hält und die Marmorstücke an der Wand herabgleiten läßt, um ein Zertrümmern des Kolbens zu vermeiden, und mit 50 ccm Wasser übergossen. Dann wird der Kolben verschlossen, mit der Waschflasche verbunden und auf Dichtigkeit geprüft. Der Tropftrichter wird nun mit 35 g konzentrierter Salzsäure beschickt, die beim Eintropfen die Zersetzung des Carbonats bewirkt. Mittels des Tropftrichterhahns läßt sich die Geschwindigkeit des Zutropfens und damit auch die Gasentwicklung regulieren. In Ermangelung eines Tropftrichters kann auch ein bis auf den Boden des Kolbens reichendes Trichterrohr verwendet werden, durch das die Salzsäure portionsweise zugegeben wird. Das Auffangen des Gases in Zylindern kann durch Luftverdrängung geschehen. Da das Gas etwa anderthalbmal schwerer ist als die atmosphärische Luft, drängt es, wenn es auf den Boden eines Gefäßes geleitet wird, die Luft allmählich heraus und füllt das Gefäß an. Ein brennender Span oder eine Kerze erlischt in einem mit Kohlendioxyd gefüllten Zylinder, da das Gas die Verbrennung nicht unterhalten kann. Ein Tropfen Kalkwasser, der am Glasstab mit dem Gas in Berührung gebracht wird, trübt sich, da aus Calciumhydroxyd und Kohlendioxyd unlösliches Calciumcarbonat entsteht:

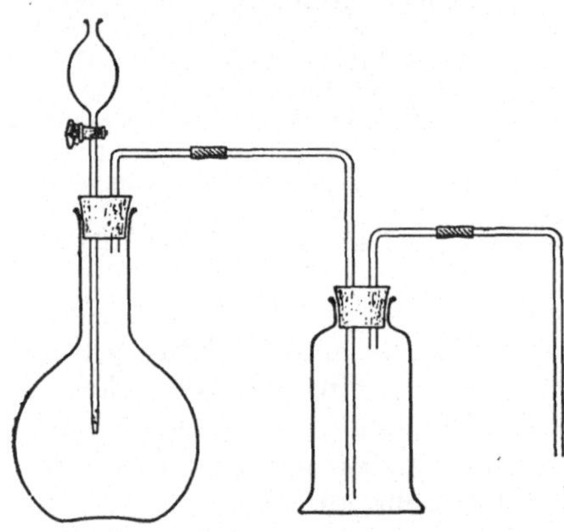

Abb. 9. Darstellung von Kohlendioxyd.

$$Ca(OH)_2 + CO_2 = CaCO_3 + H_2O.$$

Um die Absorption des Kohlendioxyds durch Wasser zu beobachten, füllt man ein enges Reagensrohr mit dem Gase an, spritzt mit der Spritzflasche etwa 5 ccm Wasser hinein, verschließt mit dem Daumen und schüttelt kräftig. Dann bringt man das mit dem Daumen verschlossene Reagensrohr mit der Mündung nach unten in Wasser, das sich in einer Schale befindet, und nimmt den Daumen weg. Es steigt dann etwas Wasser in das Reagensrohr hinein.

In 30 ccm Kalkwasser, die sich in einem kleinen Becherglas befinden, wird Kohlendioxyd eingeleitet. Es entsteht alsbald ein Niederschlag. der sich beim weiteren Einleiten von Kohlendioxyd klar auflöst. Eine Probe der klaren Lösung wird im Reagensglase gekocht. Der Niederschlag fällt wieder aus.

Beim Einleiten des Kohlendioxyds in Kalkwasser bildet sich zunächst Calciumcarbonat im Sinne der oben angegebenen Gleichung. Wirkt auf dieses neutrale Salz weiteres Kohlendioxyd in Gegenwart von Wasser ein, so geht es in das saure Carbonat über

$$CaCO_3 + H_2O + CO_2 = \begin{array}{c} C \overset{\diagup OH}{\underset{\diagdown O}{\diagup}} \\[2pt] \end{array} \begin{array}{c} O \\ O \end{array} Ca$$

Beim Kochen in wässeriger Lösung zerfällt das saure Salz wieder, und unter Abspaltung von Kohlendioxyd und Wasser wird das neutrale Salz zurückgebildet, das sich wieder als Niederschlag abscheidet. In diesem Verhalten des sauren Calciumcarbonats liegt der Grund für die Bildung des Kesselsteins. Das Quellwasser löst infolge seines Gehaltes an Kohlendioxyd, das aus der Luft stammt, Calciumcarbonat aus dem Boden auf als saures Carbonat, das dann beim Erhitzen neutrales Carbonat liefert, das sich an den Wänden der Kessel absetzt. Wasser, das einen mehr oder weniger hohen Gehalt an Kalksalzen aufweist, ist ein hartes Wasser, während ein an Kalksalzen armes Wasser als weiches Wasser bezeichnet wird.

Sehr hartes Wasser ist zum Waschen ungeeignet, da es aus der Seife die Fettsäure, deren Alkalisalz die Seife ist, als unlösliches Kalksalz ausfällt, so daß die Schaumbildung verhindert wird. Man benutzt diese Erscheinung, um die Härte des Wassers zahlenmäßig zu bestimmen, indem man gemessene Mengen einer Seifenlösung von bekanntem Gehalt zugibt und feststellt, wieviel Seifenlösung bis zur Bildung eines dauernden Schaums erforderlich ist. Man unterscheidet die durch das saure Calciumcarbonat bedingte Härte — die temporäre oder vorübergehende Härte — weil sie beim Kochen des Wassers infolge des Zerfalls des sauren Salzes schwindet, und die bleibende oder permanente Härte, die von Calciumsulfat oder anderen leichter löslichen Kalksalzen herrührt, die beim Kochen in Lösung bleiben. Die permanente Härte kann durch Zusatz von Soda beseitigt werden, die das Calcium als Carbonat ausfällt.

Der Inhalt des Kolbens wird nach Beendigung der Versuche mit dem Kohlendioxyd auf Calciumchlorid verarbeitet. Man erwärmt, wenn alle Säure eingetropft ist, den Kolben offen auf dem Drahtnetz, bis die Gasentwicklung aufhört, also die Säure völlig umgesetzt ist, und gießt von dem Rückstand ab. Zur Ausfällung der Verunreinigungen von Eisen und Magnesium, die in dem Marmor enthalten sind und mit der Salzsäure in Lösung gehen, wird zu der heißen Flüssigkeit Kalkmilch bis zur alkalischen Reaktion gegeben und so viel Wasserstoffsuperoxyd, daß ein mit dem Glasstab herausgenommener Tropfen auf einem mit Manganchlorür befeuchteten Stück Filtrierpapier einen dunklen Fleck (Mangansuperoxydhydrat) erzeugt. Von dem Niederschlag wird abfiltriert, und das Filtrat wird in einer tarierten Schale eingedampft. Die eindampfende Flüssigkeit rührt man mit einem Thermometer um und unterbricht das Eindampfen, wenn das Thermometer auf etwa 130^0 gestiegen ist. Beim Erkalten an einem kühlen Ort erstarrt dann der Rückstand zu einer Krystallmasse des Salzes $CaCl_2 + 6\,H_2O$, die zur Bestimmung der Ausbeute gewogen wird.

Der Siedepunkt einer Salzlösung steigt mit der zunehmenden Konzentration. Eine Lösung, die auf 100 g Wasser 25 g $CaCl_2$ enthält, siedet bei 105^0. Eine Lösung mit 101 g $CaCl_2$ auf 100 g Wasser siedet bei 130^0. In dem Salz $CaCl_2 + 6\,H_2O$ kommen nach der Überlegung

$$111 \text{ g } CaCl_2 : 108 \text{ g } H_2O = x \text{ g } CaCl_2 : 100 \text{ g } H_2O$$

102,7 g $CaCl_2$ auf 100 g Wasser. Wird also auf 130^0 eingedampft, so wird gerade so viel Wasser vorhanden sein, als zur Bildung des Salzes mit 6 Molekülen Krystallwasser erforderlich ist.

Die Krystalle werden durch Abpressen auf einem Tonteller von der Mutterlauge getrennt und in gut verschlossenem Gefäß aufbewahrt, da sie an der Luft Feuchtigkeit anziehen und zerfließen. Eine Lösung des Salzes in Wasser kann zur Ausführung der Reaktionen des Calciumions dienen.

Reaktionen der Calciumionen.

Ammonoxalat. Die empfindlichste Reaktion auf Calciumionen ist die Bildung von Calciumoxalat. 1 ccm Chlorcalciumlösung wird mit

Ammonoxalatlösung zusammengebracht. Es fällt ein weißer Niedei-schlag von Calciumoxalat:

$$Ca^{\cdot\cdot} + C_2O_4'' = CaC_2O_4 \,.$$

Der Niederschlag wird auf drei Reagensgläser verteilt, mit verdünnter Salzsäure, Salpetersäure und Essigsäure versetzt. Die Mineralsäuren lösen den Niederschlag, Essigsäure nicht. Zu der salzsauren oder salpetersauren Lösung gebe man konzentrierte Natriumacetatlösung. Der Niederschlag fällt wieder aus.

Bei Zugabe von starken Säuren löst sich der Niederschlag von Calciumoxalat auf durch die Wirkung der Wasserstoffionen, die in die Lösung gebracht werden. Nach der Fällung des Calciumoxalates besteht ein Gleichgewicht zwischen dem Niederschlag und der bei der großen Schwerlöslichkeit des Niederschlags sehr kleinen Menge gelösten und dahér auch in Calciumionen und Oxalationen gespaltenen Calciumoxalats. Wasserstoffionen, die in die Lösung gebracht werden, vereinigen sich mit den Oxalationen zu nichtdissoziierter Oxalsäure und verringern so die Konzentration der Oxalationen. Um den Verlust zu decken, muß Calciumoxalat aus dem Niederschlag in Lösung gehen, was bei Zusatz genügender Säuremengen schließlich zur völligen Lösung des Niederschlags führt. Natriumacetat, das zur mineralsauren Lösung des Niederschlags gebracht wird, setzt die Konzentration der Wasserstoffionen herab, indem die Anionen sich mit ihnen zu nicht dissoziierter Essigsäure vereinigen, und schafft so die Bedingungen für die Rückbildung des Oxalats.

Natronlauge fällt aus Calciumsalzlösungen Calciumhydroxyd. Reaktionsgleichung? Der Niederschlag löst sich leicht in Säure auf. Abfiltriert und geglüht, verliert er Wasser und geht in das gleiche Produkt über, das auch beim Glühen des Carbonats erhalten wurde, das Calciumoxyd CaO, im Gegensatz zu den Hydroxyden der Alkalien, aus denen beim Glühen kein Wasser abgespalten wird.

Ammoniak gibt, wenn es carbonatfrei ist, keine Fällung. Die ammoniakalische Lösung eines Kalksalzes trübt sich beim Stehen an der Luft durch Anziehen von Kohlendioxyd und Bildung von Calciumcarbonat.

Natrium- oder **Ammoniumcarbonat** geben Fällungen von Calciumcarbonat. Die Fällung ist namentlich bei letzterem Reagens nur in der Hitze vollständig. Das Ammoncarbonat pflegt meist saures Salz und carbaminsaures Ammonium

$$C{\Large<}\!\!\begin{array}{l} NH_2 \\ O \\ ONH_4 \end{array}$$

zu enthalten. Dieses geht beim Kochen in neutrales Ammoncarbonat über:

$$C{\Large<}\!\!\begin{array}{l} NH_2 \\ O \\ ONH_4 \end{array} + H_2O = C{\Large<}\!\!\begin{array}{l} ONH_4 \\ O \\ ONH_4 \end{array}$$

ebenso wie das saure Calciumcarbonat erst in der Hitze zerfällt. Zur Erreichung dieses Effektes genügt kurzes Kochen. Sehr langes Kochen kann schädlich werden, da mit den Wasserdämpfen Ammoniak und Kohlendioxyd verflüchtigt werden, wodurch eine Störung des Gleichgewichts zwischen Niederschlag und Lösung eintreten und eine Auflösung des Niederschlags erfolgen kann.

Den Carbonatniederschlag filtriere man ab, wasche ihn aus und löse ihn in wenig Salpetersäure. Die Lösung wird auf dem Wasserbad zur Staubtrockene verdampft und der Rückstand mit einem Gemisch aus gleichen Teilen Alkohol und Äther geschüttelt. Es erfolgt Auflösung des Salzes. Ebenso schüttele man eine Probe festen Calciumchlorids mit 96 proz. Alkohol. Das Salz ist in Alkohol löslich.

Schwefelsäure und Sulfationen fällen aus Calciumsalzlösungen einen weißen Niederschlag von Calciumsulfat, $CaSO_4 + 2 H_2O$. Reaktionsgleichung? In verdünnten Calciumsalzlösungen kann die Reaktion ausbleiben, da das Calciumsulfat bei 18⁰ eine Löslichkeit in Wasser von $\frac{1}{480}$ besitzt. Wesentlich größer ist die Löslichkeit in einer konzentrierten, wässerigen Lösung von Ammoniumsulfat, da hier vielleicht Komplexsalze entstehen.

Man versetze eine Lösung von Calciumchlorid mit gesättigter Ammonsulfatlösung, bis nichts mehr fällt, filtriere ab und prüfe das Filtrat mit Ammonoxalat.

Das Calciumsulfat findet sich in der Natur als Mineral. Es wird gewöhnlich als Gips bezeichnet und enthält 2 Moleküle Krystallwasser. Bei mäßigem Erhitzen verliert der Gips einen Teil des Krystallwassers und entspricht dann der Formel $2 CaSO_4 + H_2O$. Beim Anrühren mit Wasser nimmt er das verlorene Krystallwasser wieder auf und erhärtet zu einer festen Masse. Bei starkem Erhitzen, über 160⁰, wird der Gips „totgebrannt", d. h. er gibt alles Krystallwasser ab und vermag es auch beim Anrühren mit Wasser nicht wieder aufzunehmen.

Natriumphosphat gibt mit neutralen Calciumsalzlösungen einen Niederschlag von sekundärem Calciumphosphat, $CaHPO_4$. Reaktionsgleichung? Bei Gegenwart von Ammoniak oder Natronlauge fällt das tertiäre Salz $Ca_3(PO_4)_2$. Reaktionsgleichung? Säuren, selbst Essigsäure, lösen die Niederschläge leicht wieder auf, und zwar erfolgt bei geringen Mengen Säure zunächst der Übergang in das lösliche primäre Phosphat $Ca(H_2PO_4)_2$, durch größere Säuremengen wird die Phosphorsäure aus dem Salz frei gemacht.

Der Übergang vom tertiären zum primären Phosphat vollzieht sich in der Natur im Ackerboden durch das Kohlendioxyd der Luft und die Feuchtigkeit, und als primäres Phosphat wird die Phosphorsäure der Pflanze zugeführt. Bei den künstlichen phosphorsäurehaltigen Düngern erfolgt die Überführung in primäres Phosphat entweder durch Aufschließen des natürlichen Vorkommens von tertiärem Calciumphosphat mit konzentrierter Schwefelsäure, wie bei der Superphosphatfabrikation, oder sie wird wie bei der Verwendung von Knochenasche und Thomasschlacke, ebenfalls durch Kohlendioxyd und Wasser auf dem Acker selbst bewirkt. Bei der Thomasschlacke wird die Umwandlung noch begünstigt durch den Gehalt an Calciumoxyd, das die Schlacke zu einem feinen Pulver zerfallen läßt und so eine große Angriffsfläche schafft.

Ferrocyankalium. Zu einer Calciumsalzlösung gebe man Chlorammoniumlösung, setze dann Ferrocyankaliumlösung zu und reibe mit einem Glasstab die Wand des Reagensglases innerhalb der Flüssigkeit. Es entsteht ein weißer Niederschlag.

$$Ca^{\cdot\cdot} + 2 NH_4^{\cdot} + [Fe(CN)_6]'''' = Ca(NH_4)_2[Fe(CN)_6] \, .$$

Chromate oder Bichromate geben mit Calciumsalzen keine Fällung.

Flammenreaktion. Am Platindraht in die Flamme des Bunsenbrenners gebracht, geben die Calciumsalze eine ziegelrote Flammenfärbung und ein charakteristisches Spektrum (vgl. Spektralanalyse).

Strontium.

Eine Lösung von Strontiumnitrat oder Strontiumchlorid werde mit Natronlauge, Ammoniak, Ammonoxalat, Ammoncarbonat und Natriumphosphat zusammengebracht. Es treten die analogen Reaktionen ein wie beim Calcium. Reaktionsgleichungen?

Schwefelsäure und Sulfationen fällen aus Strontiumsalzlösungen weißes Strontiumsulfat, $SrSO_4$. Die Reaktion ist empfindlicher als beim Calcium, da das Strontiumsulfat nur eine Löslichkeit von $\frac{1}{9300}$ bei 18° besitzt.

Infolge dieser kleineren Löslichkeit des Strontiumsulfats kann **Gips-wasser** aus Strontiumsalzen Strontiumsulfat ausfällen, da die vom Calciumsulfat in Lösung gesandten Sulfationen sich mit den Strontiumionen zu dem schwerer löslichen Strontiumsulfat vereinigen.

Ferrocyankalium gibt mit Strontiumsalzen keine Fällung.

Kaliumchromat fällt aus nicht zu verdünnten, neutralen oder schwach alkalischen Strontiumsalzlösungen Strontiumchromat, $SrCrO_4$, das in

Abb. 10. Strontiumchromat.

feinen Nadeln krystallisiert, die sich oft zu Büscheln oder kugelartigen Aggregaten zusammenlagern und unter dem Mikroskop ein charakteristisches Bild geben (Abb. 10). Aus sehr stark verdünnten Lösungen scheiden sich bei längerem Stehen kurze, dicke, hexagonale Prismen aus, die weniger charakteristisch sind[1]). Man erzeuge die Fällung, bringe mit dem Glasstab einen Tropfen auf einen Objektträger und beobachte die Krystalle unter dem Mikroskop. Statt einer Lösung von Kaliumchromat kann auch eine mit Ammoniak bis zur Gelbfärbung versetzte Kaliumbichromatlösung verwendet werden.

Verhalten gegen Alkohol. In einem kleinen Erlenmeyer-Kölbchen übergieße man eine feingepulverte Probe von Strontiumnitrat mit absolutem Alkohol oder mit einem Gemisch aus gleichen Teilen Äther und Alkohol. Eine ebenfalls fein gepulverte und auf dem Wasserbad getrocknete Probe von Strontiumchlorid behandele man mit den gleichen Lösungsmitteln. Das Chlorid ist darin löslich, wenn auch schwerer als Calciumchlorid, dagegen ist das Nitrat unlöslich.

Flammenreaktion. Strontiumsalze erteilen der Flamme eine carminrote Färbung.

Barium.

*** Darstellung von Chlorbarium aus Schwerspat.** 50 g Schwerspat werden mit 15 g gepulverter Steinkohle gut gemischt und in einen hessischen Tiegel gegeben. Auf die Mischung wird eine dünne Schicht Steinkohlenpulver geschüttet. Der Tiegel wird dann mit dem Deckel bedeckt, 1—2 Stunden in einem Gasofen erhitzt. Nach dem Erkalten wird der Tiegelinhalt fein gepulvert und in 150 g 10 proz. Salzsäure eingetragen. Wenn alles eingetragen ist, wird erwärmt, bis der Schwefel-

---

[1] AUTENRIETH: Ber. dtsch. chem. Ges. **37**, 3883.

wasserstoff entwichen ist, und dann filtriert. Das Filtrat, das alkalisch reagieren soll, wird mit Salzsäure versetzt bis zur sauren Reaktion und zur Krystallisation eingedampft. Sobald aus der heißen Lösung sich Krystalle abzuscheiden beginnen, unterbricht man das Eindampfen und läßt im Erkalten auskrystallisieren. Die abgeschiedenen Krystalle werden abgesaugt, mit der Mutterlauge gewaschen und auf einem Tonteller getrocknet. Sie können zur Ausführung der Reaktionen der Bariumionen dienen.

Schwerspat oder Bariumsulfat, $BaSO_4$, wird von Kohle zu Bariumsulfid, BaS, reduziert

$$BaSO_4 + 4\,C = BaS + 4\,CO .$$

Das Bariumsulfid löst sich in Salzsäure unter Schwefelwasserstoffentwicklung zu Bariumchlorid. Bei unzureichenden Salzsäuremengen bleibt ein Teil des Bariumsulfids unzersetzt und gibt beim Erwärmen mit Wasser Bariumsulfhydrat und Bariumhydroxyd

$$2\,BaS + 2\,H_2O = Ba(SH)_2 + Ba(OH)_2 ,$$

wodurch die alkalische Reaktion bewirkt wird, und wodurch die Verunreinigungen des Schwerspats (Eisen, Arsen) ausgefällt werden.

Reaktionen der Bariumionen.

Natronlauge fällt aus nicht zu verdünnten Lösungen der Bariumsalze Bariumhydroxyd aus. Gleichung? Beim Erhitzen löst sich der Niederschlag auf bis auf geringe Mengen von Bariumcarbonat, die der Verunreinigung der Natronlauge mit Carbonat ihre Entstehung verdanken. Aus der, wenn nötig, filtrierten Lösung krystallisiert beim Erkalten das Bariumhydrat mit 8 Molekülen Krystallwasser aus. Beim trockenen Erhitzen verliert das Bariumhydroxyd sein Krystallwasser und schmilzt bei Rotglut ohne weitere Wasserabspaltung. Der Übergang von Hydroxyd zu Oxyd erfolgt äußerst schwer und nur in geringem Maße, so daß man das Oxyd gewöhnlich durch Glühen des Nitrats herstellt.

Ammoniak zeigt das gleiche Verhalten wie bei Calcium und Strontium.

Natrium- oder Ammoniumcarbonat fällen aus Bariumsalzlösungen Bariumcarbonat, das ebenso wie Calciumcarbonat und Strontiumcarbonat bei Behandlung mit Kohlendioxyd und Wasser als saures Carbonat in Lösung geht. Gleichungen? Im Gegensatz zum Calciumcarbonat gibt es beim Glühen nur sehr schwer Kohlendioxyd ab, während das Strontiumcarbonat bezüglich seiner Beständigkeit in der Mitte zwischen beiden steht.

Natriumphosphat fällt aus neutralen Bariumsalzlösungen sekundäres Bariumphosphat, $BaHPO_4$ (Gleichung?), das ein den beiden anderen Erdalkaliphosphaten gleiches Verhalten zeigt.

Ammonoxalat fällt Bariumoxalat, $Ba(C_2O_4)$, das etwas größere Löslichkeit besitzt als die Oxalate des Strontiums und Calciums, und von heißer Essigsäure in Lösung gebracht wird. Gleichungen?

Schwefelsäure und Sulfate. Die empfindlichste Reaktion auf Bariumionen, die auch in sehr großer Verdünnung noch eintritt, ist die Fällung mit Sulfationen als Bariumsulfat, das bei einer Löslichkeit von $\frac{1}{385000}$ in Wasser von 18^0 als praktisch völlig unlöslich bezeichnet werden kann. Bariumionen können daher auch mit Lösungen, die arm an Sulfationen sind, wie Gipswasser und Strontiumsulfatlösung gefällt werden. Säuren lösen das Bariumsulfat nicht auf.

Um Bariumsulfat in Lösung zu bringen, muß es aufgeschlossen werden, was entweder durch Reduktion zu Sulfid geschieht oder durch Überführung in Carbonat durch Schmelzen mit Soda oder einem Gemisch aus molekularen Mengen Soda und Pottasche. Kochen mit Sodalösung, wobei die anderen Erdalkalisulfate in Carbonate übergehen, bewirkt nur in ganz geringem Maße eine Umwandlung des Bariumsulfats in Carbonat, da das nach der Gleichung

$$BaSO_4 + Na_2CO_3 = BaCO_3 + Na_2SO_4$$

entstehende Alkalisulfat schon bei geringer Konzentration auf das Bariumcarbonat in dem der Gleichung entgegengesetzten Sinne einwirkt. Durch Schmelzen mit der fünffachen Menge Soda oder Soda-Pottasche-Gemisch wird die völlige Umsetzung erzwungen, und die Schmelze enthält wasserlösliches Alkalisulfat und Bariumcarbonat. Sie wird zuerst mit Wasser ausgelaugt zur völligen Entfernung des Sulfates, da dieses beim Lösen des Bariumcarbonats in Säure sofort wieder eine Rückbildung von Bariumsulfat veranlassen würde, und dann kann das zurückgebliebene und abfiltrierte Bariumcarbonat in Salzsäure oder Salpetersäure gelöst werden.

Kieselfluorwasserstoffsäure, H_2SiFl_6, fällt weißes krystallinisches Kieselfluorbarium, $BaSiFl_6$, schwerlöslich in Wasser und verdünnten Säuren (Unterschied von Strontium- und Calciumsalzen).

Kaliumchromat fällt aus neutralen Bariumsalzlösungen gelbes Bariumchromat, $BaCrO_4$. Gleichung? Man verteile den Niederschlag auf drei Reagensgläser und prüfe sein Verhalten gegen Salpetersäure, Salzsäure und Essigsäure. In den starken Mineralsäuren ist das Bariumchromat löslich, in der schwachen Essigsäure nicht.

Kaliumbichromat gibt in neutralen Bariumsalzlösungen nur unvollständige Fällungen von Bariumchromat, da die frei werdende Säure lösend auf den Niederschlag wirkt:

$$2\,Ba^{..} + Cr_2O_7'' + H_2O \rightleftharpoons 2\,BaCrO_4 + 2\,H^{.}$$
$$2\,BaCl_2 + K_2Cr_2O_7 + H_2O = 2\,BaCrO_4 + 2\,KCl + 2\,HCl.$$

Man gebe zu heißer Bariumchloridlösung so viel Kaliumbichromatlösung, daß kein Niederschlag mehr damit entsteht und filtriere ab. Zu dem Filtrat setze man Natriumacetatlösung hinzu. Es fällt noch ein weiterer Niederschlag von Bariumchromat aus. Durch den Zusatz von Natriumacetat wird durch Herabsetzung der Konzentration der Wasserstoffionen die Säurewirkung so stark abgeschwächt, daß der Niederschlag nicht mehr davon beeinflußt wird.

Da Strontiumsalze auch in schwach saurer Lösung nicht von Chromaten gefällt werden, so kann man durch Fällen mit Chromat in essigsaurer Lösung bei Gegenwart von Natriumacetat Barium von Strontium trennen.

Ferrocyankalium fällt Bariumsalzlösungen nur in sehr konzentrierten Lösungen.

Durch **konzentrierte Salzsäure oder Salpetersäure** wird aus Bariumsalzlösungen Bariumchlorid oder Bariumnitrat abgeschieden. Die Niederschläge lösen sich bei Wasserzusatz leicht wieder auf. Dieses Verhalten ist zu beachten beim Nachweis der Schwefelsäure mit Bariumchlorid. Zur Prüfung des gefällten Niederschlags auf Löslichkeit in diesen Säuren dürfen nur verdünnte Säuren benutzt werden, da die konzentrierten Säuren aus dem Reagens die betreffenden Bariumsalze abscheiden.

Setzt man zu einer Bariumchloridlösung konzentrierte Salzsäure hinzu, so wird dadurch die Konzentration der Chlorionen in der Lösung so groß, daß das Produkt aus der Konzentration der Bariumionen und der Chlorionen das Löslichkeitsprodukt des Bariumchlorids überschreitet und eine Abscheidung von festem Bariumchlorid erfolgen muß.

Verhalten gegen Alkohol. In Alkohol oder im Äther-Alkoholgemisch sind die Bariumsalze unlöslich.

Flammenreaktion. Bariumsalze färben die Flamme grün.

Spektralanalyse.

Wird Licht, das von einem glühenden flüssigen oder festen Stoff ausgeht, durch ein Prisma zerlegt, so entsteht ein kontinuierliches Spek-

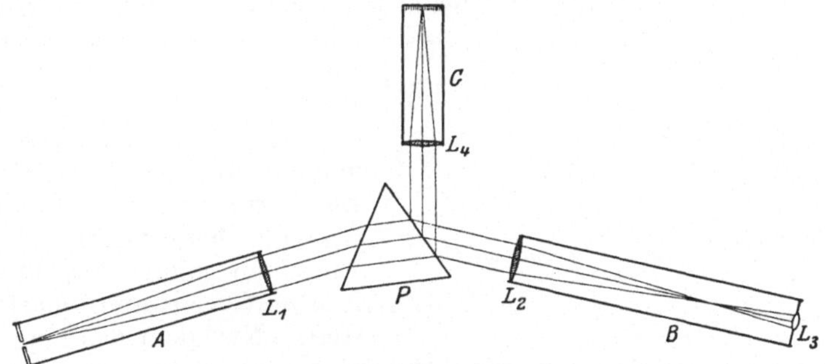

Abb. 11. Schematische Darstellung des Strahlengang im Spektralapparat.

trum, da diese Stoffe im glühenden Zustande weißes Licht, das Strahlen aller Wellenlängen enthält, aussenden. Glühende Gase oder Dämpfe dagegen geben Licht, das nur Strahlen einzelner Wellenlängen und bei der Zerlegung durch ein Prisma ein diskontinuierliches Spektrum liefert. Bei diesen diskontinuierlichen Spektren unterscheidet man Linienspektren und Bandenspektren. Ein Linienspektrum besteht aus hellen, scharf begrenzten, durch dunkle Zwischenräume getrennten Linien, während ein Bandenspektrum breitere Streifen zeigt, die eine unscharfe Begrenzung haben.

Zur Beobachtung der Spektren dient der von BUNSEN und KIRCHHOFF konstruierte Spektralapparat (Abb. 11). Er besteht aus einem Prisma, einem Spaltrohr oder Kollimatorrohr, aus einem Fernrohr und einem Skalenrohr.

Das Spaltrohr A trägt am einen Ende einen verschiebbaren Verschluß, der sich spaltförmig öffnet, und enthält eine Linse L_1, die so angeordnet ist, daß ihr Abstand vom Spalt gleich ihrer Brennweite ist. Die Strahlen, die von dem beleuchteten Spalt ausgehen und die Linse passieren, gehen daher parallel weiter. Sie werden in dem Prisma P in die einzelnen Farben zerlegt und gelangen in das Fernrohr B. Hier vereinigt sie die Objektlinse L_2 zu reellen farbigen Bildern des Spaltes, die durch das Okular L_3, das wie eine Lupe wirkt, betrachtet werden.

Das Skalenrohr C trägt an einer im Rohr verschiebbaren Hülse eine auf Glas geritzte Skala, die sich im Brennpunkt einer am anderen Ende des Rohrs sitzenden Linse L_4 befindet, und ist so angeordnet, daß die aus der Linse austretenden Strahlen von der Prismenfläche in das Fernrohr hineingespiegelt werden und gleichzeitig mit den Strahlen, die das Prisma passiert haben, in das Auge gelangen. Dadurch wird bewirkt, daß man bei beleuchteter Skala auf dem Spektrum die Teilung der Skala sieht.

Prisma und Spaltrohr stehen bei den im Laboratorium gebräuchlichen Apparaten meist in fester Stellung gegeneinander, und zwar so, daß Lichtstrahlen mittlerer Wellenlänge im Minimum der Ablenkung durch das Prisma hindurchgehen. Oft sind auch der Spaltverschluß und die Skala in den Rohren fest angebracht, so daß sie ein für allemal in den Brennpunkten der Linsen stehen.

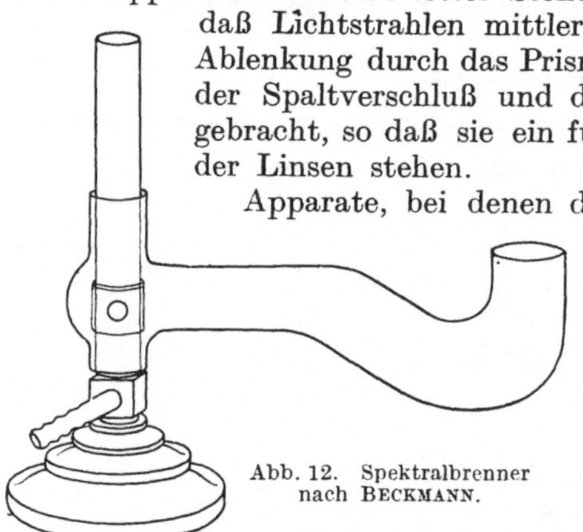

Abb. 12.   Spektralbrenner
nach BECKMANN.

Apparate, bei denen das nicht der Fall ist, bedürfen vor dem Gebrauch einer Einstellung. Diese beginnt mit der Einstellung des Fernrohrs auf unendlich oder, was dasselbe bedeutet, auf parallele Strahlen. Das Fernrohr wird dazu aus dem Apparat herausgeschraubt und auf einen mindestens 30 m entfernten Gegenstand scharf eingestellt. Nachdem das eingestellte Fernrohr wieder in den Apparat eingesetzt ist, beleuchtet man den Spalt mit einfarbigem Licht, am besten mit Natriumlicht (Sodaperle am Platindraht in der Bunsenflamme) und verschiebt den Spaltverschluß so lange, bis man das gelbe Spaltbild deutlich mit scharf begrenzten Rändern in dem Fernrohr sieht. Dann wird die Skala mit einer Gasflamme oder mit einer Glühlampe beleuchtet und ebenfalls so gestellt, daß Teilung und Zahlen zugleich mit dem Spaltbild scharf und deutlich im Fernrohr erscheinen. Gleichzeitig reguliert man die Spaltbreite und damit die Breite der Natriumlinie so, daß sie etwa die Breite eines Skalenteils deckt.

Zur Erzeugung der bei der Analyse benutzten Spektren dient meist die Flamme des Bunsenbrenners, in der die Substanz, die man an einem feinen Platindraht einführt, vergast wird. Der Brenner muß dabei so gestellt werden, daß das Licht des blauen inneren Flammenkegels nicht in den Apparat fällt, weil es das sog. Swan-Spektrum erzeugt und die Beobachtungen stört. Ferner darf der die Substanz tragende Draht nicht vor die Spaltöffnung kommen, da er als fester Körper ein kontinuierliches Spektrum gibt.

Bequem ist in vielen Fällen die Benutzung von Spektralbrennern. Von den zahlreichen Modellen solcher Apparate sollen hier nur zwei möglichst einfache, wie sie von BECKMANN und von RIESENFELD konstruiert worden sind, berücksichtigt werden. Bei diesen Brennern wird die Substanz in Lösung angewandt, und in der Substanzlösung eine Gasentwicklung hervorgerufen. Von dem aus der Lösung sich entwickelnden Gase werden Flüssigkeitströpfchen mitgerissen und in die Flamme geführt, wo dann die Vergasung erfolgt.

Bei dem in Abb. 12 dargestellten Spektralbrenner von BECKMANN wird die Lösung in ein besonders geformtes Glasgefäß gegeben und dieses, wie aus der Abbildung ersichtlich, vor den Luftlöchern eines Bunsenbrenners angebracht. Entwickelt man in der Lösung durch Zugabe eines Körnchens verkupferten Zinks und einiger Tropfen Salzsäure Wasserstoff, so reißt er aus der Flüssigkeit Tröpfchen mit, die zusammen mit dem Wasserstoff von der dem Leuchtgas zuströmenden Luft mitgenommen und in die Flamme gebracht werden.

Noch einfacher ist die Versuchsanordnung bei Verwendung eines Brenners, bei dem die Luftzufuhr von unten erfolgt. Die Lösung der Untersuchungssubstanz kommt dann in eine flache Krystallisierschale, die zwischen drei Korkstopfen steht, die mit Siegellack auf ein Brettchen aufgekittet sind. Die Gasentwicklung in der Substanzlösung wird wieder durch Zink und Salzsäure bewirkt, und der Brenner wird auf die Korkstopfen über die Krystallisierschale gestellt, so daß der von dem Wasserstoff mitgerissene Flüssigkeitsnebel in die Brennerröhre eingesogen und der Flamme zugeführt wird.

Bei dem von RIESENFELD konstruierten Brenner wird die Lösung elektrolysiert. Durch die dabei auftretende Gasentwicklung werden Teilchen der Flüssigkeit mitgerissen und gelangen in das verbrennende Gas-Luft-Gemisch des Brenners.

Außer dem Bunsenbrenner werden auch der elektrische Lichtbogen oder der Induktionsfunke zur Erzeugung von Spektren benutzt. Da in manchen Fällen das Spektrum von der Höhe der Temperatur abhängig ist, so muß bei der Beschreibung der Spektren angegeben werden, ob es sich um Flammenspektren, Bogenspektren oder Funkenspektren handelt.

Die Aufzeichnung der beobachteten Spektren geschieht am besten nach der Methode von BUNSEN. Man benutzt dazu Millimeterpapier, auf dem man die Skala abträgt, und zeichnet die Linien an den Stellen ein, die den Teilstrichen entsprechen, bei denen sie auf der Skala des Apparates beobachtet wurden. Die Lichtstärke einer Linie wird in der Zeichnung durch ihre Höhe angedeutet. Die hellste Linie eines Spektrums wird am höchsten gezeichnet, und nach ihr richtet sich die Höhe der anderen Linien. Als Grundlage kann man die Lichtstärke der Natriumlinie benutzen, die man 10 mm hoch zeichnet, und durch Vergleich mit ihr die Höhe anderer Spektrallinien bemessen. Die Breite der Linien wird so gezeichnet, wie sie im Apparat auf der Skala erscheint. Die scharf begrenzten Linien eines Spektrums werden in der Zeichnung mit senkrecht abfallenden Begrenzungslinien wiedergegeben, mit schrägen Begrenzungslinien zeichnet man die unscharf begrenzten Banden ein.

Sollen die Ablesungen auf der Skala eines Apparates auf Wellenlängen bezogen werden, so muß der Apparat zuvor geeicht werden. Man wählt dazu eine Anzahl Spektrallinien von genau bekannter Wellenlänge und bestimmt ihre Lage auf der Skala des Apparates. Die beobachteten Skalenteile trägt man auf der Abszisse, die zugehörige Wellenlänge auf der Ordinate eines Koordinatensystems ein, wobei man als Koordinatenanfangspunkt die Wellenlänge 400 und den Skalenteil 5 wählt. Die Punkte, die man so erhält, werden miteinander verbunden, und so entsteht eine Kurve, die nun für alle Skalenteile die zugehörigen Wellenlängen abzulesen erlaubt. Zur Eichung kann man folgende Spektrallinien verwenden:

Kα	mit der Wellenlänge			768,2 mμ
Liα	,,	,,	,,	670,8 ,,
H$_{rot}$	,,	,,	,,	656,3 ,,
Na	,,	,,	,,	589,3 ,,
H$_{blau}$	,,	,,	,,	486,1 ,,
H$_{violett}$	,,	,,	,,	434,1 ,,
Tl$_{grün}$	,,	,,	,,	535,1 ,,

Die Flammenspektren der Alkalien. Die Alkalisalze dissoziieren bei der Temperatur der Bunsenflamme vollständig, so daß man bei ihnen das Spektrum des Metalldampfs beobachtet.

Am leichtesten ist das Spektrum des *Natriums* zu beobachten. Es zeigt bei den gewöhnlichen Spektroskopen eine gelbe Linie von der Wellenlänge 589,3 mμ, die in Apparaten mit starker Dispersion in zwei

Linien zerlegt wird. Für die Analyse ist die spektralanalytische Reaktion des Natriums, die noch Millionstel eines Milligramms, also unwägbare Mengen, nachzuweisen gestattet, zu empfindlich.

Das *Kaliumspektrum* zeigt eine rote Linie von der Wellenlänge 768,2 mμ. Daneben erscheint noch eine zweite Linie mit der Wellenlänge 404,5 mμ, die aber nur bei recht hoher Flammentemperatur gut zu sehen ist. Man beobachtet sie am besten, wenn man die Reaktion mit Salpeter oder Kaliumchlorat ausführt, da diese Salze Sauerstoff abgeben und dadurch die Flammentemperatur steigern.

Für das *Lithiumspektrum* ist eine rote Linie von der Wellenlänge 670,8 mμ charakteristisch.

Die Flammenspektren der Erdalkalien sind vorwiegend Oxydspektren, da die Erdalkalisalze flüchtiger Säuren durch den Wasserdampf der Flamme rasch in Oxyde übergeführt werden. Chloride geben im ersten Augenblick ein Chloridspektrum, das von dem Oxydspektrum etwas verschieden ist, sehr bald aber erscheint das Oxydspektrum, da das Chlorid leicht in Oxyd und Salzsäure zerfällt. Eine Dissoziation bis zum Metall findet nur sehr schwer statt, so daß Linien, die dem Spektrum des Metalldampfes zukommen, im Flammenspektrum der Erdalkalien nur in ganz geringem Maße auftreten. Wird Salzsäuregas in die Flamme eingeführt, so kann der Übergang des Chloridspektrums in Oxydspektrum verhindert oder sogar das Oxydspektrum in das Chloridspektrum zurückverwandelt werden. Am bequemsten läßt sich dies erreichen, wenn man Stäbchen von Salmiak, die man von einem größeren Stück geschmolzenen Salmiaks abspaltet, in die Flamme unter die Substanzprobe hält. Der Salmiak zerfällt nach der Gleichung

$$NH_4Cl = NH_3 + HCl,$$

und die frei werdende Salzsäure führt das Oxyd in das Chlorid über.

Die Spektren, die von den Flammen der Spektralbrenner erhalten werden, sind meist Chloridspektren, da auch hier durch die von dem Gas mitgerissene Flüssigkeit Salzsäure in die Flamme kommt.

Oxyd- und Chloridspektren können ebensogut wie die Metalldampfspektren zum Nachweis benutzt werden, wenn man zur Identifizierung die regelmäßig besonders deutlich hervortretenden Linien oder Banden beobachtet, die in der folgenden Tabelle sich finden. Die in dieser Tabelle angegebenen Wellenlängen beziehen sich, soweit es sich nicht um scharfe Linien, sondern um Banden handelt, auf die Lage der Mitte der Bande.

Die charakteristischen Linien der Erdalkaliflammenspektren.

Calcium	Strontium	Barium
rot 622,0 mμ	orange 605,0 mμ	grün 524,2 mμ
grün 553,5 „	blau 460,8 „	grün 513,7 „

Bei Erdalkalisalzen schwer flüchtiger Säuren (Schwefelsäure, Kieselsäure, Phosphorsäure) kann die Flammenfärbung meist nicht direkt beobachtet werden, sondern erst nach Überführung in die Chloride. Genügt mehrmaliges Befeuchten der Probe mit Salzsäure oder Erhitzen in der Reduktionsflamme und nachheriges Befeuchten mit Salzsäure nicht, so muß die Probe aufgeschlossen werden. Sie wird dazu mit der fünffachen Menge wasserfreier Soda gemischt, und das Gemisch wird in einer engen Spirale, die man aus einem Platindraht wickelt, im Brenner erhitzt. Die Schmelze wird nach dem Erkalten auf dem Uhrglas mit Wasser befeuchtet und zerdrückt. Das entstandene Erdalkalicarbonat wird mehrmals mit heißem Wasser dekantiert zur Entfernung des Alkalisulfats und schließlich mit einigen Tropfen Salzsäure in das Chlorid übergeführt.

Magnesium.

*** Darstellung des Metalls durch Elektrolyse.** Das Metall wird am besten nach einer Vorschrift von Gorup Besanez gewonnen.

Als Elektrolysiergefäß dient eine Tonpfeife, durch deren Stiel ein Eisendraht (Stricknadel) als Kathode hindurchgeführt wird. Zur Elektrolyse wird eine konzentrierte Lösung von 20 g krystallisiertem Magnesiumchlorid, 7,5 g Kaliumchlorid, 3 g Ammoniumchlorid auf dem Wasserbad eingedampft und der Rückstand im Tiegel über dem Gebläse geschmolzen. Die Schmelze wird in den angewärmten Pfeifenkopf gegossen und durch eine kleine Flamme im Fluß erhalten. Als Anode wird ein Kohlenstäbchen verwendet, das in die im Kopf befindliche Schmelze eintaucht. Die Zersetzung wird durch einen Strom von 12 Volt und 5—8 Ampere bewirkt. Nach etwa halbstündiger Versuchsdauer unterbricht man den Strom, läßt erkalten und zerschlägt den Pfeifenkopf mit der Schmelze. Die kleinen Metallkugeln, die sich an der Kathode abgeschieden haben, werden mit Wasser von der anhängenden Salzkruste gereinigt.

Ein Kügelchen werde auf dem Nickelspatel in der Flamme erhitzt. Es verbrennt mit glänzendem Licht, indem es sich mit dem Sauerstoff der Luft verbindet und in MgO, Magnesiumoxyd übergeht.

Man prüfe das Verhalten des Metalls gegen kochendes Wasser, konzentrierte Chlorammoniumlösung und gegen Säuren.

Magnesium zersetzt bei Siedetemperatur das Wasser und gibt eine langsame Wasserstoffentwicklung. Chlorammoniumlösung entwickelt mit Magnesiumpulver lebhaft Wasserstoff, da hier das bei der Zersetzung des Wassers entstehende OH'-Ion mit dem $NH_4^{\cdot}$-Ion zu ungespaltenem Ammoniumhydroxyd zusammentreten kann. Säuren lösen Magnesium leicht auf. In den Salzen ist das Magnesium stets zweiwertig. Die Salze flüchtiger Säuren zeigen beim Kochen mit Wasser hydrolytische Spaltung, da die flüchtige Säure mit den Wasserdämpfen weggeht. So hinterbleibt beim Eindampfen einer Magnesiumchloridlösung schließlich ein in Wasser unlöslicher Rückstand, da Salzsäure abgespalten wird im Sinne der Gleichung:

$$MgCl_2 + 2\,H_2O = Mg(OH)_2 + 2\,HCl\,.$$

Reaktionen des Magnesiumions.

Natronlauge fällt aus Magnesiumlösungen einen weißen Niederschlag von Magnesiumhydroxyd, $Mg(OH_2)$. Gleichung? Der Niederschlag ist in Säure leicht löslich. Man füge zu einer Magnesiumhydroxydfällung tropfenweise verdünnte Salzsäure und schüttele nach dem jedesmaligen Zusatz gut um, bis der Niederschlag sich gerade auflöst. Die Lösung wird dann noch schwach alkalisch reagieren, also Hydroxylionen enthalten neben Magnesiumionen, ohne daß ein Niederschlag entsteht. Es folgt daraus, daß für die völlige Fällung des Magnesiumhydroxyds ein Überschuß von Hydroxylionen erforderlich ist, wie ihn nur eine starke Base zu geben vermag.

Bariumhydroxyd wirkt analog wie Natriumhydroxyd. Es wird dann zur Fällung verwendet, wenn ein Fällungsmittel gebraucht wird, dessen Überschuß sich leicht wieder aus der Lösung entfernen läßt.

Zur Reaktion mit Bariumhydroxydlösung verwende man eine Magnesiumchloridlösung, da Magnesiumsulfatlösung eine Fällung von Bariumsulfat bewirken würde.

Sodalösung fällt aus Magnesiumsalzlösungen ein basisches Carbonat von wechselnder Zusammensetzung.

$$2\,MgCl_2 + 2\,Na_2CO_3 + H_2O = Mg_2(OH)_2CO_3 + 4\,NaCl + CO_2$$
$$3\,MgCl_2 + 3\,Na_2CO_3 + H_2O = Mg_3(OH)_2(CO_3)_2 + 6\,NaCl + CO_2\,.$$

Durch das frei werdende Kohlendioxyd bildet sich nebenher auch noch in kleinen Mengen saures Magnesiumcarbonat, so daß die Fällung erst in der Hitze vollständig wird. Beim Glühen verliert der Carbonatniederschlag, die Magnesia alba, Kohlendioxyd und Wasser und geht in Magnesiumoxyd, MgO, die Magnesia usta, über.

Ammoniak fällt Magnesiumsalze nur unvollständig, infolge zu geringer Konzentration der Hydroxylionen. Wird der Magnesiumsalzlösung vor der Zugabe von Ammoniak Chlorammonium zugesetzt, so unterbleibt die Fällung vollständig.

Zur Fällung des Niederschlages $Mg(OH)_2$ ist es erforderlich, daß sein Löslichkeitsprodukt (vgl. S. 12) erreicht wird, wozu aber eine bestimmte Konzentration der Hydroxylionen nötig ist. Bringt man durch Chlorammonium eine große Menge von NH_4-Ionen in die Lösung, so wird die Dissoziation des ohnehin schon wenig gespaltenen Ammoniumhydroxyds so stark zurückgedrängt (vgl. S. 28), daß die Konzentration der von ihm gelieferten Hydroxylionen nicht mehr zur Bildung des Löslichkeitsproduktes des Magnesiumhydroxyds ausreicht. Umgekehrt löst Chlorammonium die Magnesiumhydroxydniederschläge wieder auf. Ein Teil der aus dem Chlorammonium stammenden Ammoniumionen vereinigt sich mit einem Teil der Hydroxylionen, die in geringer Menge von dem Magnesiumhydroxydniederschlag in Lösung geschickt werden, zu Ammoniumhydroxyd. Dadurch wird das Gleichgewicht zwischen Niederschlag und Lösung gestört, und es müssen neue Hydroxylionen von dem Niederschlag gebildet werden, was gleichbedeutend mit einer Auflösung des Niederschlages ist.

Die Reaktion zwischen Magnesiumionen und Carbonationen wird in analoger Weise durch die Gegenwart von Ammonsalzen beeinflußt. Der Niederschlag hat nach den früher gegebenen Gleichungen die Zusammensetzung

$$Mg_2(OH)_2CO_3 \quad \text{oder} \quad Mg_3(OH)_2(CO_3)_2\,.$$

Sein Löslichkeitsprodukt wird also gebildet aus den Konzentrationen der Ionen $Mg^{..}$, OH' und CO_3''. Wenn die Konzentration der Hydroxylionen durch die Gegenwart der Ammoniumionen auf ein Minimum verringert wird, so kann dieses Löslichkeitsprodukt nicht erreicht werden, und die Fällung unterbleibt. Auf einen bereits gefällten Carbonatniederschlag muß das Ammonsalz in derselben Weise wirken wie auf einen Hydroxydniederschlag. Ammoncarbonat vermag daher in Gegenwart auch nur geringer Ammonsalzmengen Magnesiumsalze nicht zu fällen, ein Unterschied gegenüber den Salzen des Calciums, Strontiums und Bariums, der zur Trennung dieser Gruppe vom Magnesium benutzt wird.

Natriumphosphat. Charakteristisch für das Magnesium und zur Identifizierung geeignet ist die Fällung als Ammonmagnesiumphosphat. Zu einer Lösung von Magnesiumchlorid gebe man Ammoniak bis zum deutlich auftretenden Geruch und so viel Chlorammonium, daß der entstandene Niederschlag wieder in Lösung geht. Alsdann setze man Natriumphosphatlösung zu. Es fällt ein Niederschlag von der Formel

$Mg(NH_4)PO_4 + 6\,H_2O$, der unter dem Mikroskop charakteristische Krystallformen zeigt.

$$Mg^{\cdot\cdot} + NH_4^{\cdot} + OH' + HPO_4'' = Mg(NH_4)PO_4 + H_2O$$
$$MgCl_2 + NH_4OH + Na_2HPO_4 = Mg(NH_4)PO_4 + 2\,NaCl + H_2O.$$

Das Chlorammonium erscheint nicht in der Gleichung, da es nur dazu dient, den Magnesiumhydroxydniederschlag in Lösung zu bringen. Die Krystallform des Niederschlags (Abb. 13) läßt sich besonders gut beobachten, wenn in einen Tropfen Magnesiumsalzlösung, der sich auf einem Objektträger unter dem Mikroskop befindet, ein kleines Körnchen Phosphorsalz gebracht wird. Man beachte dabei, daß die Probe unter dem Mikroskop nicht eintrocknen darf.

Beim trockenen Erhitzen spaltet das Ammoniummagnesiumphosphat Ammoniak und Wasser ab und gibt Magnesiumpyrophosphat $Mg_2P_2O_7$.

$$2\,Mg(NH_4)PO_4 = Mg_2P_2O_7 + 2\,NH_3 + H_2O.$$

1, 2, 5, 8 - Tetra-oxy-anthrachinon (Chinalizarin). Einige Tropfen einer Magnesiumsalzlösung werden mit Wasser verdünnt und tropfenweise mit einer Lösung von 10—20 mgr Chinalizarin in 100 ccm Alkohol ver

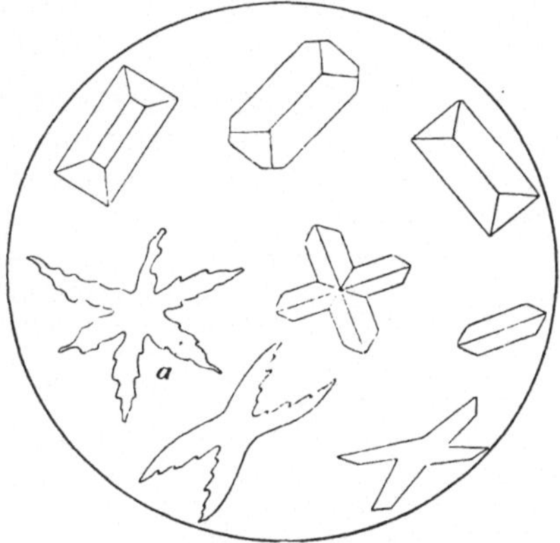

Abb. 13. Magnesiumammoniumphosphat.
a Wachstumsform.

setzt. Saure Lösungen färben sich dabei gelbrot. Dann tropft man doppeltnormale Natronlauge bis zum Umschlag in Violett zu und dann noch etwa ein Viertel der Gesamtmenge der Flüssigkeit. Es entsteht in der violetten Flüssigkeit ein blauer, deutlich wahrnehmbarer Niederschlag. Bei längerem Stehen verblaßt in magnesiumfreien Lösungen die Farbe durch Oxydation, während die farbige Magnesiumverbindung, deren Zusammensetzung noch nicht feststeht, beständig ist. Die Reaktion ist sehr empfindlich.

Trockene Reaktionen. Magnesiumsalze geben keine Flammenfärbung. Das Sulfat gibt, am Platindraht in der Reduktionsflamme oder auf der Kohle vor dem Lötrohr erhitzt, keine Heparreaktion, sondern hinterläßt ebenso wie die Magnesiumsalze flüchtiger Säuren einen Rückstand von Magnesiumoxyd. Mit Soda gemischt, am Platindraht oder auf der Kohle erhitzt sowie am Kohle-Soda-Stäbchen, gibt es dagegen die Heparreaktion.

Bei der Reduktion geht das Magnesiumsulfat zunächst in Sulfit über, das gleich weiter in Schwefeldioxyd und Magnesiumoxyd zerfällt. Kleine Mengen von Sulfid, die sich bei der Reduktion intermediär bilden, werden durch den Wasserdampf der Flamme in Magnesiumoxyd und Schwefelwasserstoff gespalten, da das Magnesiumsulfid gegen Wasser sehr unbeständig ist, so daß schließlich nur Magnesiumoxyd zurückbleibt. Durch den Zusatz von Soda entsteht dagegen Schwefelnatrium, und die Heparreaktion tritt auf.

Die Elemente der Schwefelammoniumgruppe.

A. Die Erdmetalle.

Zu den Erdmetallen zählen das Aluminium und das Chrom, daneben die Elemente der seltenen Erden. Die Sulfide dieser Elemente sind gegen Wasser unbeständig. Sie werden von Schwefelwasserstoff in ammoniakalischer Lösung als Hydroxyde gefällt und gehören analytisch in die Schwefelammoniumgruppe.

Aluminium.

In einigen Reagensgläsern werden Aluminiumspäne mit Salzsäure, Schwefelsäure und Salpetersäure übergossen. Mit Salzsäure erfolgt lebhafte Gasentwicklung, Schwefelsäure reagiert langsamer, Salpetersäure fast gar nicht.

Aluminium bildet Salze, in denen es als dreiwertiges Kation auftritt. Beim Eindampfen der wässerigen Lösungen erleiden die Salze, und zwar namentlich die der schwachen und der flüchtigen Säuren, hydrolytische Spaltung.

Darstellung von Alaun.

Man löse 22 g Aluminiumsulfat $(Al_2(SO_4)_3 + 18 H_2O)$ in 25 ccm Wasser. Man berechne die theoretisch erforderliche Menge Kaliumsulfat und löse sie in so viel heißem Wasser, als gerade zu einer gesättigten Lösung erforderlich ist. Dann vereinige man die beiden Lösungen und lasse erkalten. Nach einiger Zeit krystallisiert der Alaun aus dem Gemisch der beiden Lösungen aus. Man sauge die ausgeschiedenen Krystalle ab, wäge sie lufttrocken und bestimme die Ausbeute.

Das Sulfat des Aluminiums bildet mit den Sulfaten der Alkalimetalle und des Ammoniums Doppelsalze, die Alaune, z. B. $Al_2(SO_4)_3 \cdot K_2SO_4 + 24 H_2O$, Kalialaun. Die Bildung der Alaune erfolgt leicht, wenn die aus der Formel berechneten Mengen Aluminiumsulfat und Alkalisulfat in heiß gesättigten Lösungen zusammengebracht werden. Doppelsalze gehören zu den Verbindungen höherer Ordnung, die entstehen, wenn einfache Salze oder Verbindungen erster Ordnung zusammentreten und krystallinische Verbindungen bilden, die stets in stöchiometrischen Verhältnissen zusammengesetzt sind. In ihren wässerigen Lösungen dissoziieren die Doppelsalze und sind dadurch charakterisiert, daß sie alle Reaktionen der Ionen zeigen, die die Verbindungen erster Ordnung liefern, aus denen sich das Doppelsalz gebildet hat. Eine Alaunlösung unterscheidet sich daher in ihren Reaktionen in keiner Weise von einem Gemisch aus Lösungen von Kaliumsulfat und Aluminiumsulfat.

Reaktionen des Aluminiumions.

Natronlauge. Eine Lösung von Kalialaun werde tropfenweise mit Natronlauge versetzt. Es entsteht ein Niederschlag, der sich im Überschuß des Fällungsmittels wieder löst. Ebenso leicht löst sich der Niederschlag in verdünnter Säure.

Aluminiumionen reagieren mit Hydroxylionen nach der Gleichung

$$Al^{\cdots} + 3 OH' = Al(OH)_3 .$$

Das Aluminiumhydroxyd verhält sich gegen starke Säuren wie eine Base, gegen starke Basen wie eine Säure:

$$Al(OH)_3 = Al^{\cdots} + 3 OH'$$
$$Al(OH)_3 = AlO_3H_2' + H^{\cdot} .$$

Nach der ersten Gleichung erfolgt die Lösung in Säure, die mit ihren Wasserstoffionen die Hydroxylionen bindet und ein Aluminiumsalz gibt. Nach der zweiten Gleichung tritt die Lösung in überschüssiger Lauge ein, die das Wasserstoffion wegnimmt und ein wasserlösliches Aluminat bildet. Die Lösungen der Aluminate enthalten die Ionen AlO_3H_2', ferner AlO_3H'' und schließlich AlO_3'''. Da das Aluminiumhydroxyd nur schwach sauren Charakter hat, wiegt das Ion AlO_3H_2' vor. Die Aluminate entstehen auch beim Zusammenbringen von Aluminiummetall mit starken Basen, wie Kali oder Natron.

Man übergieße Aluminiumspäne mit konzentrierter Natronlauge und leite die Reaktion durch leichtes Erwärmen ein. Das Metall löst sich unter Wasserstoffentwicklung. Man kann daher das Aluminium zur Reduktion mit nascierendem Wasserstoff in alkalischer Lösung verwenden.

Beim trockenen Erhitzen spaltet das Aluminiumhydroxyd stufenweise Wasser ab, wobei zunächst Hydroxyde von der Formel $(OH)_2Al\text{-}O\text{-}Al(OH)_2$ und $Al{<}^{O}_{OH}$ entstehen, und geht schließlich in das Oxyd Al_2O_3 über.

Verbindungen dieser Zusammensetzung finden sich auch in der Natur. Das Hydroxyd $Al(OH)_3$ ist der Hydrargyllit, $Al_2O(OH)_4$ ist der Bauxit, und $Al{<}^{O}_{OH}$ ist der Diaspor. Das wasserfreie Oxyd findet sich als Korund, Saphir, Rubin und Schmirgel.

Wird beim Trocknen das Oxyd längere Zeit scharf geglüht oder gar geschmolzen, so ist es nachher in Säuren und Alkalien unlöslich. Zur Lösung muß es dann aufgeschlossen werden, entweder durch Schmelzen mit saurem schwefelsaurem Alkali oder durch Schmelzen mit Alkali oder Alkalicarbonat. Das saure schwefelsaure Alkali wandelt das Oxyd in Sulfat um, wirkt also wie Schwefelsäure bei sehr hoher Temperatur; Alkali oder Alkalicarbonat geben mit dem Oxyd ein Aluminat von der Formel $AlO(OK)$ oder $AlO(ONa)$

$$Al_2O_3 + 2\,KOH = 2\,AlO(OK) + H_2O$$
$$Al_2O_3 + K_2CO_3 = 2\,AlO(OK) + CO_2\,.$$

Ammoniak fällt aus Aluminiumsalzlösungen ebenfalls Aluminiumhydroxyd. Gleichung? Das gefällte Hydroxyd löst sich nur spurenweise in überschüssigem Ammoniak, da dieses zu schwach basisch ist, und wird durch Fortkochen des Ammoniaks aus der Lösung wieder abgeschieden. Aus Aluminaten kann deshalb das Aluminium durch Kochen mit Salmiak gefällt werden.

$$Al(OH)_2ONa + NH_4Cl = Al(OH)_3 + NaCl + NH_3\,.$$

Derselbe Effekt wird durch Ansäuern der Aluminatlösung mit Salzsäure und nachherige Fällung mit Ammoniak erreicht.

In verdünnten Lösungen erfolgt die Fällung der Tonerde mit Ammoniak oft unvollständig und bleibt auch mitunter ganz aus, weil die Tonerde Neigung zeigt, kolloidale Lösungen zu bilden.

Kolloidale oder Pseudolösungen oder Hydrosole sind Suspensionen eines Stoffes, der in feinster Verteilung in der Flüssigkeit enthalten ist. Gegenüber echten Lösungen zeigen sie in ihrem Verhalten wesentliche Unterschiede. Zunächst sind sie nicht optisch klar, sondern erscheinen im auffallenden Licht oder, wenn ein Lichtstrahl hineinfällt, opalisierend. Der Gefrierpunkt oder der Siedepunkt des Lösungsmittels erleidet kaum eine Veränderung, was bei echten Lösungen in erheblichem Maße der Fall ist. Schließlich diffundieren normal gelöste Stoffe durch tierische Membranen oder Pergamentpapier, wodurch Kolloide zurückgehalten werden. Infolge ihrer geringen Größe lassen sich die suspendierten Stoffpartikelchen, die ultramikroskopisch wahrnehmbar sind und Submikronen genannt werden, nicht direkt durch eine gewöhnliche Filtration von der Lösung trennen, sondern sie müssen zuvor ausgeflockt oder koaguliert werden. Die aus den kolloidalen Lösungen durch Koagulation ausgeschiedenen Niederschläge nennt man Gele. Wenn sie die Eigenschaft haben, mit dem Dispersionsmittel, aus dem sie abgeschieden wurden, aufs neue zusammengebracht wieder kolloidale Lösungen zu bilden, so bezeichnet man sie als reversibel, andernfalls als irreversibel. Die Koagulation erfolgt bei kolloidalen Lösungen anorganischer Stoffe in vielen Fällen schon durch Kochen, immer durch Zugabe von Elektrolyten, wobei die Wertigkeit der Ionen für die Koagulationsgeschwindigkeit ausschlaggebend ist, da die Ionen um so stärker wirken, je höher ihre Wertigkeit ist. Ebenso erfolgt Koagulation, wenn ein elektrischer Strom durch die kolloidale Lösung geleitet wird, da die Teilchen je nach ihrer Natur zur Anode oder Kathode wandern und dort ausgeflockt werden.

Mitunter nehmen die gelatinösen Hydroxydniederschläge beim Kochen eine kleisterähnliche Beschaffenheit an und verstopfen die Filterporen, so daß die Filtration nur sehr träge vonstatten geht. Dem Übelstand kann abgeholfen werden durch Zugabe von zerfasertem Filtrierpapier.

Ein Stück quantitatives Filtrierpapier wird in einem kleinen Erlenmeyer mit heißem Wasser heftig geschüttelt, bis das Papier völlig zu Brei geworden ist. Der Filterfaserbrei wird zu dem zu filtrierenden Niederschlag hinzugebracht und einmal damit aufgekocht. Die Fasern lagern sich dann zwischen die einzelnen Partikel des Niederschlags und lockern ihn auf.

Natriumcarbonat fällt aus Aluminiumsalzlösungen Aluminiumhydroxyd, da das Aluminiumcarbonat unbeständig ist und von Wasser unter Kohlendioxydentwicklung gespalten wird.

$$Al_2(SO_4)_3 + 3\,Na_2CO_3 = Al_2(CO_3)_3 + 3\,Na_2SO_4$$
$$Al_2(CO_3)_3 + 6\,H_2O = 2\,Al(OH)_3 + 3\,H_2O + 3\,CO_2\,.$$

Der Vorgang läßt sich auch so auffassen, daß die Sodalösung infolge hydrolytischer Spaltung Hydroxylionen enthält, die mit dem Aluminiumion sich vereinigen.

$$Na_2CO_3 + 2\,H_2O = H_2CO_3 + 3\,Na^{\cdot} + 2\,OH'$$
$$Al^{\cdots} + 3\,OH' = Al(OH)_3\,.$$

Bariumcarbonat verhält sich analog. Weil das Bariumcarbonat sehr wenig löslich ist, wird eine Aufschlämmung von festem Bariumcarbonat in Wasser verwendet. Da bei Verbrauch des anfänglich gelösten Bariumcarbonats neue Mengen des festen Stoffs in Lösung gehen, wird die Umsetzung schließlich doch vollständig.

Man fälle eine Lösung von Aluminiumchlorid mit Bariumcarbonat. Der Niederschlag besteht aus Aluminiumhydroxyd und überschüssigem Bariumcarbonat.

Schwefelammonium fällt Aluminiumionen nicht als Sulfid, sondern als Hydroxyd, da das Sulfid mit Wasser in ähnlicher Weise zerfällt wie das Carbonat.

$$Al_2S_3 + 6\,H_2O = 2\,Al(OH)_3 + 3\,H_2S\,.$$

Auf trockenem Wege läßt sich das Sulfid durch direkte Vereinigung der Komponenten darstellen.

1,8 g Aluminiumpulver werden mit 3,2 g Schwefelblumen innig gemischt und das Gemisch in einen kleinen Porzellantiegel eingefüllt. In das Gemisch wird ein Stückchen Magnesiumband eingesteckt und angezündet. Die Reaktion ist so lebhaft, daß mitunter der Tiegel durchgeschmolzen wird. Das gebildete Aluminiumsulfid übergieße man im

Reagensrohr mit Wasser. Es erfolgt stürmische Schwefelwasserstoffentwicklung.

Natriumacetat. Beständiger als Sulfid und Carbonat ist das Acetat des Aluminiums, $Al(C_2H_3O_2)_3$. Erst beim Erwärmen seiner verdünnten Lösung erfolgt die hydrolytische Spaltung, die zunächst ein basisches Acetat $Al(OH)(C_2H_3O_2)_2$ liefert, das noch löslich ist, dann ein schwerlösliches zweifach basisches Acetat $Al(OH)_2C_2H_3O_2$ und schließlich bei starker Verdünnung das Hydroxyd $Al(OH)_3$.

Man versetze eine verdünnte Aluminiumsalzlösung mit Natriumacetat und erwärme zum Sieden.

Besonders glatt erfolgt die Fällung mit Natriumacetat, wenn man nicht von neutralen, sondern von basischen Aluminiumsalzen ausgeht, weil dann sofort Gelegenheit zur Bildung des basischen Acetats gegeben ist. Basische Aluminiumsalze enthält man leicht, wenn in der Lösung des neutralen Salzes Aluminiumhydroxyd aufgelöst wird.

Zu einer Aluminiumchloridlösung gebe man tropfenweise Sodalösung. Jeder Tropfen bewirkt die Ausfällung einer kleinen Menge Aluminiumhydroxyd, das sich in dem überschüssigen Chlorid löst nach der Gleichung

$$2\,AlCl_3 + Al(OH)_3 = 3\,Al(OH)Cl_2.$$

Sobald der Hydroxydniederschlag bestehen bleibt, hört man mit dem Sodazusatz auf, bringt den Niederschlag durch 3 Tropfen Essigsäure in der Kälte wieder in Lösung, versetzt mit Natriumacetat, verdünnt und kocht. Der Niederschlag besteht aus Aluminiumhydroxyd und aus basischem Aluminiumacetat $Al(OH)_2C_2H_3O_2$, dessen Menge um so geringer ist, je verdünnter die Lösung war. Die Fällung ist vollständig, solange die Flüssigkeit heiß ist, beim Erkalten löst sich der Niederschlag zum Teil wieder auf.

Natriumphosphat fällt aus der Lösung eines Aluminiumsalzes neutrales Aluminiumphosphat, $AlPO_4$. Gleichung? Der Niederschlag werde auf zwei Reagensröhrchen verteilt und mit Säure und Natronlauge behandelt. In Mineralsäuren löst sich der Niederschlag, in Essigsäure ist er unlöslich. In Natronlauge löst er sich ebenfalls unter Bildung von Aluminat und Natriumphosphat. Gleichung? Aus der alkalischen Lösung fällt Chlorbariumlösung die Phosphorsäure als tertiäres Bariumphosphat, so daß sie auf diese Methode vom Aluminium getrennt werden kann.

Durch organische Verbindungen, die mehrere Hydroxylgruppen im Molekül haben, wie Weinsäure, Zucker, Zitronensäure, Glycerin, werden die Fällungen als Hydroxyd oder Phosphat verhindert. Das Aluminiumion tritt mit den organischen Substanzen zu einem Komplexion zusammen, auf das die angeführten Reagenzien nicht einwirken. Um bei Gegenwart solcher organischer Hydroxylverbindungen normale Fällungsreaktionen zu erhalten, ist es erforderlich, diese durch Glühen zu zerstören und den Glührückstand mit Säure aufzunehmen. Wenn durch zu heftiges Glühen das Aluminiumsalz in unlösliches Oxyd übergegangen ist, wird der Rückstand mit saurem schwefelsaurem Alkali aufgeschlossen.

Mit **Ferrocyankaliumlösung** geben Aluminiumsalzlösungen keinen Niederschlag.

Alizarinsulfosaures Natrium. Einige Tropfen einer verdünnten Aluminiumsalzlösung werden mit reinster, etwa normaler Natronlauge übersättigt. Zur alkalischen Lösung gibt man die gleiche Menge einer zehntel-prozentigen Lösung von alizarinsulfosaurem Natrium in Wasser und säuert dann mit einem kleinen Überschuß von Essigsäure an. Es entsteht je nach der Aluminiummenge ein roter Niederschlag oder eine rote Färbung. Da die Reaktion sehr empfindlich ist, empfiehlt es sich, eine blinde Probe zur Prüfung der Natronlauge anzustellen.

Trockene Reaktionen. Auf der Kohle vor dem Lötrohre geben Aluminiumsalze weißes unschmelzbares Aluminiumoxyd. Wird dieses mit verdünnter Kobaltnitratlösung befeuchtet und abermals geglüht, so entsteht eine blau gefärbte Masse, die als Thénards Blau bezeichnet wird.

Schöner als auf der Kohle erhält man die Reaktion auf der weißen Asche eines quantitativen Filters. Ein kleines quantitatives Filter wird mit der Lösung des Aluminiumsalzes, der man einige Tropfen Kobaltnitratlösung zugesetzt hat, getränkt und verascht. Es wird dazu entweder mit einer Tiegelzange gehalten oder zusammengefaltet und mit einem Platindraht umwickelt. Nach dem langsamen Verkohlen wird kräftig erhitzt, bis die Asche völlig weiß gebrannt ist, und auf ihr die Blaufärbung deutlich hervortritt. Die blau gefärbte Verbindung ist ein Kobaltaluminat, dem die Formel

$$\text{Al} \underset{O}{\overset{O}{<}} \quad \underset{O}{\overset{O}{>}} \text{Co} \quad \text{Al} \underset{O}{\overset{O}{<}}$$

zukommt. Bei beiden Ausführungsmethoden ist ein Überschuß von Kobaltnitrat zu vermeiden, da dieses Salz beim Glühen schwarzes Kobaltoxyduloxyd liefert, das die blaue Farbe verdecken kann.

Chrom.

Das Chrom zeigt in seinen Verbindungen wechselnde Valenz. Es existieren mehrere Salzreihen, die sich von verschiedenen Oxydationsstufen herleiten. Das Oxyd des zweiwertigen Chroms CrO ist unbekannt, das zugehörige Hydroxyd $Cr(OH)_2$ ist die Basis der Chrom(2)salze. Diese sind sehr wenig beständig und gehen leicht in die Salze des dreiwertigen Chroms über. Sie sind daher analytisch wenig interessant. Das Acetat und das Chlorür werden in der Gasanalyse in saurer Lösung als Absorptionsmittel für Sauerstoff benutzt.

Wichtiger sind die Chrom(3)salze, denen das Oxyd Cr_2O_3 und das Hydroxyd $Cr(OH)_3$ zugrunde liegt. Die festen Salze sind grün oder violett gefärbt, ihre Lösungen zeigen bei Zimmertemperatur blauviolette, beim Sieden grüne Farbe, eine Erscheinung, die auf der Bildung verschieden zusammengesetzter Komplexionen beruht. Das Chrom(3)sulfat bildet ebenso wie das Aluminiumsulfat Doppelsalze mit den Sulfaten der Alkalien und des Ammoniums, die man als Chromalaune bezeichnet.

Derivate des Oxydes CrO_3, des Chromsäureanhydrides, sind die gelb gefärbten Chromate. In ihnen ist das Chrom ein Bestandteil des Anions CrO_4''. Da dieses Anion nur in alkalischer Lösung beständig ist und in saurer Lösung entsprechend der Gleichung

$$2\,CrO_4'' + 2\,H^{\cdot} \rightleftharpoons Cr_2O_7'' + H_2O$$

in das Bichromation Cr_2O_7'' übergeht, so entstehen aus den Chromaten beim Ansäuern die rotgelben Bichromate, die aber die gleichen Reaktionen geben, da nach der obigen Gleichung in wässeriger Lösung stets ein Gleichgewicht zwischen den beiden Ionen besteht.

Ebenfalls sechswertig ist das Chrom in dem wenig beständigen Peroxyd, das

nach Schwarz[1] die Formel $\begin{array}{c} O \quad O \\ | \; \rangle Cr \langle \\ O \; \| \; O \\ O \end{array}$ hat, während es bisher als eine Überchrom-

säure von der Formel $\begin{array}{c} O \quad O \\ \rangle Cr \langle \\ O \quad O\!-\!OH \end{array}$ mit siebenwertigem Chrom aufgefaßt wurde.

Reaktionen der Chromiionen.

Natronlauge. Zu einer Lösung von Chromalaun $Cr_2(SO_4)_3 \cdot K_2SO_4 + 24\,H_2O$ gebe man tropfenweise Natronlauge. Es fällt ein Niederschlag von Chrom(3)hydroxyd $Cr(OH)_3$ aus. Gleichung?

Der Niederschlag werde auf zwei Reagensgläser verteilt und auf sein Verhalten gegen Säure und überschüssige Lauge untersucht. Starken Säuren gegenüber zeigt der Niederschlag basischen Charakter und löst sich unter Rückbildung von Chrom(3)salz. Natronlauge löst das Chromhydroxyd ebenfalls auf, da es starken Basen gegenüber sauren Charakter zeigt und mit ihnen Salze gibt, die Chromite heißen. Die Chromitlösungen enthalten neben den Ionen CrO_3''' und CrO_3H'' in überwiegendem Maße die Ionen CrO_3H_2', da das Chromhydroxyd nur sehr schwach sauer ist. Beim Kochen lassen Chromitlösungen infolge hydrolytischer Spaltung Chromhydroxyd ausfallen, das sich beim Erkalten nicht wieder auflöst. Gleichung?

Ammoniak fällt ebenfalls Chrom(3)hydroxyd aus Chrom(3)salzlösung. Gleichung? Das Hydroxyd ist nicht ganz unlöslich im Fällungsmittel, sondern gibt bei einem starken Überschuß des Fällungsmittels rötlich gefärbte Lösungen, die komplexe Chromamminverbindungen enthalten. Durch Erwärmen der Lösung bis zum Verschwinden des überschüssigen Ammoniaks läßt sich das Hydroxyd wieder abscheiden.

Beim Trocknen verliert das Hydroxyd zunächst 1 Molekül Wasser und gibt $Cr\!\!\begin{array}{c} O \\ OH \end{array}$. Bei stärkerem Erhitzen entsteht das Oxyd Cr_2O_3, das ebenso wie das Aluminiumoxyd durch starkes Glühen unlöslich in Säure wird und ebenso wie dieses aufgeschlossen werden kann.

Natriumcarbonat. Gegen Sodalösung zeigen die Chrom(3)salze das gleiche Verhalten wie die Aluminiumsalze. Der Niederschlag ist in der Kälte kohlensäurehaltig, geht aber in der Wärme in reines Hydroxyd über. Auch **Bariumcarbonat** fällt Chromhydroxyd aus den Lösungen der Chrom(3)salze, doch ist die Fällung oft nicht ganz vollständig. Gleichung?

Natriumacetat fällt neutrale Chrom(3)salzlösungen nicht, im Gegensatz zu den Aluminiumsalzen. Basische Salze (erhalten durch Zutropfen von Soda bis zum bleibenden Niederschlag in der beim Aluminium beschriebenen Weise) werden unvollständig gefällt. (Siehe auch bei Eisen S. 92.)

Ammoniumsulfid fällt Chromhydroxyd, da das Sulfid ebenso wie das des Aluminiums gegen Wasser nicht beständig ist. Gleichung?

---

[1] Ber. dtsch. chem. Ges. **65**, 871.

Organische Hydroxylverbindungen verhindern die Hydroxydfällungen ebenso wie bei den Aluminiumsalzen. Zur Erreichung normaler Fällungsbedingungen zerstört man die organischen Stoffe durch Glühen, nimmt mit Säure auf oder schließt das zurückbleibende Chromoxyd, wenn nötig, auf.

Trockene Reaktionen der Chrom(3)salze. Chrom(3)salze und auch andere Chromverbindungen färben die Boraxperle oder die Phosphorsalzperle sowohl im Oxydations- wie im Reduktionsfeuer smaragdgrün.

$$3\,Na_2B_4O_7 + Cr_2O_3 = 6\,NaBO_2 + 2\,Cr(BO_2)_3$$
$$3\,NaPO_3 + Cr_2O_3 = Na_3PO_4 + 2\,CrPO_4\,.$$

Chromschmelze. Eine zweite Reaktion, die noch charakteristischer ist, beruht auf der Oxydation der Chrom(3)verbindungen durch Soda und Salpeter im Schmelzfluß. Die Reaktion, bei der die Chrom(3)verbindungen zu Chromaten oxydiert werden nach der Gleichung:

$$Cr_2O_3 + 3\,NaNO_3 + 2\,Na_2CO_3 = 2\,Na_2CrO_4 + 3\,NaNO_2 + 2\,CO_2\,,$$

kann auch zur Aufschließung des durch Glühen unlöslich gewordenen Chromoxyds dienen.

Man schmelze auf einem Platinblech je eine Messerspitze calcinierter Soda und Salpeter zusammen, gebe zur Schmelze eine Spur Chromoxyd oder ein Körnchen Chrom(3)salz und erhitze abermals. Es entsteht eine intensiv gelbe Schmelze.

Chromate und Bichromate.

Chromate und Bichromate entstehen durch Oxydation der Chrom(3)-salze. Oxydation in alkalischer Lösung führt zu den Salzen der Chromsäure, den Chromaten.

Zu einer Chromalaunlösung gebe man so viel Natronlauge, daß sich der zuerst fallende Niederschlag von Chromhydroxyd wieder auflöst. Die Lösung verteile man auf zwei Reagensgläser, gebe zu dem einen Teil Bromwasser, zum anderen Wasserstoffsuperoxyd und erwärme zum Sieden. Es entstehen reingelb gefärbte Lösungen von Natriumchromat, entsprechend den Gleichungen:

$$2\,CrO_3''' + 3\,Br_2 + 4\,OH' = 6\,Br' + 3\,H_2O + 2\,CrO_4''$$
$$2\,Cr(ONa)_3 + 3\,Br_2 + 4\,NaOH = 6\,NaBr + 2\,H_2O + 2\,Na_2CrO_4$$
$$2\,CrO_3''' + 3\,H_2O_2 = 2\,CrO_4'' + 2\,H_2O + 2\,OH'$$
$$2\,Cr(ONa)_3 + 3\,H_2O_2 = 2\,NaOH + 2\,H_2O + 2\,Na_2CrO_4\,.$$

Werden die alkalischen Chromatlösungen mit verdünnter Schwefelsäure angesäuert, so schlägt die gelbe Farbe in Rotgelb um, und es entsteht, da die freie Chromsäure nicht beständig ist, sondern aus 2 Molekülen einmal Wasser abspaltet, die Pyrochromsäure, $H_2Cr_2O_7$, bzw. eines ihrer Salze. Die Oxydation der Chrom(3)verbindungen in saurer Lösung, die direkt zu der Pyrochromsäure und ihren Salzen führt, ist nur schwierig zu bewirken und erfordert die stärksten Oxydationsmittel, wie konzentrierte Salpetersäure und Kaliumchlorat.

*** Darstellung von Chromsäureanhydrid.** Aus der Pyrochromsäure kann durch einen Überschuß von konzentrierter Schwefelsäure ein weiteres Molekül Wasser abgespalten werden, so daß das Chromtrioxyd, das Anhydrid der Chromsäure, resultiert.

Man löst 20 g Natriumbichromat in 50 ccm Wasser und filtriert die Lösung in eine Porzellanschale. Unter Umrühren gießt man langsam etwa sechs- bis achtmal so viel konzentrierte Schwefelsäure hinzu, als theoretisch erforderlich ist. Aus der heißen Mischung krystallisiert beim Erkalten das Chromsäureanhydrid in kleinen roten Nädelchen aus. Die Krystalle werden auf einer Glasfilternutsche abgesaugt und auf Ton getrocknet.

Eine kleine Menge des trockenen Präparates werde im Reagensrohr erhitzt. Es geht alsbald in grünes Chromoxyd über.

Eine andere Probe presse man auf einem Stückchen Tonteller recht gut ab. Auf das völlig trockene Präparat gieße man aus einem Reagensglas (nicht aus der Vorratsflasche!) 1 ccm Alkohol oder Äther. Es erfolgt Oxydation unter Entflammung, und auf dem Tonteller bleibt grünes Chromoxyd zurück.

Bei den Fällungsreaktionen geben Chromate und Bichromate die gleichen Niederschläge von unlöslichen Chromaten.

Chlorbarium fällt aus neutralen Chromatlösungen gelbes Bariumchromat:

$$Ba^{\cdot\cdot} + CrO_4'' = BaCrO_4$$
$$BaCl_2 + Na_2CrO_4 = BaCrO_4 + 2\,NaCl\,.$$

Der Niederschlag ist löslich in Salzsäure und Salpetersäure, nicht aber in Essigsäure. Beim Zusammenbringen von Bichromatlösungen mit Bariumchlorid kann daher nur unvollständige Fällung eintreten, da bei der Reaktion Säure frei wird (vgl. S. 58).

$$2\,Ba^{\cdot\cdot} + Cr_2O_7'' + H_2O = 2\,BaCrO_4 + 2\,H^{\cdot}$$
$$2\,BaCl_2 + K_2Cr_2O_7 + H_2O = 2\,BaCrO_4 + 2\,KCl + 2\,HCl\,.$$

Mercuronitrat fällt aus den Lösungen beider Salzreihen Mercurochromat, unlöslich in verdünnter Salpetersäure. Beim Glühen geht der Niederschlag in Chromoxyd über, Salzsäure zerlegt ihn in Quecksilberchlorür und Pyrochromsäure. Gleichung?

Bleiacetat fällt Chromat- und Bichromationen als Bleichromat, $PbCrO_4$, unlöslich in Essigsäure und Salzsäure, löslich in Salpetersäure. Gleichung?

Silbernitrat fällt aus Chromatlösungen und Bichromatlösungen rotbraunes Silberchromat, Ag_2CrO_4, löslich in Salpetersäure und in Ammoniak. Silberbichromat, $Ag_2Cr_2O_7$, entsteht nur, wenn ein großer Überschuß von Kaliumbichromat mit Silbernitrat gefällt wird, unter besonderen Versuchsbedingungen[1].

Wasserstoffsuperoxyd. Eine sehr empfindliche und charakteristische Reaktion auf Chromate beruht auf der Bildung des Peroxydes CrO_5 mit Wasserstoffsuperoxyd in saurer Lösung.

Eine ganz verdünnte Lösung von Kaliumbichromat werde mit Schwefelsäure angesäuert und mit Äther überschichtet. Dann gebe man einige Tropfen Wasserstoffsuperoxyd zu und schüttele sofort kräftig durch. Das Chromperoxyd löst sich im Äther und färbt ihn tiefblau, während die wässerige Schicht durch das gleichzeitig entstandene Chrom(3)salz eine grüne Färbung annimmt.

---

[1] AUTENRIETH: Ber. dtsch. chem. Ges. **35**, 2057.

Während man bisher annahm, daß sich bei dieser Reaktion eine blaue Überchromsäure von der Formel $HCrO_5$ bilde, hat SCHWARZ[1] in neuester Zeit gezeigt, daß nach der Gleichung:

$$4\,CrO_3 + 8\,H_2O_2 = 4\,CrO_5 + 8\,H_2O$$

ein Peroxyd von der Formel $\begin{matrix} & O \\ O & \| & O \\ & >Cr< \\ O & & O \end{matrix}$ entsteht. Es ist unbeständig und zerfällt im Sinne der Gleichung:

$$4\,CrO_5 + 6\,H_2SO_4 = 2\,Cr_2(SO_4)_3 + 6\,H_2O + 7\,O_2\,.$$

Reduktion der Chromate.

Ebenso leicht wie Chrom(3)salze in Chromate übergehen, erfolgt auch der umgekehrte Vorgang, der Übergang von Chromat oder Bichromat zu Chrom(3)salz. Die Chromate und Bichromate sind daher kräftige Oxydationsmittel.

Zink. In eine mit Schwefelsäure angesäuerte Kaliumbichromatlösung werfe man ein Stück Zink ein. Unter Wasserstoffentwicklung löst sich das Zink, und die rotgelbe Farbe des Bichromats geht in Grün über.

$$K_2Cr_2O_7 + 7\,H_2SO_4 + 3\,Zn = 3\,ZnSO_4 + K_2SO_4 + Cr_2(SO_4)_3 + 7\,H_2O\,.$$

Schweflige Säure wird von Bichromatlösung zu Schwefelsäure oxydiert, und es entsteht grünes Chrom(3)salz.

$$K_2Cr_2O_7 + H_2SO_4 + 3\,H_2SO_3 = Cr_2(SO_4)_3 + K_2SO_4 + 4\,H_2O\,.$$

Alkohol. Eine mit Schwefelsäure angesäuerte Bichromatlösung werde mit 1 ccm Alkohol gekocht. Der Alkohol wird zu Aldehyd oxydiert, den man an seinem äpfelartigen Geruch erkennt, und aus dem Bichromat wird grünes Chrom(3)salz.

$$K_2Cr_2O_7 + 4\,H_2SO_4 + 3\,C_2H_5OH = K_2SO_4 + Cr_2(SO_4)_3 + 7\,H_2O + 3\,C_2H_4O\,.$$

Schwefelwasserstoff. Wird Schwefelwasserstoff in eine angesäuerte Lösung von Kaliumbichromat geleitet, so scheidet sich Schwefel aus, und die Lösung färbt sich grün:

$$K_2Cr_2O_7 + 3\,H_2S + 4\,H_2SO_4 = Cr_2(SO_4)_3 + K_2SO_4 + 7\,H_2O + 3\,S\,.$$

Leitet man Schwefelwasserstoff in eine alkalische Chromatlösung, oder versetzt man eine Chromatlösung mit Schwefelammonium, so wird das durch die Reduktion entstandene Chrom(3)salz als Hydroxyd gefällt.

Jodkalium. Zu einer angesäuerten Kaliumbichromatlösung gebe man einige Tropfen Jodkaliumlösung. Es scheidet sich Jod aus, das in sehr verdünnten Lösungen durch die Blaufärbung, die auf Zusatz von Stärkekleister entsteht, erkannt wird.

Die Reaktionsgleichungen für diese Oxydationen lassen sich am einfachsten entwickeln durch Zurückgehen auf die Anhydridformel der Chromsäure. Dann ist:

$$
\begin{aligned}
K_2Cr_2O_7 + H_2SO_4 \;&=\; K_2SO_4 + H_2Cr_2O_7 \\
H_2Cr_2O_7 \;&=\; H_2O + 2\,CrO_3 \\
2\,CrO_3 \;&=\; Cr_2O_3 + 3\,O \\
\underline{Cr_2O_3 + 3\,H_2SO_4 \;}&\underline{=\; Cr_2(SO_4)_3 + 3\,H_2O} \\
K_2Cr_2O_7 + 4\,H_2SO_4 \;&=\; K_2SO_4 + Cr_2(SO_4)_3 + 4\,H_2O + 3\,O\,.
\end{aligned}
$$

---

[1] Ber. dtsch. chem. Ges. **65,** 871.

Aus 1 Molekül Kaliumbichromat werden also 3 Atome Sauerstoff für Oxydationszwecke verfügbar. Die erste Reaktion, die Einwirkung von nascierendem Wasserstoff, würde sich daher folgendermaßen darstellen lassen:

$$3\,Zn + 3\,H_2SO_4 = 3\,ZnSO_4 + 6\,H$$
$$K_2Cr_2O_7 + 4\,H_2SO_4 + 6\,H = K_2SO_4 + Cr_2(SO_4)_3 + 7\,H_2O$$

oder zusammen $K_2Cr_2O_7 + 7\,H_2SO_4 + 3\,Zn = 3\,ZnSO_4 + K_2SO_4 + Cr_2(SO_4)_3 + 7\,H_2O$.

Drückt man die Oxydation durch Bichromat mit einer Ionengleichung aus, so ergibt sich die Formel:

$$Cr_2O_7'' + 14\,H^{\cdot} + 6(') = 2\,Cr^{\cdots} + 7\,H_2O\,.$$

d. h. der Übergang des Bichromations in Chromionen kann nur dann stattfinden, wenn bei dem zu oxydierenden Stoff durch Abgabe von Elektronen entweder eine positive Ladung entsteht oder erhöht wird, ferner wenn bei negativ geladenen Ionen durch Wegnahme der Elektronen die negative Ladung vermindert wird. Bei der oben formulierten Reaktion mit Zink und Schwefelsäure verlieren die drei Zinkatome je zwei Elektronen und werden dadurch, weil jetzt die Kernladung überwiegt, zu positiv geladenen Zinkionen.

$$Cr_2O_7'' + 14\,H^{\cdot} + 3\,Zn = 2\,Cr^{\cdots} + 7\,H_2O + 3\,Zn^{\cdot\cdot}\,.$$

Als Beispiel für die Verminderung der negativen Ladung eines Ions diene die Reaktion zwischen angesäuertem Bichromat und Jodkaliumlösung, bei der Jodausscheidung erfolgt.

$$Cr_2O_7'' + 14\,H^{\cdot} + 6\,J' = 2\,Cr^{\cdots} + 7\,H_2O + 3\,J_2\,.$$

Darstellung von Chromylchlorid.

* 5 g Kaliumbichromat und 5 g Kaliumchlorid werden innig zusammengerieben und fein gepulvert in eine kleine Retorte eingefüllt. Die Mischung wird mit 50 ccm konzentrierter Schwefelsäure übergossen und das Chromylchlorid auf dem Sandbade abdestilliert. Es ist eine dunkelrotbraune, an der Luft rauchende Flüssigkeit. Eine Probe des Destillats bringe man mit Natronlauge zusammen. Es entsteht eine gelbe Lösung von Natriumchromat.

Die Reaktion verläuft nach der Gleichung:

$$K_2Cr_2O_7 + 4\,KCl + 3\,H_2SO_4 = 3\,K_2SO_4 + 3\,H_2O + 2\ \overset{O}{\underset{O}{\diagup}}\!\!Cr\!\!\overset{Cl}{\underset{Cl}{\diagdown}}$$

Durch Natronlauge wird das Säurechlorid in das Salz der Säure und Natriumchlorid gespalten:

$$CrO_2Cl_2 + 4\,NaOH = 2\,NaCl + Na_2CrO_4 + 2\,H_2O\,.$$

B. Die Eisengruppe.

In diese Gruppe gehören die Elemente Kobalt, Nickel, Mangan, Eisen und Zink. Sie bilden Sulfide, die gegen Wasser beständig, in verdünnten Säuren aber löslich sind. Sie werden daher von Schwefelwasserstoff aus alkalischer Lösung als Sulfide gefällt.

Kobalt.

Die Salze des Kobalts leiten sich vorwiegend von dem Oxyd CoO, dem Kobaltoxyd, ab. Dreiwertig ist das Kobalt nur in Komplexverbindungen, die in dieser höheren Oxydationsstufe sehr beständig sind, während die Komplexsalze der Oxydulstufe nur geringe Beständigkeit besitzen. Die Lösungen der Kobaltsalze sind rot gefärbt; sie zeigen die Farbe des Ions, die wasserfreien Salze sind dagegen blau.

Eine Lösung von Kobaltchlorür werde mit konzentrierter Salzsäure versetzt. Sie färbt sich blau, weil durch die große Menge der Chlorionen, die die Salzsäure in Lösung bringt, die Dissoziation des Kobaltchlorürs zurückgedrängt wird, so daß die Farbe des nichtdissoziierten Salzes zum Vorschein kommt.

Kobaltiaksalze. Wird zu einer Lösung von Kobalt(2)salz Ammoniak in kleinen Mengen hinzugesetzt, so fällt zunächst ein blauer Niederschlag aus. Im Überschuß von Ammoniak löst sich der Niederschlag zu Kobaltoamminsalzen, die schon beim Stehen an der Luft, rascher beim Durchblasen eines Luftstromes zu Derivaten des dreiwertigen Kobalts sich oxydieren. Bei Gegenwart von Oxydationsmitteln, wie Wasserstoffsuperoxyd, entstehen die Komplexsalze des dreiwertigen Kobalts sofort.

Die Salze dieser Art sind Verbindungen höherer Ordnung, und zwar Komplexsalze mit komplexen Kationen, in denen im Gegensatz zu den Doppelsalzen nicht mehr alle Ionen, aus denen die Komponenten bestanden, nachweisbar sind. Sie gehören zu den Einlagerungsverbindungen und bilden sich dadurch, daß die Ammoniakmoleküle sich zwischen das Metallatom und den Säurerest der Verbindung erster Ordnung einschieben. Zur Erklärung des Baues solcher Verbindungen nimmt WERNER an, daß die Ammoniakmoleküle mit dem zentralen Kobaltion zu einem komplexen Kation zusammentreten

$$CoCl_3 + 6\,NH_3 = [Co(NH_3)_6]Cl_3\,.$$

Die Zahl der Ammoniakmoleküle, die in eine solche Verbindung eintreten, ist beschränkt durch die sog. Koordinationszahl, die meist 6 beträgt. Bei manchen Elementen ist sie 4, in einzelnen Fällen 8. Die Koordinationszahl braucht nicht in allen Fällen erreicht zu werden, es kann vielmehr die Zahl der Atomgruppen, die das Zentralatom umgeben, wohl hinter ihr zurückbleiben, es liegt dann eine koordinativ ungesättigte Verbindung vor, niemals darf sie sie aber überschreiten. Dabei besetzen mehrwertige Radikale oft so viel Koordinationsstellen, als ihrer Wertigkeit entspricht, während in anderen Fällen nur eine für sie übrigbleibt.

Atome oder Atomgruppen, die in dem komplexen Ion dem Zentralatom koordiniert sind, können ohne Zerstörung des Komplexes nicht nachgewiesen werden, während die außerhalb des Komplexes befindlichen ionogen gebunden sind und daher bei der Auflösung abdissoziieren. Darin liegt auch vielleicht die beste Unterscheidung zwischen den von WERNER angenommenen Haupt- und Nebenvalenzen. Die Hauptvalenzen werden gelöst durch den elektrischen Strom bei der Elektrolyse und gehorchen somit dem FARADAYschen Gesetz, während die Nebenvalenzen keine Angriffspunkte für den Ionenzerfall darstellen.

Ein Unterschied in der Bindekraft besteht nicht, vielmehr ist in manchen Komplexen die Nebenvalenzbindung fester als die Hauptvalenzbindung in einfachen Verbindungen erster Ordnung.

Neben diesen Einlagerungsverbindungen unterscheidet WERNER noch Anlagerungsverbindungen, die ein komplexes Anion haben und die durch Zusammentreten des Zentralatoms mit negativen Resten entstehen. Hierher gehören z. B. die schon früher erwähnten Komplexsalze $Na_2[PtCl_6]$ oder $K_3[Co(NO_2)_6]$. Hier sind die negativen Atome oder Atomgruppen dem Zentralatom koordiniert, während Kalium und Natrium ionogen gebunden sind.

Auch Wassermoleküle können an Stelle von Ammoniakmolekülen in den Komplex eintreten. So lassen sich in der Verbindung $[Cr(NH_3)_6]Cl_3$ in fast lückenloser Reihe — nur die Verbindung $\left[Cr\,{(OH_2)_5 \atop NH_3}\right]Cl_3$ fehlt — die NH_3-Gruppen durch H_2O ersetzen, so daß schließlich $[Cr(OH_2)_6]Cl_3$ entsteht, das graublaue Chromchlorid, in dessen wässeriger Lösung alle drei Chloratome mit Silberionen fällbar sind, während in den grünen Chloriden nur ein oder zwei Chloratome mit Silbersalzen niedergeschlagen werden können, so daß für sie die Formeln $[Cr(OH_2)_5Cl]Cl_2 + H_2O$ und $[Cr(OH_2)_4Cl_2]Cl + 2\,H_2O$ gelten.

*** Darstellung von Chloropentamminkobalt(3)chlorid**[1] $[Co(NH_3)_5Cl]Cl_2$.
20 g Kobaltcarbonat werden in möglichst wenig Salzsäure gelöst, und
die filtrierte Lösung wird in der Kälte mit 250 ccm etwa 10 proz. Ammoniaklösung und mit einer Lösung von 50 g Ammoniumcarbonat in
250 ccm Wasser zusammengegeben, worauf mit 90 ccm 3 proz. Wasserstoffsuperoxyds oxydiert wird. Darauf gibt man 150 g Ammoniumchlorid zu, dampft auf dem Wasserbade bis zur breiigen Konsistenz ein
und versetzt unter Umrühren so lange mit Salzsäure, bis sich kein Kohlendioxyd mehr entwickelt. Danach macht man wieder ammoniakalisch,
setzt dann noch 10 ccm konzentriertes Ammoniak zu, verdünnt mit
Wasser auf 400—500 ccm und erwärmt eine Stunde auf dem Wasserbade.
Werden nach dieser Zeit .300 ccm konzentrierte Salzsäure zugegeben,
so scheidet sich bei weiterem Erwärmen auf dem Wasserbade im Verlauf
einer Stunde das Chloropentamminkobalt(3)chlorid aus, das nach dem
Erkalten abgesaugt und mit verdünnter Salzsäure gewaschen wird.

Das so erhaltene Rohprodukt wird zur Reinigung mit 300 ccm 2 proz.
Ammoniaklösung übergossen. Der ungelöste Rückstand wird noch
zweimal mit je 50 ccm Ammoniaklösung von gleicher Konzentration
ausgezogen, und die beiden Auszüge werden mit der Hauptlösung vereinigt. Die Gesamtlösung wird dann auf dem Wasserbad erwärmt und
durch Zusatz von 300 ccm konzentrierter Salzsäure gefällt. Nach etwa
einstündigem Erwärmen auf dem Wasserbad ist die Ausscheidung des
reinen Salzes beendet. Es wird alsdann abgesaugt, zuerst mit verdünnter Salzsäure, darauf mit Alkohol gewaschen und dann getrocknet
und gewogen. Ausbeute 20—30 g.

Da das Nickel keine entsprechende Verbindung bildet, so können
über dieses Salz nickelfreie Kobaltpräparate dargestellt werden.

Bei der Oxydation einer stark ammoniakalischen Lösung von Hexammin-
kobalt(2)chlorid, wie sie beim Versetzen von Kobalt(2)chlorid mit Ammoniak entsteht, in Gegenwart von viel Ammoncarbonat, bilden sich nebeneinander: Car-
bonatotetramminkobalt(3)chlorid $[Co(NH_3)_4CO_3]Cl$, Aquopentamminkobalt(3)chlorid
$[Co(NH_3)_5H_2O]Cl_3$ und Oxykobaltamminchlorid $[Co_2O_2(NH_3)_{10}]Cl_4$, von denen das
letzte beim Erwärmen der stark ammoniumchloridhaltigen Lösung in Chloropentamminsalz oder in Aquopentamminchlorid übergeht.

Das Carbonatotetramminsalz gibt beim Ansäuern mit Salzsäure zunächst
Chloroaquotetramminkobalt(3)chlorid; beim darauffolgenden Erwärmen mit Ammoniak wird es ebenfalls in Aquopentamminkobalt(3)chlorid übergeführt. Durch
das Ansäuern und Erwärmen mit konzentrierter Salzsäure entsteht schließlich
aus dem Aquopentamminkobalt(3)chlorid das Chloropentamminkobalt(3)chlorid.

Bei der Reinigung wird das Chloropentamminsalz durch Auflösen in verdünntem
Ammoniak noch einmal in Aquopentamminsalz zurückverwandelt und durch Zusatz von Salzsäure in der Wärme wieder als Chloropentamminsalz ausgefällt. Beim
Fällen mit Salzsäure unter Kühlung wird das Aquopentamminkobalt(3)chlorid
erhalten.

*** Sulfat und Nitrat der Chloropentamminreihe**[2]. 5 g Chloropent-
amminchlorid werden mit 12 g konzentrierter Schwefelsäure in einer
Reibschale verrieben. Starke Entwicklung von Chlorwasserstoff. Das
Reaktionsprodukt wird in 40 ccm Wasser von 70° gelöst und die Lösung schnell filtriert. Aus dem Filtrat scheiden sich die Krystalle des

[1] SÖRENSEN: Z. anorg. Chem. 5, 369.
[2] JÖRGENSEN: J. prakt. Chem. (2) 18, 210.

sauren Sulfats ab, dem nach H. BILTZ und ALEFELD[1] die Formel $[Co(NH_3)_5Cl]_2(HSO_4)_2(SO_4)$ zukommt. Sie werden abgesaugt, mit absolutem Alkohol gewaschen und im Trockenschrank bei 90—100° getrocknet.

Aus der Mutterlauge fällt mit Alkohol ein feines, hellrotes Krystallpulver des gleichen Sulfates. Man löst es in wenig warmem Wasser, kühlt ab und versetzt mit so viel konzentrierter Salpetersäure, daß das Nitrat gefällt wird. Zur Reinigung kann man das Nitrat nach dem Absaugen noch einmal in Wasser lösen und mit konzentrierter Salpetersäure wieder ausfällen. Das Nitrat hat die Formel $[Co(NH_3)_5Cl](NO_3)_2$.

In der Lösung des Nitrates erzeugt Silbernitrat bei Zimmertemperatur keinen Niederschlag, erst beim Kochen trübt sich die Lösung. Die Lösung des Sulfates reagiert in der Kälte gleichfalls nicht mit Silbernitrat, dagegen fällt Bariumchloridlösung einen Niederschlag von Bariumsulfat daraus.

Reaktionen des Kobaltions.

Natronlauge fällt aus Kobaltnitratlösung zuerst einen blauen Niederschlag von basischem Nitrat, $Co(NO_3)OH$. Beim Erhitzen des Niederschlags mit mehr Natronlauge färbt er sich rot und wird Kobalt(2)hydroxyd $Co(OH)_2$. Wird das Hydroxyd getrocknet und an der Luft geglüht, so geht es in das schwarze Oxyduloxyd Co_3O_4 über, das das beständigste der Kobaltoxyde ist. Beim Stehen an der Luft nimmt der Niederschlag dunkle Farbe an unter Oxydation zu Kobalt(3)hydroxyd $Co(OH)_3$. Schneller erfolgt die Oxydation durch Zugabe von Oxydationsmitteln, wie Bromwasser oder Wasserstoffsuperoxyd.

Man versetze eine Kobaltnitratlösung mit Bromwasser und füge Natronlauge zu. Desgleichen mische man gleiche Teile Natronlauge und Wasserstoffsuperoxyd und gebe dazu die Kobaltnitratlösung. In beiden Fällen entsteht ein schwarzer Niederschlag von Kobalt(3)hydroxyd:

$$2\,Co^{\cdot\cdot} + 6\,OH' + Br_2 = 2\,Co(OH)_3 + 2\,Br'$$
$$2\,Co(NO_3)_2 + 4\,NaOH + H_2O_2 = 2\,Co(OH)_3 + 4\,NaNO_3.$$

Soda fällt aus Kobaltsalzlösung einen blauvioletten Niederschlag von basischen Carbonaten, deren Zusammensetzung mit den Fällungsbedingungen veränderlich ist.

$$2\,Co(NO_3)_2 + 2\,Na_2CO_3 + H_2O = Co_2(OH)_2CO_3 + 4\,NaNO_3 + CO_2$$
$$3\,Co(NO_3)_2 + 3\,Na_2CO_3 + H_2O = Co_3(OH)_2(CO_3)_2 + 6\,NaNO_3 + CO_2.$$

Bariumcarbonat setzt sich mit den Kobaltsalzen, abgesehen vom Sulfat, nicht um.

Natriumacetat fällt Kobaltsalze nicht.

Schwefelwasserstoff fällt aus den neutralen Lösungen der mineralsauren Kobaltsalze das Metall unvollständig als Kobalt(2)sulfid CoS. Aus saurer Lösung fällt Schwefelwasserstoff Kobaltsalze überhaupt nicht (selbst nicht aus der essigsauren Lösung des Acetats). Bei Gegenwart von reichlichen Mengen essigsauren Natriums erfolgt die Fällung. Ebenso fällt **Schwefelammonium** aus Kobaltsalzlösungen Kobaltsulfid, das in mäßig verdünnter (doppelt normaler) Salzsäure unlöslich ist.

---

[1] BILTZ, H., u. ALEFELD: Ber. dtsch. chem. Ges. **39**, 3372.

Die Erscheinung, daß trotz der Unlöslichkeit des Kobaltsulfids in verdünnter Salzsäure Schwefelwasserstoff aus salzsaurer Lösung keinen Niederschlag fällt, läßt sich vielleicht erklären durch die Annahme, daß der durch Schwefelammon gefällte Niederschlag bald nach der Fällung seine Eigenschaften ändert und säureunlöslich wird. Eine andere Erklärung geht von der Annahme aus, daß das Ausbleiben der Fällung nur auf einer starken Verzögerung der Reaktion beruhe, die durch die Gegenwart der freien Säure bewirkt wird.

Rhodankalium. 1 ccm Kobaltnitratlösung werde mit Rhodankaliumlösung versetzt. Die Lösung färbt sich dunkler rot. Wird das gleiche Volum Alkohol zugegeben, so färbt sich die Lösung blau. Zusatz von Wasser stellt die rote Färbung wieder her. Schüttelt man mit einem Alkohol, der sich mit Wasser nicht mischt, z. B. Amylalkohol, so färbt sich die Alkoholschicht intensiv blau. Empfindliche und charakteristische Reaktion.

Aus Kobaltsalz und Rhodaniden bilden sich komplexe Verbindungen von der Formel $[Co(CNS)_4]Me_2$, die in Alkohol mit blauer Farbe löslich sind.

$$Co\ddot{} + 4\,SCN' = Co(SCN)_4'' .$$

Die Ursache für die Farbenänderung ist nicht sicher aufgeklärt. Nach Auffassung von DONNAN und BASSET[1], sowie von JONES und UHLER[2] beruht sie auf der Bildung wenig hydrisierter oder anhydrisierter Kobaltsalze. Nach ROSENHEIM und MEYER[3] tritt die Blaufärbung durch Bildung undissoziierter Komplexverbindungen ein. Nach HANTZSCH[4] schließlich entstehen koordinativ ungesättigte Verbindungen mit dem Komplex $Co(CNS)_4''$, die blau gefärbt sind, während die rosa gefärbten Lösungen koordinativ gesättigte Komplexe enthalten.

Kaliumnitrit. Ebenfalls charakteristisch ist der Nachweis als Kaliumkobaltinitrit. Zu einer konzentrierten Kaliumnitritlösung oder zu einer konzentrierten Natriumnitritlösung, der einige Kubikzentimeter Kaliumchloridlösung zugesetzt sind, gibt man Kobaltsalzlösung und säuert mit Essigsäure an. Es entsteht alsbald, eventuell auf Reiben mit dem Glasstab, ein gelber Niederschlag.

Aus dem Nitrit wird durch Essigsäure die salpetrige Säure in Freiheit gesetzt, die das Kobaltoion zu Kobaltiion oxydiert unter Freiwerden von Stickoxyd

$$Co\ddot{} + NO_2' + 2\,H\dot{} = Co\dddot{} + H_2O + NO .$$

Das Kobaltiion bildet mit weiteren Nitritionen das komplexe Anion der Kobalthexanitrowasserstoffsäure, das sich mit den Kaliumionen zu einem unlöslichen Salz vereinigt.

$$[3\,K\dot{} + [Co(NO_2)_6]''' = K_3[Co(NO_2)_6] .$$

Cyankalium. Zu einer Kobaltsalzlösung gebe man tropfenweise so viel Cyankaliumlösung, daß sich der zuerst ausfallende Niederschlag eben gerade auflöst. Aus dieser Lösung fällt weder Natronlauge noch Schwefelwasserstoff einen Niederschlag, dagegen wird durch starke Säuren eine Fällung bewirkt.

Bei einer zweiten Probe gebe man nach Auflösung des Niederschlags in der Cyankaliumlösung noch einige Tropfen überschüssiges Cyankalium zu und koche die Lösung auf, am besten mit 3 Tropfen Wasserstoffsuperoxyd. Die anfangs braune Lösung färbt sich hell und wird durch Natronlauge und Bromwasser nicht gefällt.

---

[1] J. chem. Soc. London **81**, 944.   [2] Amer. chem. J. **37**, 129.
[3] Z. anorg. Chem. **49**, 28.   [4] Z. anorg. Chem. **73**, 309.

Der durch Cyankalium gefällte Niederschlag ist Kobalt(2)cyanid, das mit mehr Cyankalium Komplexsalze bildet:

$$Co^{..} + 2\,CN' = Co(CN)_2$$
$$Co(CN)_2 + 2\,CN' = [Co(CN)_4]''$$
$$Co(CN)_2 + 4\,CN' = [Co(CN)_6]''''.$$

Die beiden Komplexsalze sowohl $[Co(CN)_4]K_2$ als auch $[Co(CN)_6]K_4$ sind nicht sehr beständig und werden durch Säuren zerstört. Durch Oxydationsmittel — es genügt schon Kochen an der Luft — geht das zweiwertige Kobalt in dreiwertiges über, das mit dem Cyan einen sehr beständigen Komplex bildet, der sowohl von Säuren als auch von Brom und Natronlauge nicht zerlegt wird.

$$2\,[CO(CN)_6]'''' + H_2O + O = 2\,[Co(CN)_6]''' + 2\,OH'.$$

Thioglykolsäure-anilid[1]. Zu einem Kubikzentimeter einer verdünnten Kobaltsalzlösung gebe man je einen Kubikzentimeter Ammoniak und Chlorammoniumlösung, koche auf und setze eine 2 proz. Lösung von Thioglykolsäureanilid zu. Es entsteht eine braune Fällung, die bestehen bleibt, wenn nach abermaligem Aufkochen mit Salzsäure angesäuert wird. Mit dieser Reaktion kann das Kobalt neben allen Elementen der Schwefelammoniumgruppe nachgewiesen werden.

Trockene Reaktionen. Sowohl die Borax- wie die Phosphorsalzperle werden von Kobaltsalzen intensiv blau gefärbt. Sehr empfindliche und charakteristische Reaktion.

Am Kohlesodastäbchen geben Kobaltverbindungen Metallflitter, die mit dem Magneten isoliert werden können. Man streicht sie auf Filtrierpapier ab, löst in Salpetersäure, betupft mit Natronlauge und läßt Bromdampf aus der darübergehaltenen Bromwasserflasche daraufströmen. Schwarze Färbung von Kobalttrihydroxyd.

Nickel.

Die Salze des Nickels leiten sich zum größten Teil vom zweiwertigen Metall ab. Sie sind in wässeriger Lösung und krystallisiert grün gefärbt, im wasserfreien Zustand gelb. Auch die Komplexsalze sind Derivate des zweiwertigen Nickels und besitzen keine große Beständigkeit. Von den Verbindungen des dreiwertigen Nickels ist analytisch wichtig das Nickel(3)hydroxyd $Ni(OH)_3$, das beim Auflösen in Säure jedoch Nickel(2)salze liefert, ebenso wie das zugehörige Oxyd Ni_2O_3.

Reaktionen des Nickelions.

Natronlauge fällt aus den Lösungen der Nickel(2)salze hellgrünes Nickel(2)hydroxyd:

$$Ni^{..} + 2\,OH' = Ni(OH)_2.$$

Das Hydroxyd ist an der Luft unveränderlich, beim Trocknen und Glühen verliert es Wasser und geht in das Oxyd NiO über.

Durch Brom und Natronlauge wird der Niederschlag zu schwarzem Nickel(3)hydroxyd oxydiert:

$$2\,Ni(OH)_2 + Br_2 + 2\,OH' = 2\,Ni(OH)_3 + 2\,Br'.$$

Durch Wasserstoffsuperoxyd wird im Gegensatz zum Kobalt die Oxydation zu Trihydroxyd nicht bewirkt. Man gieße eine Nickel(2)salz-

---

[1] Z. anal. Chem. **85**, 428.

lösung in ein Gemisch von Natronlauge und Wasserstoffsuperoxyd; es wird das grüne Nickel(2)hydroxyd gefällt.

Ammoniak fällt aus Nickelsalzlösungen in Abwesenheit von Ammonsalzen und in geringen Mengen zugesetzt ein Gemisch von basischem Salz und Hydroxyd. Die Gegenwart von Ammonsalzen verhindert die Fällung durch Zurückdrängen der Dissoziation des Ammoniaks. Überschüssiges Ammoniak löst den Niederschlag wieder auf unter Bildung eines Komplexions von der Formel $Ni(NH_3)_4^{..}$. Die Komplexsalze des Nickels sind viel weniger beständig als die des Kobalts. Sie können durch Natronlauge schon in der Kälte zerlegt werden. Eine Oxydation des zweiwertigen Nickels in dem Komplexsalz zum dreiwertigen ist nicht möglich.

Natriumcarbonat gibt mit Nickelsalzlösungen hellgrünes basisches Carbonat, dessen Zusammensetzung mit den Fällungsbedingungen wechselt.

Durch **Bariumcarbonat** und **Natriumacetat** entsteht keine Fällung.

Schwefelwasserstoff fällt neutrale Nickelsalzlösungen unvollständig. Ebenso werden Nickelacetatlösungen unvollständig oder bei Gegenwart von viel Essigsäure gar nicht gefällt. Essigsaure Lösungen, die Natriumacetat in genügender Menge enthalten, werden vollständig gefällt. Dagegen fällt Schwefelwasserstoff in Gegenwart von Mineralsäuren Nickelsalze überhaupt nicht. In alkalischer Lösung, also durch **Schwefelammoniumlösung**, wird Nickel als Sulfid NiS niedergeschlagen. Das gefällte Sulfid ist ebenso wie die entsprechende Kobaltverbindung in verdünnter, etwa doppelt normaler Salzsäure nicht löslich.

Nach THIEL und GESSNER existieren drei Modifikationen von Nickelsulfid: α-, β-, γ-NiS. α-NiS ist leichtlöslich in Säure, β-NiS löst sich in kochender Salzsäure, γ-NiS erst unter Zugabe von Oxydationsmitteln. Unter den Versuchsbedingungen der analytischen Fällung entstehen alle drei Modifikationen nebeneinander in wechselndem Verhältnis. Die Löslichkeitsabnahme frisch gefällter Niederschläge in Berührung mit Luft beruht auf einer Oxydation des Sulfids zu schwerlöslichen Verbindungen, aus denen sich sekundär mit Schwefelwasserstoff oder Alkalisulfid β- bzw. γ-NiS bildet. Die Verschiedenheit der drei Modifikationen ist wahrscheinlich durch Annahme einer Polymerie zu erklären. Durch diese Annahme wird auch verständlich, daß das in Säure schwer lösliche β- und γ-NiS durch Schwefelwasserstoff aus saurer Lösung erst nach langer Zeit abgeschieden wird.

In überschüssigem Schwefelammonium geht das Nickelsulfid in kolloidaler Form mit brauner Farbe in Lösung. Durch Zusatz von Essigsäure und Aufkochen der Lösung kann es wieder ausgeflockt werden. Gegenwart von Chlorammonium bei der Fällung und Auswaschen des Niederschlags mit Chlorammoniumlösung wirken der Bildung einer kolloidalen Lösung ebenfalls entgegen.

Mit **Kaliumnitrit** erfolgt im Gegensatz zu den Kobaltionen beim Nickel keine Reaktion.

Cyankalium. Ebenso zeigen sich Unterschiede zwischen Kobalt und Nickelverbindungen im Verhalten gegen Cyankalium. Kleine Mengen von Cyankalium fällen aus Nickelsalzen ein Cyanid von der Formel $Ni(CN)_2$, das im Überschuß von Cyankalium zu dem Komplexsalz $[Ni(CN)_4]K_2$ gelöst wird. Ein weiterer Zusatz von Cyankalium bleibt wirkungslos, da ein dem Kobalt entsprechendes Komplexsalz mit sechs Cyankomplexen nicht gebildet wird. Das Komplexsalz $[Ni(CN)_4]K_2$ ist beständig gegen Natronlauge und Schwefelwasserstoff. Dagegen wird es zersetzt durch starke Säuren und durch Brom und Natronlauge:

$$[Ni(CN)_4]'' + 4\,H^{\cdot} = 4\,HCN + Ni^{\cdot\cdot}$$
$$2\,[Ni(CN)_4]'' + 6\,OH' + Br_2 = 2\,Ni(OH)_3 + 2\,Br' + 8\,CN'.$$

Zu einer Nickelsulfatlösung gebe man tropfenweise so viel Cyankaliumlösung, daß der ausfallende Niederschlag gerade wieder gelöst wird. Dann versetze man mit 1 ccm Natronlauge und halte über das Reagensrohr eine Flasche mit gesättigtem Bromwasser, daß die Bromdämpfe in das Reagensrohr hineinsinken. Sofort beginnt von der Oberfläche her die Ausscheidung von schwarzem Nickel(3)hydroxyd. Durch Zugabe von Bromwasser und mäßiges Erwärmen wird die Fällung vollständig. Charakteristische Reaktion zur Unterscheidung von Nickel und Kobalt! Bei einem großen Überschuß an Cyankalium bleibt die Abscheidung des Nickel(3)hydroxyds leicht aus. Man gebe in diesem Falle so lange Bromwasser oder reines Brom zu, bis die Lösung gelb geworden ist, übersättige dann mit Natronlauge und erwärme.

Eine sehr empfindliche und ebenfalls charakteristische Reaktion auf Nickel erhält man mit dem Nickelreagens von TSCHUGAEFF[1], dem **Dimethylglyoxim.**

Eine stark verdünnte Nickelsalzlösung wird mit überschüssigem Ammoniak versetzt bis zur Lösung des anfänglich entstandenen Niederschlags. Zu der Lösung wird eine Federmesserspitze festes Dimethylglyoxim gegeben, worauf zum Sieden erhitzt wird. Bei Gegenwart von Nickel bildet sich eine scharlachrot gefärbte, unlösliche Verbindung von Dimethylglyoximnickel, das als innere Komplexverbindung formuliert wird:

$$
\begin{array}{ccc}
& O \qquad\qquad O & \\
& \| \qquad\qquad \| & \\
CH_3-C = N & \qquad N = C-CH_3 \\
| \qquad\qquad & Ni & \qquad\qquad | \\
CH_3-C = NOH & HON & = C-CH_3.
\end{array}
$$

Die Reaktion ist so empfindlich, daß sie in Lösungen, die Nickel in der Verdünnung von 1 : 400000 enthalten, noch eintritt. Kleine Mengen von Kobaltsalz stören die Reaktion nicht. Größere Mengen können eine störende Braunfärbung hervorrufen. Man versetzt daher bei Gegenwart von viel Kobaltsalz mit einem großen Überschuß von Ammoniak und schüttelt die Lösung mehrmals um, so daß die Kobalt(2)ammonverbindungen in Kobaltiakverbindungen übergehen, die mit dem Dimethylglyoxim nicht mehr reagieren. Die Oxydation kann auch durch Zusatz einiger Tropfen Wasserstoffsuperoxyd bewirkt werden.

Als innere Komplexverbindungen bezeichnet man Verbindungen, in denen ein aus mehreren Atomen bestehendes Radikal zwei verschiedene Koordinationsstellen besetzt, so daß eines seiner Atome mit einer Hauptvalenz, das andere durch eine Nebenvalenz an das Zentralatom gebunden ist. In dem Dimethylglyoxim ist ein Wasserstoffatom durch Metall ersetzbar; das Nickel ist also mit einer Hauptvalenz an die NO-Gruppe gebunden. Die andere Oximgruppe kann sich aber mit Nebenvalenz, angedeutet durch die punktierte Linie, an das Metallatom binden, das das Wasserstoffatom ersetzt hat. Solche innere Komplexsalze sind oft sehr

---

[1] Ber. dtsch. chem. Ges. **38**, 2520.

wenig dissoziiert, zeigen daher geringe Leitfähigkeit. Sie sind häufig schwer löslich und lebhaft gefärbt.

Dicyandiamidin. Nicht so empfindlich, aber ebenfalls charakteristisch und zur Unterscheidung des Nickels von Kobalt geeignet ist die Reaktion der Nickelsalze mit Dicyandiamidin[1]. Das Reagens wird erhalten durch Kochen einer wässerigen Lösung von Dicyanamid mit einigen Tropfen Salzsäure. Das Dicyanamid nimmt bei dieser Reaktion Wasser auf und geht in das Dicyandiamidin über:

$$
\underset{\text{Dicyanamid.}}{\underset{\text{CN}}{\overset{\text{NH}_2}{\text{N}}} \diagdown \overset{\diagup}{\text{C}} = \text{NH}}
\quad + \text{H}_2\text{O} =
\underset{\text{Dicyandiamidin.}}{\text{C}=\text{NH}}
\quad \text{oder} \quad
\text{C}=\text{NH}
$$

Dicyanamid:
C = NH, mit NH₂ oben, und N(—H)(—CN) unten.
$$\text{Dicyanamid:}\quad \text{NH}_2\text{-C}(=\text{NH})\text{-N}\big\langle{}^{\text{H}}_{\text{CN}}$$

Dicyandiamidin:
$$\text{NH}_2\text{-C}(=\text{NH})\text{-N}\big\langle{}^{\text{H}}_{\text{C}(=\text{O})\text{NH}_2}\quad\text{oder}\quad \text{NH}_2\text{-C}(=\text{NH})\text{-N}=\text{C}\big\langle{}^{\text{OH}}_{\text{NH}_2}$$

Zu einer Nickelsalzlösung gebe man 2 ccm Chlorammoniumlösung und so viel von einer Dicyandiamidinlösung, daß auf ein Teil Nickel die 10—20fache Menge des Reagenses kommt. Dann übersättige man stark mit Ammoniak und versetze die blaue Lösung mit viel 10 proz. Kali- oder Natronlauge. Die blaue Farbe schlägt in Gelb um, und je nach der Menge des vorhandenen Nickels fällt sofort oder nach einigem Stehen ein krystallinischer Niederschlag von Nickeldicyandiamidin, $Ni(C_2H_5N_4O)_2 + 2\,H_2O$, der gleichfalls als inneres Komplexsalz formuliert wird:

$$
\text{N}\diagdown\overset{\overset{\text{NH}_2}{|}}{\underset{\underset{\text{NH}_2}{|}}{\overset{\text{C}=\text{NH}}{\text{C}\text{—O}}}}\diagdown\text{Ni}\diagup\overset{\overset{\text{NH}_2}{|}}{\underset{\underset{\text{NH}_2}{|}}{\overset{\text{HN}-\text{C}}{\text{O}\text{—C}}}}\diagup\text{N}
$$

Bei Gegenwart von Kobalt versetzt man die Lösung zuerst mit Chlorammonium und Ammoniak im Überschuß, gibt einige Kubikzentimeter Wasserstoffsuperoxyd zu und erwärmt gelinde zur völligen Oxydation, worauf durch Zusatz von Dicyandiamidinsalz und Natronlauge die Abscheidung des Nickels erfolgt.

Trockene Reaktionen. Nickelverbindungen färben in der Oxydationsflamme die Phosphorsalzperle heiß rötlichbraun, kalt rötlichgelb. Die Boraxperle zeigt beim Erhitzen in der Oxydationsflamme fast die gleiche Färbung; in der Reduktionsflamme wird besonders auf Zusatz von Zinnchlorür Nickel metallisch abgeschieden, das die Perle grau färbt.

Auf Kohle mit Soda vor dem Lötrohr oder besser am Kohlesodastäbchen liefern Nickelverbindungen metallisches Nickel, das beim Verreiben im Achatmörser glänzende Flitter gibt, die mit dem Magneten isoliert werden können. Sie werden auf Filtrierpapier gebracht, in Salpetersäure gelöst, mit Natronlauge betupft und mit Bromdampf behandelt. Es entsteht ein schwarzer Fleck durch das abgeschiedene Nickel(3)-hydroxyd.

---

[1] GROSSMANN u. SCHÜCK: Ber. dtsch. chem. Ges. **39**, 3356.

Mangan.

Vom zweiwertigen Mangan leiten sich ab das Manganoxydul, MnO, und die blaßrot gefärbten Mangan(2)salze, deren Lösung das Ion Mn·· enthält. Sie sind die beständigsten von den Salzen, in denen das Mangan als Kation auftritt. Die ihnen zugrunde liegende Base. $Mn(OH)_2$ zeigt geringere Beständigkeit und wird durch den Sauerstoff der Luft oxydiert.

Umgekehrt ist es bei den Mangan(3)salzen, den Derivaten des dreiwertigen Mangans. Hier ist die Base $Mn(OH)_3$ beständig, die Salze neigen zum Übergang in Mangan(2)salze.

Vierwertig ist das Mangan in dem Dioxyd MnO_2, das unter dem Namen Pyrolusit oder Braunstein als Mineral vorkommt. Beständige Salze mit Säuren werden von diesem Oxyd nicht gebildet, dagegen aber ein Hydrat, $MnO(OH)_2$, das schwach saure Eigenschaften hat und mit Metallen Salze gibt, die Manganite, die das Anion MnO_3'' enthalten.

Mit steigender Wertigkeit wächst die Neigung zur Bildung von Salzen, in denen das Mangan Bestandteil des Anions ist. So ist das Oxyd MnO_3 mit sechswertigem Mangan das theoretische Anhydrid einer sehr unbeständigen Säure, H_2MnO_4, der Mangansäure, deren Salze die grün gefärbten, ebenfalls wenig beständigen Manganate sind.

Siebenwertig schließlich ist das Mangan in dem wenig beständigen Übermangansäureanhydrid, Mn_2O_7, dessen Hydrat die Übermangansäure, $HMnO_4$, etwas weniger leicht zerfällt. Sie ist tief violettrot gefärbt, und die gleiche Farbe zeigen ihre Salze, die Permanganate, die recht beständig sind.

* **Aluminothermische Darstellung des Manganmetalls.** 320 g gepulverter Braunstein werden zur Überführung in Manganoxyduloxyd in einem hessischen Tiegel etwa eine Stunde in einem Gasofen geglüht. Nach dem Erkalten wird das Oxyd in der Reibschale zerrieben und mit 80 g Aluminiumpulver innig gemischt. In eine kleine Kiste, deren Boden 3 cm hoch mit Sand bedeckt ist, wird ein hessischer Tiegel gestellt und der Zwischenraum zwischen Tiegel und Kistenwand mit Sand ausgefüllt. (Wenn der Tiegel, in dem der Braunstein erhitzt wurde, unbeschädigt blieb, so kann er hierbei weiter benutzt werden.) In den Tiegel gibt man 10 g Flußspatpulver zur Erzielung einer leichtflüssigen Schlacke, sodann füllt man 100 g des Gemisches aus Manganoxyduloxyd und Aluminium ein. Darauf schüttet man eine dünne Schicht eines Zündgemisches, das aus 25 g Bariumsuperoxyd und 5 g Aluminiumpulver besteht. Dieses Gemisch läßt sich durch ein glimmendes Salpeterpapier entzünden. Das Salpeterpapier bereitet man durch Tränken von Filtrierpapier mit gesättigter Kalisalpeterlösung und nachheriges Trocknen. Da die Reaktion sehr lebhaft verläuft, stelle man den Tiegel so auf, daß durch herumsprühende Funken kein Schaden entstehen kann und schütze die Augen durch eine dunkle Brille. Die Reaktion wird in Gang gebracht durch Entzünden des freien Endes des Salpeterpapiers, das man lose in das Zündgemisch eindrückt. Sobald der ganze Tiegelinhalt brennt, trägt man portionsweise den ganzen Rest des Gemisches aus Manganoxyduloxyd und Aluminium ein, so daß die Reaktion immer lebhaft in Gang bleibt. Man achte dabei darauf, daß keine sprühenden Funken in das Vorratsgefäß fallen können. Wenn alles eingetragen ist, läßt man erkalten, zerschlägt den Tiegel, befreit den Manganregulus durch Abklopfen von der Schlacke und wägt ihn zur Berechnung der Ausbeute.

Die Darstellung des metallischen Mangans nach dem aluminothermischen Verfahren von GOLDSCHMIDT beruht darauf, daß Aluminium bei hohen Temperaturen den Oxyden vieler Metalle den Sauerstoff entzieht und sich infolge der hohen Verbindungswärme selbst damit zu Aluminiumoxyd verbindet. Die Reaktion, die in dem vorliegenden Falle nach der Gleichung

$$3\,Mn_3O_4 + 8\,Al = 9\,Mn + 4\,Al_2O_3$$

erfolgt, verläuft, wenn sie erst einmal eingeleitet ist, unter so enormer Wärmeabgabe, daß das Metalloxyd-Aluminiumgemisch von selbst weiterbrennt und das reduzierte Metall als Regulus ausgeschmolzen wird. Die zur Einleitung der Reaktion erforderliche hohe Temperatur wird erreicht durch das Abbrennen des Zündgemisches. Die Umsetzung zwischen dem Bariumsuperoxyd und dem Aluminium gibt namentlich durch den aus dem Bariumsuperoxyd abgegebenen Sauerstoff eine so hohe Temperatur, daß die Reaktion zwischen dem Manganoxyduloxyd und dem Aluminium beginnt. Die Verwendung des Manganoxyduloxyds ist erforderlich, weil der Braunstein, das Superoxyd, mit dem Aluminium explosionsartig reagieren würde.

Reaktionen der Mangan(2)salze.

Natronlauge. Ein Stückchen Manganmetall löse man in Salzsäure. Es löst sich unter Wasserstoffentwicklung zu Mangan(2)chlorid, $MnCl_2$. Zu der Lösung gebe man Natronlauge. Es fällt ein Niederschlag von Mangan(2)hydroxyd. Gleichung? Der Niederschlag sieht im ersten Moment weiß aus, färbt sich aber in Berührung mit der Luft rasch dunkel, was auf dem Übergang in Mangan(3)hydroxyd und der Bildung eines Mangan(2)manganits von der Formel

$$Mn \begin{array}{c} OH \\ O \\ O \end{array} \hspace{-0.5em} \bigg\rangle Mn \\ Mn \begin{array}{c} O \\ O \\ OH \end{array}$$

beruht. Säuren lösen den Niederschlag leicht auf. Beim Glühen geht er in das Manganoxyduloxyd, Mn_3O_4, die beständigste der Mangansauerstoffverbindungen, über.

Ammoniak fällt aus Mangan(2)salzlösungen, $Mn(OH)_2$. Bei Gegenwart von Ammonsalz unterbleibt die Fällung ganz, einerseits infolge der Verringerung der OH-Ionen durch Zurückdrängung der Dissoziation des Ammoniaks, andererseits durch die Verringerung der Manganionen durch Bildung von komplexen Ammonsalzen[1]. Bleibt die ammoniakalische Flüssigkeit aber einige Zeit an der Luft stehen, so erfolgt allmählich durch die Oxydationswirkung des Luftsauerstoffs die Abscheidung als Mangan(3)hydroxyd, Mangan(2)manganit und eventuell Mangansuperoxydhydrat. Durch Zusatz von Hydroxylaminsalz, das stark reduzierend wirkt, läßt sich diese Oxydation verhindern.

Man versetze in drei Reagensgläsern Mangan(2)salzlösung mit Ammoniak allein, ferner mit Chlorammonium und Ammoniak und schließlich mit Hydroxylaminchlorhydrat, Chlorammonium und Ammoniak und lasse die Gläser einige Zeit offenstehen.

Sodalösung fällt die Manganoionen als Mangan(2)carbonat, $MnCO_3$. Gleichung? Das Carbonat ist anfänglich weiß, färbt sich aber bald dunkel, da es unter Verlust von Kohlendioxyd in ähnlicher Weise durch den Luftsauerstoff oxydiert wird wie das Hydroxyd. Gleichung? **Barium-**

---

[1] Z. angew. Chem. **37**, 391.

carbonat fällt die Mangansalze, abgesehen von dem Sulfat, nur in der Wärme. In der Kälte findet keine Fällung statt.

Von **Natriumacetat** werden Mangan(2)salze nicht gefällt

Schwefelammonium fällt aus Mangan(2)salzlösungen fleischfarbenes Mangan(2)sulfid, MnS, das in verdünnten Säuren leicht löslich ist. Gleichung? Beim Kochen oder beim längeren Stehen mit einem Überschuß von Schwefelammonium verliert der Niederschlag die fleischrote Farbe und färbt sich schmutzig graugrün. Die Farbenänderung beruht vielleicht auf einem Verlust eines Teils des Krystallwassers, das der fleischfarbene Niederschlag enthält. Außerdem erleidet auch das Sulfid Oxydation durch den Luftsauerstoff, was an einer Braunfärbung des Niederschlags kenntlich wird. Gleichung? In saurer Lösung werden die Mangan(2)salze von Schwefelwasserstoff nicht gefällt.

Cyankalium fällt, wenn es tropfenweise zu Mangan(2)salzlösungen gebracht wird, ein graugrünes Cyanid von der Formel $Mn(CN)_2$, das sich in viel überschüssigem Cyankalium zu dem Komplexsalz $[Mn(CN)_6]K_4$ auflöst. Gleichung? Dieses zeigt keine große Beständigkeit, sondern wird schon durch Kochen in verdünnter Lösung oder durch Erwärmen mit Schwefelammonium zerstört unter Abscheidung von Mangan(2)-hydroxyd bzw. von Mangan(2)sulfid.

$$[Mn(CN)_6]K_4 + 2\,H_2O = 4\,KCN + 2\,HCN + Mn(OH)_2 \,.$$

Oxydation der Mangan(2)salze.

Bei der Oxydation der Mangan(2)verbindungen entstehen Mangan(3)-salze, Braunstein, Manganate oder Permanganate, je nachdem die Versuchsbedingungen gewählt werden.

Mangan(3)salze werden erhalten durch Kochen der Mangan(2)salze von nicht flüchtigen Säuren mit Salpetersäure. Durch Erhitzen von Mangan(2)chloridlösung mit Phosphorsäure und konzentrierter Salpetersäure entsteht z. B. das Mangan(3)phosphat. Die Salze sind nicht sehr beständig und wenig wichtig.

Braunstein wird abgeschieden bei der Oxydation in alkalischer Lösung.

Eine Lösung von Mangan(2)chlorid werde mit Bromwasser und Natronlauge oder mit Bromwasser und Sodalösung versetzt. Es entsteht ein brauner Niederschlag von Mangansuperoxydhydrat.

Eine andere Probe von Mangan(2)chloridlösung wird in ein Gemisch von gleichen Teilen Wasserstoffsuperoxyd und Natronlauge eingegossen. Es fällt ebenfalls ein Niederschlag von Mangansuperoxyd. Ammoniakalisches Wasserstoffsuperoxyd verhält sich analog.

$$Mn(OH)_2 + 2\,OH' + Br_2 = MnO(OH)_2 + 2\,Br' + H_2O \,.$$
$$Mn(OH)_2 + H_2O_2 = MnO(OH)_2 + H_2O \,.$$

Bei den Wasserstoffsuperoxydfällungen begünstigt gelindes Erwärmen die Fällung, die bei verdünnten Lösungen in der Kälte unvollständig bleiben kann. Bei der Fällung mit Bromwasser und Alkali kann durch Erwärmen die Oxydation weitergetrieben werden bis zur Bildung von Permanganat.

Oxydation zu Manganat. Durch Oxydation der Mangan(2)salze im Schmelzfluß mit Soda und Salpeter oder besser mit Soda und Kaliumchlorat entstehen die grün gefärbten Manganate.

In einem kleinen Tiegel oder besser auf einem Platinblech schmelze man etwas calcinierte Soda mit chlorsaurem Kalium zusammen, füge einige kleine Kryställchen Mangan(2)sulfat hinzu und erhitze noch kurze Zeit weiter. Es entsteht eine tiefgrüne Schmelze. Da die Farbe sehr intensiv ist und bei sehr kleinen Manganmengen noch auftritt, so dient die Manganschmelze als sehr empfindlicher Nachweis für Mangan. In Wasser löst sich die Schmelze mit grüner Farbe. Beim Stehen an der Luft, rascher beim Einleiten von Kohlendioxyd oder beim Ansäuern mit verdünnter Schwefelsäure, geht die grüne Farbe in eine rote über, und Flöckchen von Mangansuperoxydhydrat scheiden sich ab.

Durch den Sauerstoff aus dem Salpeter oder dem Kaliumchlorat wird das Mangansalz zu Manganat oxydiert:

$$MnO + Na_2CO_3 + 2\,KNO_3 = Na_2MnO_4 + 2\,KNO_2 + CO_2$$
$$3\,MnO + 3\,Na_2CO_3 + 2\,KClO_3 = 3\,Na_2MnO_4 + 2\,KCl + 3\,CO_2\,.$$

Die Farbenänderung beim Stehen oder beim Ansäuern der Manganatlösung beruht auf der Bildung von Permanganat. Das Manganat ist nur in alkalischer Lösung beständig. Wird das Alkali gebunden — beim Stehen an der Luft geschieht dies durch das in der Luft enthaltene Kohlendioxyd — so zersetzt sich ein Teil des Manganats in Braunstein und Sauerstoff. Durch diesen Sauerstoff wird ein anderer Teil des Manganats zu Permanganat oxydiert.

$$Na_2MnO_4 + 2\,H_2O = MnO(OH)_2 + 2\,NaOH + O$$
$$2\,Na_2MnO_4 + O + H_2O = 2\,NaMnO_4 + 2\,NaOH\,.$$

Zusammengefaßt

$$3\,Na_2MnO_4 + 3\,H_2O = 2\,NaMnO_4 + MnO(OH)_2 + 4\,NaOH\,.$$

Der Farbenumschlag bei der Überführung des Manganats in Permanganat tritt oft nicht ein, wenn man zur Schmelze Salpeter verwendet, wie vielfach angegeben wird, da das als Nebenprodukt entstandene Nitrit mit dem Permanganat reagiert. Es ist daher das Kaliumchlorat für diese Reaktion empfehlenswerter.

Oxydation zu Übermangansäure. Durch Oxydation in saurer Lösung kann ein direkter Übergang von Mangan(2)salz zu Übermangansäure erzielt werden.

Man übergieße im Reagensrohr etwas Bleisuperoxyd oder Mennige mit 2 ccm verdünnter Salpetersäure und setze 3 Tropfen konzentrierte Salpetersäure zu. Wird dann ein Tropfen einer verdünnten Mangan(2)-sulfatlösung zugegeben und vorsichtig gekocht, so erscheint nach dem Absitzen des überschüssigen Bleisuperoxyds die überstehende Flüssigkeit tiefviolett gefärbt.

Die Oxydation erfolgt nach der Gleichung:

$$2\,MnSO_4 + 5\,PbO_2 + 6\,HNO_3 = 2\,HMnO_4 + 2\,PbSO_4 + 3\,Pb(NO_3)_2 + 2\,H_2O\,.$$

Wird an Stelle von Bleisuperoxyd Mennige verwendet, so geht diese zuerst mit der Salpetersäure in Bleisuperoxyd über:

$$Pb_3O_4 + 4\,HNO_3 = 2\,H_2O + 2\,Pb(NO_3)_2 + PbO_2\,.$$

Die Reaktion ist außerordentlich empfindlich und zeigt noch die geringsten Mengen Mangan an. Da das Bleisuperoxyd und die Mennige mitunter durch Mangan verunreinigt sind, stelle man vor jedem Mangannachweis einen blinden Versuch an und vergleiche die eventuell erhaltene

Färbung mit der, die bei Ausführung der Reaktion mit der zu prüfenden Substanz entsteht. In Gegenwart größerer Mengen von Chloriden bleibt die Reaktion aus, da die Übermangansäure durch diese unter Chlorentwicklung zerstört wird, wenn nicht die Salzsäure durch längeres Kochen mit Salpetersäure und Mennige völlig als Chlor verflüchtigt wird. Auch bei Zugabe großer Mengen von Mangan(2)salz zu dem Oxydationsgemisch kann die Reaktion versagen, da dann das Oxydationsgemisch zur völligen Oxydation des Mangan(2)salzes nicht ausreicht, so daß die entstehende Übermangansäure durch den Rest des Mangan(2)salzes sofort wieder reduziert wird.

Oxydation mit Ammonpersulfat und Silbersalz[1]. In einem kleinen Porzellantiegel rühre man einen Tropfen einer stark verdünnten Mangansulfatlösung mit einem Tropfen konzentrierter Schwefelsäure und mit einem Tropfen $^1/_{10}$ proz. Silbernitratlösung zusammen. Dann trage man eine Messerspitze Ammoniumpersulfat ein und erwärme schwach. Es erfolgt Violettfärbung.

Ammoniumpersulfat allein oxydiert in saurer Lösung Mangan(2)salze in der Wärme nur bis zum Mangandioxydhydrat. Bei Gegenwart von Silbersalzen, die katalytisch wirken, geht die Oxydation jedoch bis zum Permanganat. Halogenide dürfen nicht oder nur in ganz geringen Mengen zugegen sein, weil sie sonst die katalytisch wirksamen Silberionen ausfällen.

Reduktion der Permanganate.

Da die Permanganate leicht unter Sauerstoffabgabe in Braunstein oder in Mangan(2)salz zurückverwandelt werden, sind sie gute Oxydationsmittel, die sowohl in saurer als auch in alkalischer Lösung verwendbar sind. In alkalischer Lösung erfolgt die Sauerstoffabgabe im Sinne des Schemas:

$$Mn_2O_7 = 2\,MnO_2 + 3\,O$$

unter Abscheidung von Braunstein.

In saurer Lösung dagegen wird mehr Sauerstoff abgegeben, da das Permanganat im Sinne des Schemas:

$$Mn_2O_7 = 2\,MnO + 5\,O$$

in Mangan(2)salz übergeht. Durch Zurückgehen auf diese Anhydridformeln lassen sich gerade wie beim Chrom alle Reaktionsgleichungen für die Oxydationen mit Permanganaten leicht entwickeln.

Wird die früher erörterte Definition, nach der die Oxydation als eine Vergrößerung der positiven Ladung aufgefaßt wird, auf die Permanganate angewendet, so ergibt sich für die Oxydationsreaktionen das Schema:

$$MnO_4' + 8\,H^{\boldsymbol{\cdot}} + 5(') = 4\,H_2O + Mn^{\boldsymbol{\cdot\cdot}},$$

welches besagt, daß der Übergang eines Permanganations in Manganoion nur unter den auf S. 75 beim Chrom erörterten Bedingungen erfolgen kann.

Schwefelwasserstoff. In eine mit Schwefelsäure angesäuerte Lösung von Kaliumpermanganat leite man Schwefelwasserstoffgas. Unter Entfärbung der Lösung wird der Schwefelwasserstoff zu Schwefel oxydiert.

$$2\,KMnO_4 + 3\,H_2SO_4 + 5\,H_2S = 2\,MnSO_4 + K_2SO_4 + 8\,H_2O + 5\,S\,.$$

Schweflige Säure. Eine Lösung von Schwefeldioxyd in Wasser geht durch Oxydation mit Kaliumpermanganat in Schwefelsäure über. Gleichung?

---

[1] Z. anal. Chem. **43**, 418.

Wasserstoffsuperoxyd zerfällt mit Kaliumpermanganat im Sinne der Gleichung:

$$2\,KMnO_4 + 3\,H_2SO_4 + 5\,H_2O_2 = 2\,MnSO_4 + K_2SO_4 + 8\,H_2O + 5\,O_2 \,.$$

Oxalsäure. Sehr leicht erfolgt die Oxydation organischer Substanzen durch Kaliumpermanganat. Eine Lösung von Oxalsäure werde mit Schwefelsäure angesäuert, auf 40—50⁰ erwärmt und mit Permanganat versetzt. Das Permanganat wird entfärbt, und die Oxalsäure wird zu Kohlendioxyd und Wasser oxydiert.

$$2\,KMnO_4 + 3\,H_2SO_4 + 5\,C_2O_4H_2 = 2\,MnSO_4 + K_2SO_4 + 8\,H_2O + 10\,CO_2 \,.$$

Alkohol. Eine Lösung von Kaliumpermanganat werde mit Natronlauge stark alkalisch gemacht, 1 ccm Alkohol zugesetzt und erwärmt. Es scheidet sich ein Niederschlag von Braunstein ab, und es tritt der charakteristische Aldehydgeruch auf.

$$2\,KMnO_4 + 3\,C_2H_5OH = 2\,KOH + 2\,MnO(OH)_2 + 3\,C_2H_4O \,.$$

Reduktion des Braunsteins.

Auch der Braunstein zeigt starke Oxydationswirkung, wenn er die Möglichkeit hat, unter Abgabe von Sauerstoff als Mangan(3)salz in Lösung zu gehen. In nicht oxydierbaren verdünnten Säuren ist er daher unlöslich, in Salzsäure löst er sich unter Chlorentwicklung. In verdünnter Salpetersäure oder Schwefelsäure löst er sich nur dann, wenn ein anderer Stoff zugegen ist, der durch den von ihm abgegebenen Sauerstoff oxydiert werden kann.

Man übergieße im Reagensglas eine Federmesserspitze voll Braunstein mit verdünnter Schwefelsäure und erwärme zum Sieden. Es erfolgt keine Lösung. Man werfe einige Krystalle fester Oxalsäure hinein. Unter Gasentwicklung findet die Auflösung des Braunsteins statt.

$$MnO_2 + H_2SO_4 = MnSO_4 + H_2O + O$$
$$C_2O_4H_2 + O = H_2O + 2\,CO_2 \,.$$

Statt der Oxalsäure gebe man etwas Wasserstoffsuperoxyd zu dem Gemisch. Die Lösung erfolgt im Sinne der Gleichung:

$$MnO_2{}' + H_2SO_4 = MnSO_4 + H_2O + O$$
$$\begin{matrix} OH \\ | \\ OH \end{matrix} + O = H_2O + O_2 \,.$$

Schwefeldioxyd löst Braunstein, der in Wasser aufgeschlämmt ist, und leichter noch frisch gefällten Braunstein beim Einleiten auf. Bei kleinen Mengen genügt schon die wässerige Lösung des Gases.

$$MnO_2 + SO_2 = MnSO_4 \,.$$

Meist findet noch eine zweite Reaktion statt, die zur Bildung von Mangandithionat führt:

$$MnO_2 + 2\,SO_2 = MnS_2O_6 \,.$$

Trockene Reaktionen der Manganverbindungen. Beim Erhitzen in der Borax- oder der Phosphorsalzperle entstehen die Mangan(3)salze der Metaborsäure und der Orthophosphorsäure. Die Perlen färben sich daher in der Oxydationsflamme bräunlichrot oder amethystrot. In der

Reduktionsflamme wird die Perle entfärbt, da die wenig oder gar nicht gefärbten Oxydulsalze sich bilden.

Ein weiterer wesentlich empfindlicherer und eindeutiger Nachweis auf trockenem Wege ist die auf Seite 87 besprochene Manganschmelze.

Eisen.

Das Metall ist leicht löslich in verdünnten Säuren. Mit nicht oxydierenden Säuren bildet es grün gefärbte Salze, die sich von dem Oxyd FeO ableiten und in Lösungen zweiwertige Ionen bilden, die Eisen(2)salze. Durch Oxydationsmittel gehen diese in die gelb gefärbten Eisen(3)salze über, denen das Oxyd Fe_2O_3 zugrunde liegt, und deren Lösungen dreiwertige Ionen enthalten. Vom sechswertigen Eisen leiten sich die Ferrate ab, die Salze einer im freien Zustand unbekannten Eisensäure, die selbst sehr unbeständig sind und für die Analyse nicht in Betracht kommen.

Darstellung von Eisen(2)sulfat.

In 100 ccm Wasser, die sich in einem Erlenmeyer-Kolben befinden, gieße man vorsichtig 15 g konzentrierte Schwefelsäure, erwärme auf einem Asbestdrahtnetze zum Sieden und trage allmählich etwas mehr als die berechnete Menge (etwa 10 g) Eisenspäne oder Nägel ein. Das Metall löst sich unter Wasserstoffentwicklung zu Eisen(2)sulfat, das durch die Wasserstoffatmosphäre vor der Oxydation durch den Luftsauerstoff geschützt wird. Wenn die Säure völlig verbraucht ist, was daran zu erkennen ist, daß auch beim Sieden keine Auflösung des Metalls mehr erfolgt, filtriert und dampft man zur Krystallisation ein.

Zu diesem Zweck berechnet man die Menge Eisenvitriol $(FeSO_4 + 7 H_2O)$, die aus den angewandten 15 g konzentrierter Schwefelsäure von 98% Gehalt entstehen kann. Darauf berechnet man die Menge Wasser, die dieses Eisenvitriolquantum bei Siedetemperatur zur Lösung braucht, wenn 1 g des Salzes bei dieser Temperatur 0,36 g Wasser erfordert, addiert dieses Gewicht zu dem des Eisenvitriols und erhält so das Gewicht der heiß gesättigten Lösung, auf das man eindampfen muß. Die Menge Eisenvitriol, die aus dieser Lösung theoretisch auskrystallisieren kann, läßt sich ebenfalls feststellen, wenn man berechnet, wieviel Eisenvitriol in dem Lösungswasser bei 20° gelöst bleibt, bei welcher Temperatur 1 g Eisenvitriol 1,21 g Wasser zur Lösung braucht, und diese Menge von der theoretisch berechneten Eisenvitriolmenge abzieht.

Das auskrystallisierte Produkt wird abfiltriert und auf einem Tonteller getrocknet, worauf man es in einem gut verschlossenen Gefäß aufbewahrt, um es vor Oxydation zu schützen. Eine Lösung des Salzes dient zur Ausführung der Reaktionen der Eisen(2)salze.

Reaktionen der Eisen(2)salze.

Natronlauge fällt aus der Eisen(2)salzlösung einen Niederschlag von Eisen(2)hydroxyd, $Fe(OH)_2$. Gleichung? Der Niederschlag ist im Augenblick der Fällung weiß, wenn das Eisen(2)salz nicht mit Eisen(3)salz verunreinigt war, und wenn die Fällung nach Möglichkeit unter Luftabschluß erfolgte. In Berührung mit der Luft färbt sich der Niederschlag vorübergehend grün, dann schwarz, was auf die Bildung von Eisen(2,3)-hydroxyd hindeutet, und schließlich rotbraun infolge der Oxydation zu

Eisen(3)hydroxyd Fe(OH)$_3$. Gleichung? In Säure ist der Niederschlag leicht löslich.

Ammoniak fällt Eisen(2)hydroxyd, aber nur unvollständig, und bei Gegenwart genügender Mengen Ammonsalz bleibt die Fällung aus. Durch die Bildung eines komplexen Amminferrosalzes wird nach E. WEITZ und W. MÜLLER[1] die Konzentration der Eisenionen und durch die Zurückdrängung der Dissoziation des Ammoniaks die Konzentration der Hydroxylionen so weit herabgesetzt, daß das Löslichkeitsprodukt des Eisen(2)hydroxyds nicht mehr erreicht wird. Bei längerer Berührung mit der Luft fällt aus den ammoniakalischen Lösungen ein Niederschlag von Eisen(3)hydroxyd, Fe(OH)$_3$, da diese Fällung durch Ammonsalze nicht beeinflußt wird.

Sodalösung schlägt aus Eisen(2)salzlösungen Eisen(2)carbonat, FeCO$_3$, nieder. Auch das Carbonat oxydiert sich an der Luft schließlich zu Eisen(3)hydroxyd. Gleichungen?

Bei Behandlung mit kohlensäurehaltigem Wasser geht das Eisen(2)carbonat in Lösung als saures Carbonat, Fe(HCO$_3$)$_2$, in welcher Form sich das Eisen in Mineralwässern gelöst findet. Die Abscheidung brauner Flocken aus solchen Wässern beim Stehen beruht darauf, daß das saure Carbonat unter Verlust von Kohlendioxyd in Eisen(3)hydroxyd übergeht.

Gegen **Bariumcarbonat** zeigen Eisen(2)salze die gleiche Reaktion wie die Mangan(2)salze. Nur das Sulfat wird umgesetzt, die Salze anderer Säuren in der Kälte nicht.

Ammoncarbonat fällt unvollständig und bei Gegenwart von Ammonsalz gar nicht.

Schwefelwasserstoff fällt Eisen(2)salzlösungen, die freie Mineralsäuren enthalten, nicht.

In der Kälte werden neutrale Salze starker Säuren nicht gefällt. Beim Verdünnen und Kochen der mit Schwefelwasserstoff gesättigten Lösung wird ein Teil des Eisens als Eisen(2)sulfid abgeschieden. Salze schwacher Säuren, z. B. Eisen(2)acetat, geben mit Schwefelwasserstoff Eisen(2)sulfid, das sich in viel Essigsäure wieder löst. Lösungen dieses Salzes, die freie Essigsäure in größerer Menge enthalten, werden nicht gefällt; wird aber durch Zusatz von Natriumacetat die Säurewirkung der Essigsäure herabgesetzt, so tritt die Fällung ein.

Ammoniumsulfid fällt schwarzes Eisen(2)sulfid, das leicht löslich ist, in verdünnter Salzsäure. An der Luft oxydiert es sich leicht zu Sulfat und zu Hydroxyd. Gleichung?

Oxydation von Eisen(2)salz zu Eisen(3)salz.

Eine Lösung von Eisenvitriol werde in der Wärme tropfenweise mit konzentrierter Salpetersäure versetzt. Die Lösung färbt sich vorübergehend dunkel, wird aber beim Kochen intensiv gelb.

Salpetersäure oxydiert ebenso wie andere Oxydationsmittel, Eisen(2)salze zu Eisen(3)salz. Sie wird dabei selbst zu Stickoxyd reduziert, das mit dem noch vorhandenen Eisen(2)salz eine braune Lösung des Salzes [Fe(NO)$_2$]SO$_4$ gibt, das durch Erwärmen zerstört wird.

Lösungen von Eisen(3)salzen, die freie Säure enthalten, zeigen die gelbe Farbe des Ferriions. Lösungen neutraler Eisen(3)salze in Wasser reagieren sauer und zeigen die rotbraune Farbe des Eisen(3)hydroxyds, da die Salze hydrolytisch gespalten sind

---

[1] Ber. dtsch. chem. Ges. **58**, 363.

(Eisen(3)chlorid in zehntelnormaler Lösung bei 25^0 zu 10 %) und das entstandene Eisen(3)hydroxyd sich in kolloidaler Lösung befindet. Wird die sauer reagierende Lösung des Salzes vorsichtig neutralisiert, so geht die Hydrolyse so weit, daß der weitaus größte Teil des Eisens in Eisenhydroxyd verwandelt wird. Unterwirft man die Lösung nun in einem Dialysierschlauch aus Pergamentpapier oder in einem Becherglas, dessen Boden abgesprengt und durch eine Pergamentmembran ersetzt worden ist, der Dialyse, so diffundieren die Elektrolyten heraus, und im Dialysator bleibt eine kolloidale Lösung von Eisenhydroxyd zurück. Gut verschlossen und kalt aufbewahrt ist sie lange haltbar. Beim Kochen oder durch Zusatz von Elektrolyten flockt sie aus.

Reaktionen der Eisen(3)salze.

Man prüfe die entstandene Eisen(3)sulfatlösung auf ihr Verhalten gegen **Natronlauge** und **Ammoniak**. Es wird braunes Eisen(3)hydroxyd gefällt. Gleichung? Die Fällung mit Ammoniak ist hier vollständig und unabhängig von der Gegenwart von Ammonsalzen, da das Eisen(3)-hydroxyd ein kleineres Löslichkeitsprodukt besitzt als das Eisen(2)-hydroxyd. Eisen(3)hydroxyd bildet sich auch durch direkte Oxydation des Eisens an feuchter Luft, ein Vorgang, der als Rosten des Eisens bezeichnet wird. Beim trockenen Erhitzen verliert es Wasser und geht in Eisenoxyd Fe_2O_3 über. In Säuren ist das Hydroxyd leicht löslich, das Oxyd löst sich, wenn nicht zu stark erhitzt, ebenfalls in Säure. Durch starkes Glühen wird es ebenso wie die Oxyde des Aluminiums und Chroms unlöslich in Säure und kann wie diese aufgeschlossen werden (vgl. S. 67, 71).

Organische Hydroxylverbindungen stören, wenn sie in großen Mengen zugegen sind, die Fällungen mit Natronlauge und Ammoniak, und zwar wird die Fällung mit Ammoniak stärker beeinflußt, da aus Lösungen, die Ammoniak nicht mehr zu fällen vermag, Natronlauge beim Sieden noch Hydroxyd ausfällt.

Sodalösung fällt in der Kälte unter Kohlendioxydentwicklung Eisen(3)-hydroxyd, dem geringe Mengen basisches Carbonat beigemengt sind. In der Hitze besteht der Niederschlag lediglich aus Eisen(3)hydroxyd, da das schwächer basische Eisen(3)hydroxyd kein beständiges Carbonat mehr zu bilden vermag. Gleichung?

Bariumcarbonat fällt die Eisen(3)salze aller Säuren schon in der Kälte als Hydroxyd analog den Aluminium- und Chrom(3)salzen und im Gegensatz zu den Mangansalzen.

Natriumacetat gibt mit Eisen(3)salzen bei gewöhnlicher Temperatur eine tiefrote Färbung. Aus der roten Lösung wird beim Kochen alles Eisen als rotbrauner Niederschlag abgeschieden.

Nach Untersuchungen von R. Weinland wird die tiefrote Farbe nicht durch die Bildung eines Eisen(3)acetats, sondern durch das Entstehen eines Hexa-acetato-triferri-ions hervorgerufen, das als Kation ein leichtlösliches Acetat bilden kann:

$$3\,Fe^{\cdots} + 9\,C_2H_3O_2' + 2\,H_2O = \left[Fe_3 \begin{array}{l}(C_2H_3O_2)_6\\(OH)_2\end{array}\right]^{\cdot} + C_2H_3O_2' + 2\,C_2H_4O_2\,.$$

Die Fällung erfolgt dann durch die Zersetzung dieses Acetats beim Kochen mit Wasser:

$$\left[Fe_3 \begin{array}{l}(C_2H_3O_2)_6\\(OH)_2\end{array}\right]C_2H_3O_2 + 3\,H_2O = \left[Fe_3 \begin{array}{l}C_2H_3O_2\\(OH)_2\\O_3\end{array}\right] + 6\,C_2H_4O_2\,.$$

Ähnliche Komplexsalze bilden sich auch bei der Einwirkung von Natrium-acetat auf Chromisalze. Die Beständigkeit des Hexa-acetato-trichromi-komplexes

$\left[\mathrm{Cr_3}\dfrac{(C_2H_3O_2)_6}{(OH)_2}\right]^{\cdot}$ hindert aber die Zersetzung durch Wasser, so daß die Fällung hier nicht eintritt. Bei gleichzeitiger Anwesenheit von Chrom und Eisen entstehen Kationen von der Zusammensetzung $\left[\mathrm{FeCr_2}\dfrac{(C_2H_3O_2)_6}{(OH)_2}\right]^{\cdot}$ und $\left[\mathrm{Fe_2Cr}\dfrac{(C_2H_3O_2)_6}{(OH)_2}\right]$, die beim Kochen zerfallen, so daß bei Gegenwart von Eisen das Chrom durch Natriumacetat mitgefällt wird.

Auch für die Fällung des Aluminiums mit Natriumacetat kann die Bildung ähnlicher Komplexsalze möglicherweise in Betracht kommen.

Natriumphosphat fällt aus Eisen(3)salzlösungen Eisen(3)phosphat, $FePO_4$, leicht löslich in Mineralsäuren, unlöslich in Essigsäure. Gleichung?

Die Reaktion kann benutzt werden, um Phosphorsäure von den Erdalkalien und Magnesium zu trennen. Man gibt zu der neutralen oder schwach essigsauren Lösung der Phosphate tropfenweise Eisenchloridlösung, bis kein Eisen(3)phosphat mehr fällt oder die Lösung sich eben tiefrot färbt. Dann gibt man einen Überschuß an Natriumacetatlösung zu, kocht und filtriert sofort. Das überschüssige Eisen(3)chlorid wird dann mit dem Eisen(3)phosphat zusammen ausgefällt, und das Filtrat ist frei von Eisen und Phosphorsäure.

Ein sehr empfindliches und charakteristisches Reagens auf Ferriionen, das auf Eisen(2)salz nicht wirkt, ist das **Rhodanion.**

Eine sehr verdünnte Lösung von Eisen(3)salz werde mit Rhodankaliumlösung versetzt; es entsteht eine blutrote Färbung, die auf der Bildung des wenig dissoziierten Eisen(3)hodanids, $Fe(SCN)_3$, beruht.

Die Reaktion tritt nicht ein bei Gegenwart essigsaurer, weinsaurer und oxalsaurer Salze, sowie bei Anwesenheit von Quecksilber(2)salzen. Letztere bilden mit Rhodanionen Komplexionen, erstere mit den Ferriionen, wodurch entweder die Ferriionen oder die Rhodanionen aus der Lösung verschwinden, so daß kein Eisen(3)rhodanid mehr entstehen kann. Zu der blutroten Lösung von Eisen(3)rhodanid gebe man einige Tropfen Natriumacetatlösung oder einige Tropfen Quecksilberchloridlösung. Die Rotfärbung verschwindet. Schüttelt man die rote Eisen(3)rhodanidös ung mit Äther, so löst sich das Eisen(3)rhodanid im Äther und färbt hn rot, ebenfalls ein Beweis dafür, daß es nicht dissoziiert ist.

Reduktion von Eisen(3)salz zu Eisen(2)salz.

Reduktionsmittel führen die Eisen(3)verbindungen in Eisen(2)verbindungen über. Die Reaktion erfolgt so leicht, daß Eisen(3)salze als Oxydationsmittel dienen können, da im Sinne der allgemeinen Gleichung

$$\mathrm{Fe^{\cdots}} + (') = \mathrm{Fe^{\cdot\cdot}}$$

das dreiwertige Eisenion durch Aufnahme eines Elektrons einen Teil seiner Ladung ausgleicht, wodurch bei dem zu oxydierenden Stoff, der das Elektron hergibt, die positive Ladung erhöht oder die negative verringert wird.

In eine mit Salzsäure angesäuerte Eisen(3)chloridlösung werfe man ein Stückchen Zink. Eine andere Probe versetze man mit Zinnchlorürlösung. In beiden Fällen wird die gelbe Lösung infolge des Übergangs des Eisen(3)salzes in Eisen(2)salz, je nach der Konzentration der Lösung, fast farblos bis blaßgrün.

Der aus der Säure und Zink, Eisen oder Aluminium gelieferte nascierende Wasserstoff reduziert das Eisensalz, indem er ein Elektron abgibt. Ebenso verhält sich das Zinnchlorür, aus dem Zinnchlorid wird.

$$2\,\mathrm{Fe^{\cdots}} + \mathrm{Sn^{\cdot\cdot}} = 2\,\mathrm{Fe^{\cdot\cdot}} + \mathrm{Sn^{\cdots\cdots}}$$

Zwei weitere Proben der Eisen(3)chloridlösung versetze man mit Schwefelwasserstoffwasser und mit Schwefelammonium. Schwefelwasserstoff wird in saurer Lösung zu Schwefel oxydiert:

$$2\,\mathrm{FeCl_3} + \mathrm{H_2S} = 2\,\mathrm{HCl} + 2\,\mathrm{FeCl_2} + \mathrm{S}\,.$$

In ammoniakalischer Lösung wird gleichzeitig Eisen(2)sulfid gefällt.

Zu einer angesäuerten Jodkaliumlösung gebe man einige Tropfen Eisen(3)chloridlösung. Es scheidet sich Jod aus.

$$2\,\mathrm{Fe}^{\cdots} + 2\,\mathrm{J}' = 2\,\mathrm{Fe}^{\cdot\cdot} + \mathrm{J_2}\,.$$

Jodwasserstoff wird von Eisen(3)salzen zu Jod oxydiert, indem die negativen Ladungen der Jodionen weggenommen werden.

Komplexe Cyanverbindungen des Eisens.

Das Eisen bildet sowohl in der Oxydul- als auch in der Oxydstufe Cyanverbindungen, deren Lösungen Komplexionen von außerordentlich großer Beständigkeit aufweisen, und die den komplexen Kobaltverbindungen analog gebaut sind. Dem Eisen sind sechs Cyanionen koordiniert, so daß je nachdem ein Ferro- oder ein Ferriion in zentraler Stellung sich befindet, entweder das vierwertige Anion der Ferrocyanwasserstoffsäure oder das dreiwertige der Ferricyanwasserstoffsäure entsteht.

Zu einer Lösung von Eisen(2)sulfat gebe man Cyankaliumlösung. Es entsteht zunächst ein Niederschlag von Eisen(2)cyanid

$$\mathrm{Fe}^{\cdot\cdot} + 2\,\mathrm{CN}' = \mathrm{Fe(CN)_2}\,.$$

Ein weiterer Zusatz von Cyankalium löst den Niederschlag wieder auf, besonders beim Erwärmen:

$$\mathrm{Fe(CN)_2} + 4\,\mathrm{CN}' = \mathrm{Fe(CN)_6}''''\,.$$

Es ist das Salz Kaliumeisen(2)cyanid (Ferrocyankalium), $[\mathrm{Fe(CN)_6}]\mathrm{K_4} + 3\,\mathrm{H_2O}$, entstanden, und die Lösung enthält jetzt keine Eisenionen mehr, sondern Eisencyanionen. Es ist in ihr also auch das Eisen durch die früher erwähnten Reagenzien, wie Natronlauge, Ammoniak, Schwefelammon nicht mehr nachweisbar. Bleibt in dem überschüssigen Cyankalium ein geringer Rest von Niederschlag ungelöst, so rührt dies von einer Verunreinigung des Eisen(2)sulfats mit Eisen(3)salz her.

Aus dem Kalium-eisen(2)cyanid läßt sich durch Oxydation das Kalium-eisen(3)cyanid (Ferricyankalium), $[\mathrm{Fe(CN)_6}]\mathrm{K_3}$, erhalten. Als Oxydationsmittel wird zweckmäßig Chlor oder Brom in wässeriger Lösung verwendet.

$$2\,\mathrm{K_4[Fe(CN)_6]} + \mathrm{Br_2} = 2\,\mathrm{KBr} + 2\,[\mathrm{Fe(CN)_6}]\mathrm{K_3}\,.$$

Nach der früher gegebenen allgemeineren Definition der Oxydationsvorgänge wirkt das Brom dadurch oxydierend, daß es dem Ferrocyanion eine negative Ladung entzieht, indem es selbst in den Ionenzustand übergeht:

$$2\,[\mathrm{Fe(CN)_6}]'''' + \mathrm{Br_2} = 2\,[\mathrm{Fe(CN)_6}]''' + 2\,\mathrm{Br}'\,.$$

Umgekehrt kann Kalium-eisen(3)cyanid als Oxydationsmittel wirken, wobei es selbst zu Kalium-eisen(2)cyanid reduziert wird. So macht Kalium-eisen(3)cyanid aus angesäuerter Jodkaliumlösung Jod frei, indem das Ion $\mathrm{Fe(CN)_6}'''$ eine negative Ladung aufnimmt:

$$2\,[\mathrm{Fe(CN)_6}]''' + 2\,\mathrm{J}' = 2\,[\mathrm{Fe(CN)_6}]'''' + \mathrm{J_2}\,.$$

Die freien Säuren, die den beiden Salzen zugrunde liegen, sind ebenfalls bekannt. Die Eisen(3)cyanwasserstoffsäure ist nicht sehr beständig im Gegensatz zu der

Eisen(2)cyanwasserstoffsäure, die aus den mit Äther versetzten Lösungen ihrer Salze durch konzentrierte Salzsäure leicht in Form ihrer Äther-additionsverbindung ausgefällt wird.

Ebenso wie mit den Alkalien bilden die beiden Säuren mit zahlreichen anderen Metallen Salze, die zum Teil schwer löslich sind. Auch das Eisen selbst vermag sowohl mit der Eisen(3)cyanwasserstoffsäure wie mit der Eisen(2)cyanwasserstoffsäure zu Salzen zusammenzutreten. Sie entstehen durch völligen oder teilweisen Ersatz des Kaliums durch Eisen, wenn Eisen(3)- oder Eisen(2)salze mit Kalium-eisen(2)cyanid oder Kalium-eisen(3)cyanid in Lösung zusammengebracht werden.

Man bringe eine Lösung von Eisen(3)chlorid mit Kalium-eisen(2)-cyanidlösung zusammen. Es entsteht ein tiefblauer Niederschlag, das Berlinerblau.

$$3\,[\mathrm{Fe(CN)_6}]'''' + 4\,\mathrm{Fe}^{\cdots} = \mathrm{Fe_4}^{\mathrm{III}}[\mathrm{Fe}^{\mathrm{II}}(\mathrm{CN})_6]_3 \, .$$

Die Reaktion ist sehr empfindlich und gestattet noch Spuren von Eisen(3)salz nachzuweisen. Bei starker Verdünnung entsteht nur eine Blaufärbung.

Zu einer Probe der Fällung gebe man Natronlauge. Es erfolgt Entfärbung. Zusatz von Säure stellt die blaue Farbe wieder her.

Natronlauge zerlegt den Niederschlag nach der Gleichung:

$$\mathrm{Fe_4[Fe(CN)_6]_3} + 12\,\mathrm{NaOH} = 4\,\mathrm{Fe(OH)_3} + 3\,\mathrm{Na_4[Fe(CN)_6]}$$

in Eisen(3)hydroxyd und das Natrium-eisen(2)cyanid. Säure löst das Eisen(3)-hydroxyd wieder zu Eisen(3)salz, das nun wieder mit dem Natrium-eisen(2)cyanid von neuem Berlinerblau bildet.

Man tropfe eine Eisen(3)chloridlösung langsam in eine Kalium-eisen(2)-cyanidlösung ein. Es entsteht ein in Wasser in kolloidaler Form lösliches, durch Salzzusatz ausflockbares, blaues Salz, das lösliche Berlinerblau, von der Formel:

$$\mathrm{KFe}^{\mathrm{III}}[\mathrm{Fe}^{\mathrm{II}}(\mathrm{CN})_6] \, .$$

Zu einer Lösung von Eisen(2)sulfat werde eine Lösung von Kalium-eisen(3)cyanid gegeben. Es bildet sich auch hier ein tiefblauer Niederschlag. Turnbullsblau.

Die Fällung erfolgt nach der Gleichung:

$$3\,\mathrm{Fe}^{\cdots} + 2\,[\mathrm{Fe(CN)_6}]''' = \mathrm{Fe_3^{II}[Fe^{III}(CN)_6]_2} \, .$$

Gleichzeitig wird aber auch das Eisen(2)sulfat durch das Kalium-eisen(3)cyanid oxydiert:

$$\mathrm{Fe}^{\cdots} + 2\,[\mathrm{Fe}^{\mathrm{III}}(\mathrm{CN})_6]''' = \mathrm{Fe}^{\cdots} + [\mathrm{Fe}^{\mathrm{II}}(\mathrm{CN})_6]'''' \, ,$$

so daß sich Berlinerblau bilden kann. Es ist daher in dem Niederschlag von Turnbullsblau stets auch Berlinerblau enthalten. Beide Niederschläge, sowohl das Berlinerblau als auch das Turnbullsblau, sind nicht genau so zusammengesetzt, wie sie oben formuliert wurden. Sie enthalten stets noch Kalium und binden wechselnde Mengen Wasser.

Man versetze eine Lösung von Eisen(2)sulfat mit Kalium-eisen(2)-cyanidlösung. Es fällt ein Niederschlag, der im ersten Moment weiß ist, sich aber rasch blau färbt.

Eisen(2)salze geben mit Kaliumeisen(2)cyanid ein Gemisch von Kalium-ferro-hexa-cyano-ferroat, $\mathrm{K_2Fe}^{\mathrm{II}}[\mathrm{Fe}^{\mathrm{II}}(\mathrm{CN})_6]$ und Ferro-hexa-cyano-ferroat $\mathrm{Fe}^{\mathrm{II}}[\mathrm{Fe}^{\mathrm{II}}(\mathrm{CN})_6]$. Die Blaufärbung beruht darauf, daß der Niederschlag sich ganz oder teilweise oxydiert, wobei Berlinerblau entsteht.

Man gebe zu einer Lösung von Eisen(3)chlorid eine Lösung von Kalium-eisen(3)cyanid. Wenn das Eisen(3)chlorid völlig frei war von Oxydulsalz, tritt eine Braunfärbung auf. Zusatz eines Reduktionsmittels, wie schweflige Säure oder Zinnchlorür, bewirkt sofort intensive Blaufärbung.

Eisen(3)salze und Kalium-eisen(3)cyanid geben die Verbindung $Fe^{III}[Fe^{III}(CN)_6]$, die löslich ist. Reduktionsmittel führen das Eisen(3)salz in Eisen(2)salz über, das mit dem Kalium-eisen(3)cyanid in Reaktion tritt. Die Mischung ist daher ein empfindliches Reagens auf Reduktionsmittel.

Der analytische Nachweis des Eisens in den Eisencyanverbindungen wird erst möglich, wenn das Komplexion zerstört ist. Die Zerstörung kann entweder durch Glühen oder durch Abrauchen mit konzentrierter Schwefelsäure bewirkt werden. Beim Glühen zerfällt z. B. das Kalium-eisen(2)cyanid im Sinne der Gleichung:

$$[Fe(CN)_6]K_4 = 4\,KCN + FeC_2 + N_2 \,.$$

Beim Abrauchen mit konzentrierter Schwefelsäure tritt der Zerfall ein nach der Gleichung:

$$K_4[Fe(CN)_6] + 6\,H_2SO_4 + 6\,H_2O = FeSO_4 + 2\,K_2SO_4 + 3\,(NH_4)_2SO_4 + 6\,CO \,.$$

Beim Erhitzen mit verdünnter Schwefelsäure erfolgt nur eine teilweise Zerstörung der Eisen(2)cyanverbindung unter Entwicklung von Cyanwasserstoff, und es hinterbleibt der sog. Blausäurerückstand $K_4Fe_2[Fe(CN)_6]_2$

$$4\,K_4[Fe(CN)_6] + 12\,H_2SO_4 = 12\,KHSO_4 + 12\,HCN + K_4Fe_2[Fe(CN)_6]_2 \,.$$

Trockene Reaktionen der Eisenverbindungen.

In der Phosphorsalzperle werden Eisenverbindungen gelöst im Sinne der Gleichung:

$$NaPO_3 + FeSO_4 = FeNaPO_4 + SO_3 \,.$$

Die Färbung der Perle ist im Oxydationsfeuer und in der Reduktionsflamme annähernd gleich. Die Perle erscheint heiß braun bis gelb und kalt gelb bis farblos, je nach der Menge der aufgelösten Eisenverbindung.

In der Boraxperle erfolgt die Reaktion nach der Gleichung:

$$Na_2B_4O_7 + FeSO_4 = 2\,NaBO_2 + Fe(BO_2)_2 + SO_3 \,.$$

Die Perle ist in der Oxydationsflamme braun bis gelb, in der Reduktionsflamme braungrün bis gelbgrün.

Reaktion am Kohlesodastäbchen. Nach der auf S. 35 gegebenen Vorschrift stelle man ein Kohlesodastäbchen her, bringe etwas Eisenvitriol mit Soda gemischt daran und erhitze in der Reduktionsflamme. Nach dem Abkühlen im dunkeln Flammenraum wird die Spitze des Stäbchens abgebrochen und in der Achatschale gepulvert. Nach der Gleichung:

$$FeSO_4 + 5\,C + Na_2CO_3 = Na_2S + 5\,CO + CO_2 + Fe$$

wird die Eisenverbindung bis zum Metall reduziert. Durch Behandeln mit Wasser wird das Natriumsulfid und die überschüssige Soda gelöst. Das Eisen, das in feinen Flittern am Boden der Reibschale liegt, wird mit einem Magneten auf ein Stück quantitatives (eisenfreies) Filtrierpapier abgestrichen, mit Salzsäure zur Lösung betupft. Sodann wird mit dem Glasstab ein Tropfen Kalium-eisen(3)cyanidlösung zugegeben. Es erfolgt eine starke Blaufärbung.

Zink.

Das metallische Zink löst sich in Säuren unter Bildung von Salzen, die sich von dem Oxyd ZnO ableiten, und deren wässerige Lösungen das zweiwertige Zinkion enthalten. Die Reaktionen, die die Auflösung des Zinks begleiten, sind abhängig von der Konzentration der verwendeten Säure.

Man übergieße in 2 Reagensgläsern je ein Stück Zink mit konzentrierter Salpetersäure und mit konzentrierter Schwefelsäure.

Bei der Einwirkung der konzentrierten Salpetersäure entstehen die Stickoxyde, die konzentrierte Schwefelsäure wird reduziert zu Schwefeldioxyd, Schwefel und Schwefelwasserstoff.

Ein anderes Stück Zink werde mit Salpetersäure übergossen, die so stark verdünnt ist, daß keine Gasentwicklung erfolgt. Im Laufe einer halben Stunde löst sich ein Teil des Zinks, und die Salpetersäure wird zu Ammoniak reduziert, das mit der überschüssigen Säure Ammonnitrat bildet.

In verdünnter Schwefelsäure löst sich Zink unter Wasserstoffentwicklung zu Zinksulfat, und zwar erfolgt die Reaktion am besten, wenn das Zink nicht ganz rein ist.

Ein Stück chemisch reines Zink werde im Reagensrohr mit verdünnter Schwefelsäure übergossen. Es erfolgt keine oder nur eine ganz geringfügige Gasentwicklung. Berührt man das Zinkstückchen mit einem Platindraht, so erfolgt sofort eine Gasentwicklung, die aber vom Platindraht ausgeht. Ebenso wird die Gasentwicklung sofort lebhaft, wenn einige Tropfen Kupfersalzlösung oder Bleisalzlösung zugesetzt werden.

Bei der Auflösung entlädt das in den Ionenzustand übergehende metallische Zink die Wasserstoffionen, so daß der Wasserstoff in den Gaszustand versetzt wird. Der Übergang des Wasserstoffs in den Gaszustand erfolgt aber an der Oberfläche des Zinks schwerer als an anderen Metallen, eine Erscheinung, die auch auftritt, wenn bei der Elektrolyse einer verdünnten Säure eine Kathode aus Zink verwendet wird, da in diesem Falle zum Hervorrufen der Wasserstoffentwicklung eine höhere Spannung erforderlich ist, als bei einer Kathode aus anderem Metall (Überspannung). Wird das Zink mit einem anderen Metall berührt, so erfolgt die Bildung des Zinkions und der Austritt des Wasserstoffs an verschiedenen Stellen, und gleichzeitig geht ein elektrischer Strom durch die Metalle und durch die Säure. Beim Zusatz von Kupfer oder Bleisalzlösung zu der zur Wasserstoffentwicklung verwendeten Säure wird das betreffende Metall auf dem Zink abgeschieden und so eine Berührung des Zinks mit dem anderen Metall herbeigeführt.

Reaktionen des Zinkions.

Man verwende eine Lösung des früher dargestellten Zinksulfats.

Natronlauge fällt, in geringen Mengen zugesetzt, weißes Zinkhydroxyd $Zn(OH)_2$. Der Niederschlag löst sich sowohl in Säuren als auch im Überschuß der Lauge, da er ähnlich wie das Aluminiumhydroxyd amphoteren Charakter besitzt. Durch Säuren erfolgt die Lösung im Sinne der Gleichung:

$$Zn(OH)_2 = Zn^{\cdot\cdot} + 2\,OH',$$

wobei die Wasserstoffionen der Säure die Hydroxylionen zum Verschwinden bringen. In Laugen tritt die Lösung ein nach der Gleichung:

$$Zn(OH)_2 = ZnO_2'' + 2\,H^{\cdot},$$

weil hier die Hydroxylionen der Base die Wasserstoffionen unschädlich machen. Im letzten Falle entstehen die Zinkate, Verbindungen, die auch direkt durch Einwirkung starker Laugen auf metallisches Zink gebildet werden unter Entwicklung von Wasserstoff.

Im Reagensglase übergieße man Zinkstaub mit etwa 30 proz. Natronlauge. Es erfolgt, namentlich bei mäßiger Wärme, lebhafte Wasserstoffentwicklung, und Zink geht in Lösung.

$$Zn + 2\,OH' = ZnO_2'' + H_2$$
$$Zn + 2\,NaOH = Zn(ONa)_2 + H_2\,.$$

Die Zinkate sind Salze des Zinkhydroxyds, das starken Basen gegenüber das Verhalten einer schwachen Säure zeigt. Als Salze einer solchen schwachen Säure werden die Zinkate leicht hydrolytisch gespalten, namentlich beim Kochen ihrer Lösungen, da die Hydrolyse mit der Temperatur zunimmt.

Man versetze eine Zinksulfatlösung mit so viel Natronlauge, daß der Zinkhydroxydniederschlag gerade gelöst wird, verdünne mit etwas Wasser und erhitze zum Sieden. Es fällt Zinkhydroxyd aus, das sich beim Erkalten durch Rückgang der Hydrolyse wieder auflöst.

Ammoniak fällt ebenfalls zunächst weißes Zinkhydroxyd, das sich im Überschuß von Ammoniak wieder löst, da sich Komplexverbindungen mit dem Ion $Zn(NH_3)_4^{..}$ bilden. Außerdem findet ähnlich wie bei der Fällung der Magnesiumsalze durch Ammoniak eine Zurückdrängung der Dissoziation des Ammoniumhydroxyds statt durch die Ammoniumionen des gleichzeitig entstehenden Ammoniumsalzes, wodurch die Reaktion zum Stillstand gebracht wird. In derselben Weise erklärt sich auch die Verhinderung der Ammoniakfällung und die Auflösung des Zinkhydroxydniederschlags durch Ammonsalze. Die Fällung unterbleibt, weil infolge der Zurückdrängung der Ammoniakdissoziation zu wenig Hydroxylionen vorhanden sind, die Auflösung erfolgt, weil durch Vereinigung der Ammoniumionen aus dem Salz mit den Hydroxylionen von dem gelösten Anteil des Niederschlags das Gleichgewicht zwischen Niederschlag und Lösung gestört wird.

Sodalösung fällt die Lösungen der Zinksalze vollständig. Gleichung? Der Niederschlag wird je nach den Fällungsbedingungen mehr oder weniger hydrolytisch gespalten, so daß basische Carbonate entstehen, denen die Formeln $Zn_2(OH)_2CO_3$ und $Zn_3(OH)_2(CO_3)_2$ zuerteilt werden. Gegenwart von Ammoniak oder Ammonsalz hindert die Fällung in der Kälte durch Komplexsalzbildung. Beim Kochen wird das Ammoniak ausgetrieben, und die Abscheidung findet statt.

Bariumcarbonat setzt sich nur mit Zinksulfat um, und **Natriumacetat** fällt Zinksalze überhaupt nicht.

Ferrocyankalium fällt einen weißen, in Salzsäure unlöslichen gallertigen Niederschlag, das Zinksalz der Ferrocyanwasserstoffsäure $Zn_2Fe(CN_6)$. Gleichung?

Schwefelwasserstoff fällt aus neutralen Lösungen von Salzen des Zinks mit Mineralsäuren weißes Schwefelzink, ZnS, das bei Zusatz freier Mineralsäure wieder in Lösung geht. Da bei der Reaktion im Sinne der Gleichung

$$ZnSO_4 + H_2S = ZnS + H_2SO_4$$

Säure frei wird, so bleibt die Fällung unvollständig. Lösungen, die freie Mineralsäure enthalten, werden von Schwefelwasserstoff überhaupt nicht gefällt. Wird der mineralsauren Lösung viel Natriumacetat zugesetzt (am besten in fester Form), so tritt die Fällung durch Schwefelwasserstoff ein, da der Dissoziationsgrad der Säure dann auf

den der Essigsäure zurückgedrängt wird, der namentlich in Gegenwart
von Natriumacetat so gering ist, daß er die Fällung nicht beeinträchtigt.

Schwefelammonium schlägt aus Zinksalzlösungen alles Zink als Zinksulfid nieder.

Die Fällung wird begünstigt durch die Gegenwart von Chlorammonium. Zinksulfid läuft, wenn es kalt gefällt ist und mit reinem Wasser ausgewaschen wird,
infolge seines kolloidalen Charakters leicht durch das Filter. Man fällt es daher
am besten aus heißer Lösung unter Zusatz von viel Chlorammonium und wäscht
mit einer essigsäurehaltigen Lösung von Ammonacetat aus.

Cyankalium fällt aus Lösungen der Zinksalze zunächst weißes Zink-
cyanid, $Zn(CN)_2$. In einem Überschuß von Cyankaliumlösung löst sich
der Niederschlag auf und bildet das Komplexsalz $[Zn(CN)_4]K_2$, das beständig ist gegen Ammoniak, Natronlauge, Schwefelwasserstoff und
Schwefelammonium, sogar beim Verdünnen und Erwärmen. Versetzt
man aber eine Lösung dieses Salzes mit Natronlauge und leitet Schwefelwasserstoff ein, oder kocht man die natronalkalische Lösung mit Schwefelammonium bis zum Verschwinden des Ammoniakgeruchs, so wird das
Komplexsalz zerstört und das Zink als Zinksulfid gefällt. Die Reaktion
kann benutzt werden, um das Zink neben den sämtlichen Metallen der
Schwefelammoniumgruppe nachzuweisen.

Aus den im Laboratorium vorrätigen Lösungen stelle man unter
Verwendung je 1 ccm ein Gemisch her, das die Elemente Kobalt, Nickel,
Eisen, Mangan, Aluminium, Chrom und Zink enthält.

3 ccm dieser Lösung versetze man mit Cyankalium im Überschuß
und gebe verdünnte Natronlauge zu. Beim Kochen fallen Mangan und
Chrom und evtl. etwas Eisen (wenn als Ferrisalz zugegen) heraus. Der
Niederschlag wird abfiltriert, und das klare Filtrat wird mit Schwefelammonium versetzt und gekocht bis zum Verschwinden des Geruchs
nach Ammoniak. Das Zink fällt dann als weißer Niederschlag aus.

Dithizon (Diphenylthiocarbazon, $C:S(N:N \cdot C_6H_5)(NH \cdot NH \cdot C_6H_5)$) gibt mit
Zinksalzen eine intensive Farbreaktion. In einem kleinen Reagensrohr schüttele
man einen Tropfen einer verdünnten, neutralen oder schwach essigsauren Zink-
salzlösung mit einigen Tropfen einer Lösung von etwa zwei Milligramm Dithizon in
100 ccm Tetrachlorkohlenstoff. Die grüne Farbe der Reagenslösung schlägt in
Purpurrot um infolge der Bildung eines inneren Komplexsalzes.

Trockene Reaktionen. *Rinmanns Grün.* Die Reaktion wird am besten
in der beim Aluminium beschriebenen Weise ausgeführt. Ein Stück
quantitatives Filtrierpapier wird zuerst mit der Zinklösung, dann mit
verdünnter Kobaltnitratlösung getränkt und verascht. Die Asche ist
grün gefärbt durch die Verbindung ZnO_2Co.

Auf der Kohle vor dem Lötrohr. Auf einem Stück Holzkohle erhitze
man ein Stückchen metallischen Zinks vor dem Lötrohr in der Oxydationsflamme. Das Zink schmilzt, verdampft und verbrennt zu Oxyd,
das sich auf der Kohle absetzt und einen sog. Beschlag bildet, der in
der Hitze gelb, in der Kälte weiß aussieht. Verbindungen des Zinks
werden mit der gleichen Menge calcinierter Soda gemischt, in eine auf
der Holzkohle hergestellte Grube gebracht und mit dem Lötrohr in der
Reduktionsflamme erhitzt. Die Verbindungen werden dabei bis zum
Metall reduziert, aber das entstehende Metall verdampft und verbrennt
in der äußeren Flamme, so daß auch hier nur ein Beschlag von Zink-

oxyd erhalten wird. Durch Betupfen des Beschlags mit verdünnter Kobaltnitratlösung und abermaliges Erhitzen vor dem Lötrohr läßt sich auch auf der Kohle Rinmanns Grün erzeugen.

Glasbeschläge. Die Beschläge können anstatt auf der Kohle auch auf Glas aufgefangen werden, ein Verfahren, das den Vorteil hat, daß die erhaltenen Beschläge sich leicht noch weiter untersuchen lassen. Man schleift zu diesem Zwecke auf einem Stück Schmirgelpapier eine glatte Fläche an ein Stück Holzkohle und legt hinter die Grube, in der man die Probe erhitzt, ein Stückchen dünnes Glas, etwa vom Boden eines zerbrochenen Erlenmeyers, auf dem sich der Beschlag dann absetzt.

Ein kleiner Apparat zur Ausführung solcher Reaktionen ist von V. Goldschmidt[1] angegeben worden und unter der Bezeichnung „Kohlehalter nach V. Goldschmidt" im Handel zu haben. In diesem Halter (Abb. 14) wird ein größeres prismatisches Kohlenstück K_1 von zwei Haken und einer Schraube gefaßt. Durch einen mit einer Feder angezogenen Haken wird ein kleines Stück Holzkohle K_2 gegen das größere gedrückt. Auf dem kleineren Kohlenstück wird die Substanzprobe erhitzt, das größere dient als Unterlage für das Glasplättchen (P),

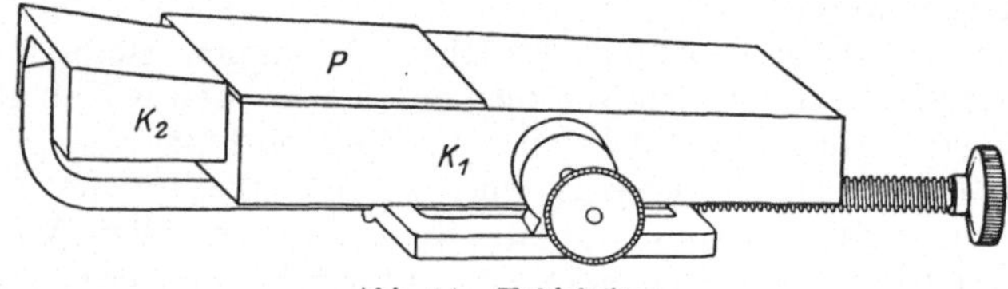

Abb. 14.   Kohlehalter.

das so liegt, daß es gerade an das kleinere Kohlenstück anstößt. Die Kohlenstücke für den Halter sind käuflich. Die kleinen Stücke werden nach Gebrauch durch Abreiben auf Schmirgelpapier gereinigt und sind so mehrmals verwendbar. Als Glasplättchen zum Auffangen der Beschläge lassen sich Objektträger verwenden, die man zuvor etwas anwärmt, um das Zerspringen zu vermeiden.

Mit einer Probe des oben gefällten Schwefelzinkniederschlags, die man mit Soda mischt, erzeuge man zwei Glasbeschläge. Den einen löse man in einem Tropfen verdünnter Salzsäure und fälle mit Soda oder Ferrocyankaliumlösung aus. Den anderen löse man in einem Tropfen verdünnter Salpetersäure, tupfe die Lösung mit einem Stückchen Filtrierpapier auf und versuche damit das Rinmannsche Grün zu erhalten.

---

[1] Z. Krystallogr. **21**, 329.

Die Elemente der Schwefelwasserstoffgruppe.

Die Schwefelwasserstoffgruppe umfaßt die Elemente, die von Schwefelwasserstoff in saurer Lösung als Sulfide gefällt werden. Durch ihr Verhalten gegen Schwefelammonium lassen sich die Sulfide in zwei Untergruppen teilen, nämlich in die Sulfide der Kupfergruppe, die in Schwefelammonium unlöslich sind, und die Sulfide der Arsengruppe, die von Schwefelammonium gelöst werden.

A. Die Elemente der Kupfergruppe.

Cadmium.

In einigen Reagensgläsern übergieße man kleine Stücke des Metalls mit verdünnter Salzsäure, Salpetersäure und Schwefelsäure. Das Cadmium löst sich am leichtesten in Salzsäure, schwerer in den beiden andern Säuren zu Salzen, deren Lösungen das zweiwertige Cadmiumion enthalten.

Reaktionen des Cadmiumions.

Natronlauge. Zu 1 ccm Cadmiumsulfatlösung gebe man Natronlauge. Es fällt ein Niederschlag von weißem Cadmiumhydroxyd, $Cd(OH)_2$, unlöslich im Überschuß der Natronlauge. Das Cadmiumhydroxyd zeigt im Vergleich zum Zinkhydroxyd keinen sauren Charakter mehr.

Sodalösung fällt aus Cadmiumsalzlösungen basisches Carbonat, $Cd_2(OH)_2CO_3$, da die basischen Eigenschaften des Cadmiums doch nicht stark genug sind, um die hydrolytische Spaltung zu verhindern. Durch Ammonsalze wird die Reaktion gestört.

Ammoniak zeigt Cadmiumsalzen gegenüber das gleiche Verhalten wie bei Zinksalzen. Es fällt zunächst weißes Cadmiumhydroxyd, das im überschüssigen Ammoniak zu Komplexsalzen löslich ist, denen die Base $Cd(NH_3)_4(OH)_2$ zugrunde liegt.

Schwefelwasserstoff fällt aus schwach mineralsauren Lösungen das Cadmium als gelbes Sulfid, CdS, das in heißer etwa 10—20proz. Salpetersäure oder Salzsäure löslich ist.

Schwefelammonium fällt ebenfalls Cadmiumsulfid. Im Überschuß des Fällungsmittels ist der Niederschlag fast ganz unlöslich, nur beim Erwärmen mit großen Mengen Schwefelammonium gehen geringe Mengen davon in Lösung.

Cyankalium fällt aus den Lösungen der Cadmiumsalze ein weißes Cyanid, $Cd(CN)_2$, das im Überschuß von Cyankaliumlösung löslich ist unter Bildung eines Komplexsalzes von der Formel $[Cd(CN)_4]K_2$ mit dem Ion $[Cd(CN)_4]''$. In die Lösung des Komplexsalzes leite man Schwefelwasserstoff ein. Es fällt ein gelber Niederschlag von Cadmiumsulfid. Der Komplex $[Cd(CN)_4]''$ ist in geringem Maße gespalten in die Ionen Cd'' und CN'. Beim Einleiten von Schwefelwasserstoff wird schon bei dieser kleinen Konzentration der Cadmiumionen das Löslichkeitsprodukt des sehr schwerlöslichen Cadmiumsulfids überschritten, und die Fällung kann eintreten.

Trockene Reaktionen. Eine Probe des oben gefällten Schwefelcadmiumniederschlags mische man mit Soda und erhitze auf der Kohle vor dem Lötrohr. Es entsteht ein gelbbrauner Beschlag mit weißem Anflug ohne Metallkorn. Mit einer anderen Probe werde ein Beschlag auf Glas erzeugt. Der weiße Anflug werde mit Silbernitratlösung betupft. Es erfolgt Schwarzfärbung. Charakteristische Reaktion.

Beschlagproben auf der Porzellanschale.

Nach einer von BUNSEN angegebenen Methode lassen sich solche Beschläge oder Anflüge auch mit Hilfe des Bunsenbrenners auf glasierten Porzellanschalen erzeugen. Man unterscheidet dabei Oxydbeschläge und Metallbeschläge.

Zur Erzeugung eines *Oxydbeschlages* stellt man die Flamme des Bunsenbrenners auf halbe Höhe und reguliert die Luftzufuhr so, daß in der Flamme ein kleiner leuchtender Kegel erscheint, der aber nicht so groß sein darf, daß eine in die Flamme gehaltene, mit Wasser gefüllte Porzellanschale berußt wird. Die Substanz wird an dünnen, etwa millimeterstarken Asbestfäden in die Flamme gebracht. Die außen glasierte Porzellanschale, auf der der Beschlag sich absetzt, wird zur Kühlung mit Wasser gefüllt und so gehalten, daß die äußerste Spitze der Flamme sie gerade noch berührt.

Zur weiteren Charakterisierung wird der Oxydbeschlag in einen *Jodidbeschlag* übergeführt, durch Behandeln mit einer Jodwasserstoff und Joddämpfe liefernden Flamme, die durch Verbrennen einer alkoholischen Jodlösung entsteht. Zur Herstellung eines Trägers für die zu verbrennende Jodtinktur wickelt man ein Stück Asbestschnur mit einem Platindraht derart zusammen, daß ein kleines Knäuel entsteht, und schmilzt das freie Ende des Drahts in eine Glasröhre ein. Die Glasröhre wird in einen durchbohrten Stopfen, der die Flasche verschließt, die die Jodlösung enthält, so eingesteckt, daß der Asbestbausch in die Lösung eingetaucht ist.

Zur Erzeugung eines *Sulfidbeschlages* wird der Jodidbeschlag mit Schwefelammoniumdämpfen behandelt, was am einfachsten dadurch erreicht wird, daß die Schale auf ein Becherglas gestellt wird, dessen Boden mit Schwefelammonium bedeckt ist, das, wenn nötig, schwach erwärmt wird. Auch durch Bestreichen mit einem Glasstab, der mit Schwefelammonium befeuchtet ist, kann derselbe Zweck erreicht werden.

Auf die gleiche Methode kann die Einwirkung von *Ammoniak* auf den Jodidbeschlag studiert werden, wenn das Becherglas mit konzentriertem Ammoniak anstatt mit Schwefelammonium beschickt wird.

Metallbeschläge entstehen, wenn die Dämpfe des verdampfenden Metalls auf der Porzellanschale aufgefangen werden, ehe sie Zeit haben, im oberen oxydierenden Teil der Flamme zu Oxyd zu verbrennen. Man erhitzt daher die Substanzprobe wieder in dem reduzierenden leuchtenden Kegel der Bunsenflamme und hält die Schale unmittelbar über die Probe, so daß sie von der Spitze des kleinen leuchtenden Kegels noch berührt wird. Daß aus der Flamme kein Ruß abgeschieden wird, ist selbstverständlich vor dem Versuch festzustellen. Durch Betupfen mit verdünnter Salpetersäure lassen sich die Beschläge lösen und nach dem Verdunsten der Salpetersäure durch Betupfen mit Reagenzien noch weiter untersuchen.

Eine Probe des mit Schwefelwasserstoff oder Schwefelammonium gefällten Cadmiumsulfids erhitze man in der Spitze der Bunsenflamme so lange, bis der Schwefel abgeröstet ist, und erzeuge dann einen Oxydbeschlag damit. Der Beschlag ist gelbbraun bis dunkelbraun und zeigt einen weißen Anflug. Beim Betupfen mit Silbernitratlösung färbt sich der Anflug intensiv blauschwarz. Durch Ammoniak wird diese Färbung nicht verändert. Einen zweiten Oxydbeschlag behandle man mit der Jodtinkturflamme. Es entsteht weißes Jodid. Mit Ammoniak erfolgt keine Farbänderung, da sich ebenfalls weißes Hydroxyd bildet, dagegen färbt sich der Beschlag gelb bei Behandlung mit Schwefelammonium, da Cadmiumsulfid entsteht.

Kupfer.

Beim Kupfer sind zwei Oxydationsstufen bekannt, das Kupferoxydul Cu_2O und das Kupferoxyd CuO. Die von ihnen abstammenden Hydrate $CuOH$ und $Cu(OH)_2$ sind beide zur Salzbildung befähigt. Von dem Hydrat $CuOH$ leiten sich die Kupfer(1)salze ab, in denen das Kupfer einwertig ist, während von dem Hydroxyd $Cu(OH)_2$ die Kupfer(2)salze mit zweiwertigem Kupfer abstammen.

Natronlauge. Zu einer Lösung von Kupfersulfat, bereitet aus dem früher dargestellten Präparat, gebe man Natronlauge. Es fällt ein blaugrüner Niederschlag.

Man verteile den Niederschlag auf 2 Reagensgläser und versetze die eine Probe mit viel überschüssiger Natronlauge. Es erfolgt eine teilweise Lösung, und die über dem Niederschlag stehende Flüssigkeit erscheint blau gefärbt.

Die zweite Probe werde zum Sieden erhitzt. Der Niederschlag färbt sich schwarz.

Man gebe zu der Kupfervitriollösung zunächst einige Tropfen Hydroxylaminchloridlösung oder Traubenzuckerlösung und dann Natronlauge. Es fällt in der Kälte jetzt ein gelber Niederschlag, der sich in der Hitze rot färbt.

Zu der Kupfervitriollösung gebe man Weinsäurelösung und dann Natronlauge. Es erfolgt jetzt keine Fällung, sondern die Lösung färbt sich dunkelblau. Hydroxylamin- oder Hydrazinsalz fällen aus dieser Lösung schon in der Kälte einen gelben, beim Erhitzen rot werdenden Niederschlag. Traubenzucker fällt meist erst bei mäßigem Erwärmen einen roten Niederschlag. Die Reaktion wird zum Nachweis des Zuckers im pathologischen Harn verwendet. Als Reagens dient dabei die FEHLINGsche Lösung, die aus gleichen Teilen einer Lösung von Kupfervitriol und einer natronalkalischen Seignettesalzlösung besteht.

Der blaugrüne Niederschlag, der mit Natronlauge in der Kälte fällt, ist Kupfer(2)hydroxyd $Cu(OH)_2$. Beim Kochen spaltet er Wasser ab und geht in ein noch wasserhaltiges Kupfer(2)oxyd über, dem die Formel $3\,CuO + H_2O$ zukommt, und das erst beim Glühen sämtliches Wasser abgibt. Ein großer Überschuß von Natronlauge bewirkt in geringem Maße Lösung des Niederschlages, vielleicht unter Bildung einer Verbindung von der Formel $Cu\big<^{ONa}_{ONa}$, die aber sehr unbeständig ist und schon durch Wasser wieder gespalten wird. Bei Gegenwart von Reduktionsmitteln fällt Natronlauge in der Kälte gelbes Kupfer(1)oxyd, Cu_2O, das sich beim Erhitzen zum Sieden durch Übergang in einen gröberen Verteilungszustand rot färbt. Weinsäure und andere organische hydroxylhaltige Verbindungen hindern die Fällung durch Natronlauge, da sie mit dem Kupfer innere Komplexsalze bilden, von denen das Tartrat der nebenstehenden Formel entspricht. Diese Komplexe sind aber nur in der Kupfer(2)salzreihe beständig; durch Reduktionsmittel werden sie zerstört, und das Cuproion wird als Oxydul gefällt.

$$\begin{array}{ccc}
\overset{\displaystyle O}{C}\!\!-\!ONa & \quad & NaO\!-\!\overset{\displaystyle O}{C} \\[2pt]
| & & | \\
CHOH & & HOHC \\
| & & | \\
CHOH & & HOHC \\
| & & | \\
C\overset{\displaystyle O}{\diagup}\!-\!O\!-\!Cu\!-\!O\!-\!\overset{\displaystyle O}{\diagdown}C &
\end{array}$$

Ammoniak fällt aus Kupfervitriollösung zunächst ein blaugrünes basisches Sulfat $SO_4\big<^{Cu\cdot OH}_{Cu\cdot OH}$, das sich im Überschuß des Fällungsmittels mit tiefblauer Farbe zu einem komplexen Cupramminsalz von der Formel $[Cu(NH_3)_4]SO_4$ auflöst. Empfindliche und charakteristische Reaktion.

Darstellung des Tetrammincuprisulfats.

* In einer Mischung aus 8 ccm konzentrierter Ammoniaklösung und 5 ccm Wasser werden 5 g gepulverter Kupfervitriol gelöst. Die Lösung, die eventuell durch ein Asbestfilter filtriert wurde, überschichtet man vorsichtig mit 15 ccm Alkohol, so daß keine Mischung eintritt, sondern eine allmähliche Diffusion erfolgt. Nach einigen Stunden scheiden sich aus der Lösung tiefdunkelblaue Krystalle ab. Sie werden abgesaugt, zunächst mit einem Gemisch aus gleichen Raumteilen Alkohol und konzentrierter Ammoniaklösung, dann mit Alkohol und Äther gewaschen und schließlich auf Filtrierpapier an der Luft bei gewöhnlicher Temperatur getrocknet und zur Bestimmung der Ausbeute gewogen.

Sodalösung fällt ein basisches Carbonat von der Zusammensetzung $Cu_2(OH)_2CO_3$.

Schwefelwasserstoff. Eine verdünnte und angesäuerte Kupfersulfatlösung fälle man durch Einleiten von Schwefelwasserstoffgas oder durch Versetzen mit Schwefelwasserstoffwasser.

Der schwarze Niederschlag besteht größtenteils aus Kupfer(2)sulfid CuS, enthält aber daneben auch Kupfer(1)sulfid und Schwefel, infolge eines Zerfalls nach der Gleichung

$$2\,CuS = Cu_2S + S\,.$$

An der Luft oxydiert sich der Niederschlag zu $CuSO_4$.

Schwefelammonium fällt aus Kupfersalzlösungen ebenfalls Kupfersulfid, jedoch ist die Fällung nicht vollständig, da das Sulfid in gelbem Schwefelammonium und Kaliumpolysulfid sich löst, wobei Ammonium- oder Kaliumcupritetrasulfid, $(NH_4)[CuS_4]$ und $K[CuS_4]$, entstehen, während es in den Monosulfiden der fixen Alkalien unlöslich ist. Außerdem zeigt das Kupfersulfid, namentlich bei der Fällung mit Schwefelammonium, große Neigung zur Bildung kolloidaler Lösungen. Auch bei der Fällung mit Schwefelwasserstoff aus verdünnten und neutralen Lösungen bleibt das Kupfersulfid leicht kolloidal gelöst und wird erst durch Zusatz von Säure ausgeflockt. Der bereits gefällte Niederschlag schließlich kann kolloidal gelöst werden von reinem Wasser und auch von schwefelwasserstoffhaltigem Wasser. Es empfiehlt sich daher beim Auswaschen eines Kupfersulfidniederschlags Wasser zu verwenden, das Schwefelwasserstoff enthält, zur Vermeidung der Oxydation zu Sulfat, und·einen Elektrolyten, etwa Chlorammonium, um die Bildung einer kolloidalen Lösung zu verhindern.

Ferrocyankalium fällt aus Kupfersalzlösungen rotbraunes Kupfer(2)-ferrocyanid $Cu_2[Fe(CN)_6]$. Bei sehr geringen Mengen Kupfer tritt nur eine Rotfärbung auf. In Ammoniak ist der Niederschlag löslich, da sich Komplexionen $[Cu(NH_3)_4]^{\cdot\cdot}$ bilden. Am besten geht die Reaktion, die sehr empfindlich und charakteristisch ist, in essigsaurer Lösung. Neutrale Lösungen werden deshalb mit Essigsäure angesäuert, während Lösungen, die Mineralsäure in größeren Mengen enthalten, mit Natriumacetat essigsauer gemacht werden.

Kaliumrhodanid. Zu einer nicht zu verdünnten Lösung von Kupfersulfat gebe man Rhodankaliumlösung. Es erfolgt ein schwarzer Niederschlag oder bei größerer Verdünnung Dunkelfärbung.

Der Niederschlag werde eventuell unter Zusatz von Wasser kurze Zeit gekocht. Er färbt sich weiß.

Dieselbe Erscheinung tritt ein auf Zusatz einer Schwefligsäurelösung oder einer Hydroxylaminchloridlösung. Man versetze die Kupfersulfatlösung zuerst mit Schwefligsäurelösung oder mit Hydroxylaminchloridlösung und dann erst mit Rhodankalium. Es fällt jetzt sofort ein weißer Niederschlag.

Cupriionen und Rhodanionen vereinigen sich zunächst zu schwarzem Kupfer(2)-rhodanid $Cu(CNS)_2$, das aber eine Rhodangruppe abspaltet und in das weiße Kupfer(1)-rhodanid übergeht, wobei die abgespaltene Rhodangruppe wahrscheinlich durch Oxydationsreaktionen zerstört wird. Durch ein Reduktionsmittel wird die abgespaltene Rhodangruppe in Rhodanwasserstoff übergeführt:

$$2\,Cu^{..} + 4\,CNS' + SO_3'' + H_2O = 2\,CuCNS + SO_4'' + 2\,CNS' + 2\,H^{.}$$
$$2\,Cu(CNS)_2 + SO_2 + 2\,H_2O = 2\,CuCNS + 2\,HSCN + H_2SO_4 .$$

Das Rhodanür entsteht noch leichter, wenn schon bei der Fällung ein Reduktionsmittel zugegen ist, so daß es gar nicht erst zur Bildung des Cuprirhodanids kommt.

Kaliumjodid reagiert mit Kupfer(2)salzen unter Ausscheidung von Jod und Fällung von Kupfer(1)jodid. Der Niederschlag ist weiß. Seine Farbe wird aber verdeckt durch das ausgeschiedene Jod. Außerdem wirkt das freie Jod lösend auf den Niederschlag ein. Wird Schwefligsäurelösung zugesetzt, so wird die weiße Farbe des Kupfer(1)jodids sichtbar, und außerdem wird die Fällung vollständig, da durch die schweflige Säure das Jod zu Jodwasserstoff reduziert wird:

$$J_2 + SO_3'' + H_2O = SO_4'' + 2\,H^{.} + 2\,J' .$$

Cyankalium. Zu einer Kupfersalzlösung gebe man tropfenweise Cyankaliumlösung. Es fällt ein gelbbrauner Niederschlag, der in der Kälte allmählich, rascher beim Erwärmen oder auf Zusatz von schwefliger Säure weiß wird. Wird die Cyankaliumlösung im Überschuß zugesetzt, so löst sich der anfänglich entstehende Niederschlag wieder auf.

Man prüfe das Verhalten dieser Lösung gegen Natronlauge und gegen Schwefelwasserstoff. Es erfolgt keine Fällung.

Einen anderen Teil der Lösung versetze man vorsichtig mit Salpetersäure und erwärme. Es fällt zuerst ein Niederschlag, der sich beim Erwärmen löst.

Eine Kupfersalzlösung werde mit Ammoniak im Überschuß versetzt, so daß eine tiefblaue Lösung von Cupramminsalz entsteht, und dann mit Cyankaliumlösung. Es tritt Entfärbung ein.

Man prüfe das Verhalten der blauen Cupramminsalzlösung gegen Schwefelwasserstoff und desgleichen das Verhalten der mit Cyankalium entfärbten Lösung gegen dieses Reagens. Die Cupramminsalzlösung wird gefällt, in der entfärbten Lösung entsteht kein Niederschlag.

Cupriionen und Cyanionen geben zunächst gelbbraunes Kupfer(2)cyanid

$$Cu^{..} + 2\,CN' = Cu(CN)_2 .$$

Aus diesem Cyanid wird Cyan abgespalten, und es entsteht Kupfer(1)cyanid

$$2\,Cu(CN)_2 = 2\,CuCN + (CN)_2 .$$

Die Abspaltung wird durch die Gegenwart von schwefliger Säure erleichtert, da diese die Cyangruppen in Cyanwasserstoff überführt.

In einem Überschuß von Cyankalium löst sich das Kupfer(1)cyanid zu einem Komplexsalz auf.

$$CuCN + 3\,CN' = [Cu(CN)_4]'''$$

oder in anderer Schreibweise:

$$CuCN + 3\,KCN = K_3[Cu(CN)_4]\,.$$

Das entstandene Kupfer(1)cyankalium ist außerordentlich beständig. Es wird weder durch Natronlauge noch durch Schwefelwasserstoff gefällt, da in seinen Lösungen keine freien Kupferionen mehr vorhanden sind. Es unterscheidet sich dadurch von der entsprechenden Cadmiumverbindung, die durch Schwefelwasserstoff gefällt wird, ein Unterschied, der in der Analyse zur Trennung des Kupfers vom Cadmium verwendet wird. Durch Säure wird das Komplexsalz zerstört unter vorübergehender Abscheidung von Kupfer(1)cyanid, aus dem bei energischer Einwirkung der Säure Blausäure ausgetrieben wird:

$$[Cu(CN)_4]''' + 4\,H^{\cdot} = 4\,HCN + Cu^{\cdot}\,.$$

Gleichzeitig geht, wenn eine oxydierende Säure, wie Salpetersäure, angewandt wird, das Kupfer(1)salz in Kupfer(2)salz über.

Cupramminsalze werden durch Cyankalium ebenfalls in Kupfer(1)cyankalium übergeführt und, da dieses Salz farblos ist, entfärbt.

$$2\,[Cu(NH_3)_4]SO_4 + 10\,KCN + H_2O = 2\,[Cu(CN)_4]K_3 + 2\,K_2SO_4 + NH_4CN$$
$$+ NH_4OCN + 6\,NH_3\,.$$

Das Ammoniak tritt dabei mit den frei werdenden Cyangruppen zu Ammoniumcyanid und Ammoniumcyanat zusammen. Das verschiedene Verhalten der gefärbten und der entfärbten Lösung gegen Schwefelwasserstoff erklärt sich aus der geringeren Beständigkeit des Cupramminkomplexes gegen dieses Reagens.

Durch metallisches **Eisen** oder **Zink** wird aus Kupfersalzlösungen das Kupfer metallisch abgeschieden, während Eisen dabei in Lösung geht. Man halte eine Messerklinge oder einen Nagel in eine Kupfervitriollösung.

Der Vorgang ist bedingt durch die größere Elektroaffinität des Eisens, das in der Spannungsreihe (vgl. S. 37) vor dem Kupfer steht. Das Eisen vermag daher die Kupferionen des gelösten Salzes zu entladen und sie metallisch abzuscheiden, während es selbst sich löst und in den Ionenzustand übergeht.

$$Cu^{\cdot\cdot} + Fe = Cu + Fe^{\cdot\cdot}\,.$$

Benzoinoxim. $C_6H_5 \cdot C : (NOH) \cdot (CHOH) \cdot C_6H_5$. Zu einer 5 proz. alkoholischen Lösung des Reagenses gebe man einen Tropfen einer Kupfersulfatlösung, die 1 g Kupfer in etwa 100 000 ccm Lösung enthält, und füge mit einem Glasstab eine Spur Ammoniak zu. Die Lösung färbt sich grün. Bei etwas größerer Konzentration entsteht ein grüner Niederschlag (FEIGL).

Trockene Reaktionen. *Reduktion der Kupfersalze am Kohlesodastäbchen.* Eine Probe Kupfervitriol mit Soda gemischt werde am Kohlesodastäbchen reduziert. Beim Zerdrücken und Zerreiben der Schmelze mit Wasser im Achatschälchen setzt sich das Kupfer in Form glänzender roter Metallflitter am Boden des Schälchens ab und kann durch Abschlämmen isoliert werden. Die Metallflitter bringe man auf ein Uhrglas, löse sie in einigen Tropfen Salpetersäure, verdampfe die Lösung zur Trockene und nehme mit etwas Wasser wieder auf. Mit der erhaltenen Kupfersalzlösung lassen sich mehrere Reaktionen ausführen.

Man zieht zu diesem Zweck aus einer Glasröhre einige Capillarfäden aus und bringt mit Hilfe eines solchen Capillarröhrchens einzelne Tropfen der Lösung auf ein Uhrglas. In gleicher Weise gibt man mit anderen Capillarröhrchen die Reagenzien zu den einzelnen Tropfen, wie z. B. Natronlauge, Ammoniak und Ferrocyankalium.

Perlreaktionen. Borax- und Phosphorsalzperlen werden durch Kupfersalze blau bis blaugrün gefärbt. In der Hitze zeigt die Perle mehr gelbgrüne Farbe. In der Reduktionsflamme ist die Perle farblos, solange sie heiß ist, in der Kälte wird sie rotbraun und undurchsichtig durch Abscheidung von Kupferoxydul und eventuell Metall. Die Reduktion erfolgt noch leichter, wenn eine Spur metallisches Zinn oder Zinnchlorür an die Perle gebracht wird.

Flammenreaktion. Flüchtige Kupferverbindungen färben die Flamme grün bis blau. Besonders intensiv tritt die Reaktion bei den Halogenverbindungen auf.

Man befeuchte ein Stückchen Kupferdraht mit etwas Salzsäure und halte es dann in den äußeren Rand der Bunsenflamme. Die Flamme wird grün gefärbt. Sobald das gebildete Chlorid verflüchtigt ist, wird die Flamme wieder farblos, da das Kupferoxyd, das sich beim Erhitzen bildet, bei der Temperatur des Bunsenbrenners nicht flüchtig ist. Nach Befeuchten mit Salpetersäure tritt beim Glühen des Drahtes ebenfalls eine Grünfärbung der Flamme auf, weil bei der Zersetzung des entstandenen Kupfernitrats Sauerstoff frei wird, der die Temperatur der Flamme so weit erhöht, daß Spuren von Kupferoxyd verflüchtigt werden, die die Färbung bewirken.

Blei.

Das Blei bildet mehrere Sauerstoffverbindungen. Die niedrigste ist das Bleisuboxyd, Pb_2O, das analytisch keine Bedeutung hat. Von dem Oxyd PbO, dem Bleioxyd oder der Bleiglätte, stammen die meisten Salze des Bleis ab. Das zugehörige Hydroxyd $Pb(OH)_2$ hat amphoteren Charakter und löst sich in starken Basen. Es entstehen dabei die Plumbite, die in ihren Lösungen die Ionen PbO_2'' und PbO_2H' enthalten. Von dem Oxyde PbO_2, dem Bleisuperoxyd, leiten sich ebenfalls Salze mit dem Ion $Pb^{····}$ ab, die aber nur wenig beständig sind. Dagegen sind beständige Verbindungen bekannt, in denen das Hydrat des Bleisuperoxyds als saurer Bestandteil auftritt. So kann z. B. die Mennige, Pb_3O_4, aufgefaßt werden als das Bleisalz der Orthobleisäure

$$Pb\begin{smallmatrix} O \\ O \\ O \\ O \end{smallmatrix}\begin{smallmatrix} Pb \\ \\ Pb \end{smallmatrix}$$

oder als das basische Bleisalz eines wasserärmeren Hydrats, der Metableisäure

$$Pb{=}O\begin{smallmatrix} O{-}Pb \\ \\ O{-}Pb \end{smallmatrix}O\,.$$

Beim Behandeln mit Salpetersäure verhält sich die Mennige wie ein Gemisch aus Bleioxyd und Bleisuperoxyd. Teilweise löst sie sich als Bleinitrat, ein anderer Teil bleibt ungelöst als Bleisuperoxyd.

$$Pb_3O_4 + 4\,HNO_3 = 2\,Pb(NO_3)_2 + PbO_2 + 2\,H_2O\,.$$

Man übergieße in 2 Reagensgläsern kleine Stückchen Blei mit Salzsäure und mit Schwefelsäure. In beiden Fällen wird das Metall nur wenig angegriffen, da unlösliche Salze entstehen, die es als Kruste bedecken und vor dem weiteren Angriff der Säure schützen.

An feuchter Luft oxydiert sich Blei und bildet Bleihydroxyd, $Pb(OH)_2$, aber nur oberflächlich, da auch hier das Oxydationsprodukt einen schützenden Überzug bildet. Reines Wasser greift Blei ebenfalls an, da namentlich unter Mitwirkung des Luftsauerstoffs Bleihydroxyd gebildet wird, das sich in Wasser in geringem Maße löst. In gewöhnlichem Quellwasser, das Sulfate und Carbonate gelöst enthält, entstehen die unlöslichen Bleisalze dieser Säure, die sich auf dem Metall schützend ablagern. Es kann daher zu Leitungsröhren für Quellwasser verarbeitet werden, nicht aber für destilliertes Wasser.

Darstellung von Bleinitrat.

In einem Kölbchen übergießt man 10 g Blei mit etwa 50 ccm 25 proz. Salpetersäure und erwärmt auf einer Asbestplatte. Konzentrierte Salpetersäure würde nur eine momentane Einwirkung geben, da das entstandene Bleinitrat sich in der konzentrierten Säure nicht löst. Die klare Lösung wird in einer Porzellanschale am besten auf dem Wasserbad auf ein kleines Volum eingedunstet und zum Krystallisieren stehengelassen. Die von den Krystallen abgegossene Mutterlauge gibt beim weiteren Eindampfen noch eine zweite Krystallisation. Die gesamte Krystallmenge wird auf einer Glasnutsche gesammelt und zur Reinigung aus Wasser umkrystallisiert. Man berechne dabei, wieviel Wasser für die erhaltene Menge zur Umkrystallisation erforderlich ist, wenn 1 Gewichtsteil Bleinitrat 0,7 Gewichtsteile Wasser von 90^0 zur Lösung braucht.

Reaktionen des Bleiions.

Natronlauge fällt aus einer Bleisalzlösung Bleihydroxyd, $Pb(OH)_2$, löslich im Überschuß zu Plumbit, $Pb(ONa)_2$. Gleichung?

Ammoniak fällt ebenfalls einen Niederschlag von Bleihydroxyd, der aber im Überschuß des Fällungsmittels nicht löslich ist, da das Ammoniak eine zu schwache Base ist.

Soda fällt ein basisches Carbonat, das als

$$Pb\big\langle{}^{CO_3-Pb\cdot OH}_{CO_3-Pb\cdot OH}$$

formuliert werden kann. Ein Gemenge von basischen Carbonaten wechselnder Zusammensetzung ist das Bleiweiß, das als Malerfarbe im großen dargestellt wird.

Salzsäure und Chloride geben Bleichlorid, $PbCl_2$, einen weißen Niederschlag, der aus heißem Wasser schön krystallisiert in Form von Nadeln; **Jodionen** geben einen analog zusammengesetzten intensiv gelben Niederschlag von Bleijodid, PbJ_2, das aus Wasser in schimmernden gelben Blättchen krystallisiert.

Man erzeuge die beiden Niederschläge durch Fällen einer Bleinitratlösung mit Salzsäure und mit Jodkaliumlösung. Die Niederschläge lasse man absitzen, dekantiere, koche mit Wasser, bis eben Lösung eingetreten ist, und lasse krystallisieren. Bleijodid krystallisiert auch besonders schön aus Lösungen in Essigsäure.

Bei der Fällung des Bleijodids ist ein Überschuß von Jodkaliumlösung zu vermeiden, da sich das Bleijodid in überschüssiger Jodkaliumlösung als Kaliumbleijodid, K_2PbJ_4, mit dem Komplexion PbJ_4'' wieder auflöst.

Kaliumchromat fällt gelbes Bleichromat, eine Verbindung, die wegen ihrer intensiven gelben Farbe als Malerfarbe, Chromgelb, verwendet wird. Der Niederschlag ist unlöslich in Essigsäure, dagegen löslich in Salpetersäure und viel Alkalilauge:

$$PbCrO_4 + 4\,NaOH = Na_2CrO_4 + Pb(ONa)_2 + 2\,H_2O\,.$$

Mit wenig Alkalilauge entsteht beim Erwärmen ein basisches Salz, das Chromrot:

$$2\,PbCrO_4 + 2\,NaOH = Na_2CrO_4 + CrO_2\!\!\begin{array}{l} \diagup O\text{—}PbOH \\ \diagdown O\text{—}PbOH\,. \end{array}$$

Schwefelsäure und Sulfationen fällen aus Bleisalzlösungen weißes, schwerlösliches Bleisulfat.

In überschüssiger Alkalilauge löst sich der Niederschlag unter Bildung von Plumbit.

Salpetersäure wirkt ebenfalls merklich lösend auf den Niederschlag. Aus den SO_4''-Ionen, die in geringem Maße von dem Niederschlag in Lösung geschickt werden, entstehen infolge der hohen Wasserstoffionenkonzentration, die durch die Zugabe von Salpetersäure bedingt wird, HSO_4'-Ionen. Dadurch wird das Gleichgewicht zwischen Niederschlag und Lösung gestört, so daß ein Teil des Niederschlags in Lösung gehen muß.

Schließlich ist Bleisulfat löslich in Ammontartratlösung bei Gegenwart von überschüssigem Ammoniak.

Die Lösung beruht auf der Bildung eines löslichen Komplexsalzes, das wohl ähnlich wie das aus Kupfersalzen und Weinsäure entstehende Komplexsalz (S. 103) zu formulieren ist.

Schwefelwasserstoff fällt aus schwach sauren, neutralen und alkalischen Lösungen schwarzes Bleisulfid, PbS. Bei Gegenwart großer Mengen freier Salzsäure fällt mitunter vorübergehend ein roter Niederschlag von der Formel Pb_2Cl_2S. In Schwefelalkalilösung ist das Bleisulfid unlöslich. Es löst sich dagegen in verdünnter, etwa 20 proz. Salpetersäure in der Wärme im Sinne der Gleichung:

$$3\,PbS + 8\,HNO_3 = 3\,Pb(NO_3)_2 + 4\,H_2O + 3\,S + 2\,NO\,.$$

Von konzentrierter Salpetersäure wird das Bleisulfid zum Teil gelöst, zum Teil zu Bleisulfat oxydiert:

$$3\,PbS + 8\,HNO_3 = 3\,PbSO_4 + 8\,NO + 4\,H_2O\,.$$

Starke Oxydationsmittel, wie Brom in essigsaurer Lösung oder Chlorkalk, fällen beim Erwärmen aus Bleisalzen Bleisuperoxyd PbO_2:

$$Pb^{\cdot\cdot} + Br_2 + 2\,H_2O = PbO_2 + 2\,Br' + 4\,H^{\cdot}$$
$$Pb(C_2H_3O_2)_2 + Br_2 + 2\,H_2O = PbO_2 + 2\,HBr + 2\,C_2H_4O_2\,.$$

Bei Einwirkung von Brom und Alkalilauge entsteht zunächst Alkaliplumbat, aus dem durch Zusatz von Essigsäure das Bleisuperoxyd abgeschieden wird:

$$PbO_2'' + Br_2 + 2\,OH' = PbO_3'' + 2\,Br' + H_2O$$
$$Pb(ONa)_2 + Br_2 + 2\,NaOH = PbO_3Na_2 + 2\,NaBr + H_2O$$

und

$$PbO_3'' + 2\,H^{\cdot} = H_2O + PbO_2$$
$$Pb\!\!\begin{array}{l}\diagup ONa \\ =O \\ \diagdown ONa\end{array}\!\!\! + 2\,C_2H_4O_2 = H_2O + 2\,C_2H_3O_2Na + PbO_2\,.$$

Trockene Reaktionen. *Auf der Kohle.* Bleiverbindungen, mit Soda gemischt vor dem Lötrohr auf der Kohle erhitzt, geben ein Metallkorn und einen Beschlag von Bleioxyd, der heiß dunkelgelbe, kalt hellgelbe Farbe zeigt.

Am Kohlesodastäbchen reduzieren sich Bleiverbindungen sehr leicht. Man erhitze eine kleine Probe des Bleisulfatniederschlags am Kohlesodastäbchen. Das Metall läßt sich in der Achatschale leicht plattdrücken und isolieren. Man löse es auf dem Uhrglas in einigen Tropfen Salpetersäure, dampfe zur Trockene und nehme mit Wasser auf. Von der Lösung bringe man mit Capillarröhrchen einzelne Tropfen auf Uhrgläser und gebe auf die gleiche Weise die obenerwähnten Reagenzien dazu.

Beschlagschalreaktionen. Mit einer Probe Bleisulfid, die man zuvor abgeröstet hat, werde zunächst ein Metallbeschlag erzeugt. Er ist schwarz und löst sich leicht in verdünnter Salpetersäure.

Eine zweite Probe diene zur Herstellung des Oxydbeschlags. Er ist schwach hellgelb und kaum auf der Schale sichtbar. Durch Behandeln mit der Jodtinkturflamme geht er in den eigelben Jodidbeschlag über. Wird der Jodidbeschlag mit Ammoniak beblasen, so verschwindet er vorübergehend und erscheint nach dem Verdunsten des Ammoniaks wieder. Schwefelammoniumdämpfe führen den Jodidbeschlag in den schwarzen Sulfidbeschlag über.

Wismut.

Das Wismut ist ein sprödes, glänzendes Metall, das bei 268^0 schmilzt und in Salpetersäure sich löst zu dem Salz $Bi(NO_3)_3 + 5\,H_2O$, dem Wismutnitrat.

5 g metallisches Wismut löse man in Salpetersäure vom spezifischen Gewicht 1,2 unter Erwärmen auf. Die Lösung wird, eventuell nach dem Abgießen, auf dem Wasserbad auf ein kleines Volum, nicht etwa zur Trockene, eingedampft. Einen kleinen Teil der konzentrierten Lösung gieße man in viel Wasser. Es fällt ein weißer Niederschlag von basischem Nitrat.

Die Salze des Wismuts werden sehr leicht hydrolytisch gespalten, da das ihnen zugrunde liegende Wismuthydroxyd nur sehr schwach basischen Charakter hat. Der durch Wasser erzeugte Niederschlag von basischem Wismutnitrat hat je nach den Fällungsbedingungen bezüglich der Temperatur und Konzentration wechselnde Zusammensetzung. Es wird formuliert als $Bi(OH)_2NO_3$ oder auch als

$$Bi{<}^{OH}_{\ NO_3\ }_{>O}$$
$$Bi = O$$

abgeleitet von einem wasserärmeren Hydrat.

Noch leichter als das basische Nitrat bildet sich das basische Chlorid $Bi{<}^O_{Cl}$, das auch noch unlöslicher ist und daher eine noch vollständigere Abscheidung des Wismuts gestattet. Es wird auch als Bismutylchlorid bezeichnet, da man der Gruppe $-Bi = O$ den Namen Bismutyl erteilt hat. Es fällt aus dem Wismutchlorid durch Wasserzusatz oder aus dem salpetersauren Salz mit Wasser und einigen Tropfen Kochsalzlösung.

Man verdünne eine Probe der oben dargestellten Wismutnitratlösung mit Wasser und verdünnter Salpetersäure, so daß kein Niederschlag entsteht, und setze dann etwas Chlornatriumlösung zu.

Natronlauge. Wird zu Wismutsalzlösungen Natronlauge gebracht, so fällt ein weißer Niederschlag. Bei geringen Mengen Natronlauge besteht der Niederschlag aus basischem Salz, mehr Natronlauge fällt das Hydroxyd $Bi(OH)_3$. Da dieses Hydroxyd einen sauren Charakter kaum mehr aufweist, ist es im Überschuß des Fällungsmittels unlöslich. Nur in großen Mengen stark konzentrierter Lauge findet in geringem Maße Auflösung statt. Erfolgt die Fällung mit Natronlauge in der Hitze, so entsteht unter Wasserabspaltung ein Hydroxyd von der Formel $Bi{\displaystyle{\diagup O \atop \diagdown OH}}$. Durch Weinsäure wird aus dem gleichen Grunde wie beim Kupfer und Blei die Fällung als Hydroxyd verhindert.

Oxydationsmittel, wie Chlor, Brom oder Wasserstoffsuperoxyd, färben bei Gegenwart von Alkali den Niederschlag hellbraun, da dann alkalihaltige Peroxydgemische gebildet werden.

Durch energische Reduktionsmittel, wie **Zinnchlorür und Natronlauge**, wird der Hydroxydniederschlag zu schwarzem metallischem Wismut reduziert.

Zu 1 ccm einer Lösung von Zinn(2)chlorid gebe man so viel verdünnte Natronlauge, daß der zuerst ausfallende Niederschlag von Zinn(2)hydroxyd, $Sn(OH)_2$, sich zu Natriumstannit, $Sn(ONa)_2$, auflöst. Die klare Lösung gebe man zu der natronalkalischen Fällung von Wismuthydroxyd hinzu; es erfolgt Schwarzfärbung, da das Wismut metallisch fein verteilt abgeschieden wird, während sich das Natriumstannit zu Natriumstannat, SnO_3Na_2, oxydiert.

$$2\,Bi(OH)_3 + 3\,SnO_2Na_2 = 2\,Bi + 3\,SnO_3Na_2 + 3\,H_2O\,.$$

Zur Bereitung der Natriumstannitlösung darf keine konzentrierte Natronlauge verwendet werden, da in stark alkalischen Stannitlösungen ein Teil des Stannits sich selbst zu Stannat oxydiert auf Kosten eines anderen Teils, der zu metallischem Zinn reduziert wird, das sich als grauer Niederschlag abscheidet. Außerdem muß die Reaktion in der Kälte ausgeführt werden, da die Alkalistannitlösung bei höherer Temperatur und bei Gegenwart verdünnter Alkalilauge schwarzes Stannooxyd ausfallen läßt.

Ammoniak fällt ebenfalls das Hydroxyd, das auch hier unlöslich ist im Überschuß, da keine Neigung zur Bildung von Komplexsalzen besteht.

Cyankalium fällt gleichfalls Hydroxyd, da ein etwa primär entstehendes Cyanid sofort hydrolysiert werden müßte.

Jodkalium fällt aus nicht zu verdünnten Wismutsalzlösungen schwarzes Wismutjodid, das sich im Überschuß des Fällungsmittels unter Bildung eines Salzes der Wismutjodwasserstoffsäure, $K[BiJ_4]$, mit orangegelber Farbe wieder auflöst. Bei kleineren Mengen Wismut erzeugt der Zusatz der Jodkaliumlösung sofort eine orange bis braune Färbung.

Bichromationen fällen aus Wismutsalzlösungen ein lebhaft gelb gefärbtes Bismutylbichromat $Cr_2O_7(BiO)_2$. Der Niederschlag ist in Salpetersäure leicht löslich, in Essigsäure schwer löslich. Er ähnelt sehr dem Niederschlag von Bleichromat. Er unterscheidet sich von ihm charakteristisch durch sein Verhalten gegen Natronlauge. Bleichromat löst sich in Natronlauge auf unter Bildung von Natriumchromat und Plumbit (vgl. S. 109), während das Bismutylbichromat in Wismuthydroxyd übergeht, das in Natronlauge unlöslich ist und durch sein Verhalten gegen Natriumstannitlösung genauer identifiziert werden kann.

Man fälle die beiden Niederschläge nebeneinander und vergleiche die beiden Reaktionen.

Schwefelwasserstoff fällt aus Wismutsalzlösungen bei Gegenwart nicht zu großer Mengen Säure Wismuttrisulfid, Bi_2S_3, ebenso wie aus neutraler und alkalischer Lösung. Das Sulfid ist braun gefärbt und löst sich nicht in Schwefelalkalien, wohl aber in heißer, etwa 20proz. Salpetersäure.

Trockene Reaktionen. *Auf der Kohle mit dem Lötrohr erhitzt*, geben Wismutverbindungen ein sprödes Metallkorn und einen gelben Beschlag.

Am Kohlesodastäbchen erhält man ebenfalls ein Metallkorn, das in der beim Blei und Kupfer beschriebenen Weise in Salpetersäure gelöst und zu Reaktionen verwendet werden kann.

Beschlagschalreaktionen. Metallbeschlag: Schwarz, in Salpetersäure schwer löslich.

Oxydbeschlag. Schwach gelb. Man betupfe den Beschlag mit einer Natriumstannitlösung. Er wird schwarz. Sehr empfindliche, charakteristische Reaktion.

Einen zweiten Oxydbeschlag führe man in den *Jodidbeschlag* über. Dieser ist braun gefärbt und zeigt einen hellroten, verhauchbaren Anflug, der vielleicht auf die Bildung von Wismutjodwasserstoffsäure BiJ_4H zurückzuführen ist.

Der *Ammoniakbeschlag*, der aus dem Jodidbeschlag durch Beblasen mit Ammoniak leicht zu erhalten ist, ist orange gefärbt.

Der *Sulfidbeschlag*, am besten durch Betupfen des Jodidbeschlags mit Schwefelammonium zu erhalten, ist dunkelbraun.

Quecksilber.

* Darstellung des Metalls aus Zinnober.

23 g Zinnober und etwas mehr als die nach der Gleichung

$$HgS + Fe = FeS + Hg$$

berechnete Menge Eisenpulver werden innig gemischt in einer kleinen schwer schmelzbaren Retorte erhitzt. Das abdestillierende Quecksilber wird in einem kleinen Kölbchen aufgefangen und gewogen. Der Versuch ist wegen der Giftigkeit der Quecksilberdämpfe unter einem gut ziehenden Abzuge auszuführen.

Das Metall ist nichtlöslich in Salzsäure, dagegen löst es sich in konzentrierter Schwefelsäure, in Salpetersäure und in Königswasser.

Bei der Auflösung entstehen je nach den Versuchsbedingungen entweder Quecksilber(1)salze, die sich von dem Oxyd Hg_2O ableiten, oder Quecksilber(2)salze, denen das Oxyd HgO zugrunde liegt.

Darstellung von Quecksilber(1)nitrat.

10 g Quecksilber übergieße man in einer Porzellanschale mit etwa 50 ccm Salpetersäure vom spezifischen Gewichte 1,1 und lasse 24 Stunden

in der Kälte stehen. Die gebildeten Krystalle von Quecksilber(1)nitrat werden nach dem Abgießen der Mutterlauge und des überschüssigen Quecksilbers auf Ton gelegt, getrocknet und gewogen. Die Einwirkung der Salpetersäure verläuft in der Kälte im Sinne der Gleichung:

$$3\,Hg + 4\,H^{\cdot} + NO_3' = 3\,Hg^{\cdot} + 2\,H_2O + NO$$
$$6\,Hg + 8\,HNO_3 = 6\,HgNO_3 + 2\,NO + 4\,H_2O\,.$$

Zur Bereitung einer Lösung von Quecksilber(1)nitrat verreibe man die Krystalle des Salzes mit ungefähr 30 proz. Salpetersäure in der Reibschale und gebe dann warmes Wasser zu. Beim Versuch, das Quecksilber(1)nitrat in reinem Wasser zu lösen, erfolgt leicht Zersetzung und Bildung basischer Verbindungen. Zu Lösungen, die längere Zeit aufbewahrt werden sollen, gibt man etwas metallisches Quecksilber.

Darstellung von Quecksilber(2)nitrat.

5 g Quecksilber erhitze man in einer Porzellanschale mit 30 ccm 30 proz. Salpetersäure. Die Lösung werde auf ein Volum von ungefähr 5 ccm eingedampft und mit Wasser aufgenommen. Sie enthält das Salz $Hg(NO_3)_2$, das Quecksilber(2)nitrat, das entsteht nach der Gleichung:

$$3\,Hg + 8\,H^{\cdot} + 2\,NO_3' = 3\,Hg^{\cdot\cdot} + 2\,NO + 4\,H_2O$$
$$3\,Hg + 8\,HNO_3 = 3\,Hg(NO_3)_2 + 4\,H_2O + 2\,NO\,.$$

Darstellung von Quecksilber(2)chlorid.

5 g Quecksilber erwärme man mit so viel Königswasser, daß gerade Lösung erfolgt. Die Lösung dampfe man in einer Porzellanschale zur Trockene und krystallisiere das entstandene Quecksilberchlorid aus heißem Wasser um. Die abfiltrierten und getrockneten Krystalle werden zur Bestimmung der Ausbeute gewogen. Die Bildungsgleichung für das Quecksilberchlorid ist folgende:

$$6\,HCl + 2\,HNO_3 + 3\,Hg = 4\,H_2O + 2\,NO + 3\,HgCl_2\,.$$

Reaktionen der Quecksilber(1)salze.

Mercuroionen werden von **Chlorionen** als weißes unlösliches Quecksilber(1)chlorid gefällt:

$$Hg^{\cdot} + Cl' = HgCl$$
$$HgNO_3 + HCl = HgCl + HNO_3\,.$$

Das Quecksilber(1)chlorid führt den Namen Kalomel, abgeleitet von den griechischen Worten *καλός μέλας*, was soviel wie schönes Schwarz bedeutet, da es beim Übergießen mit Ammoniak schwarz wird.

Die Reaktion erklärt sich dadurch, daß das Quecksilber(1)chlorid, mit Ammoniak zusammengebracht, metallisches Quecksilber abscheidet und in ein Quecksilber(2)-amidochlorid $Hg(NH_2)Cl$, das weiße unschmelzbare Präcipitat, übergeht, das durch das feinverteilte Quecksilber schwarz gefärbt erscheint.

$$2\,HgCl + 2\,NH_3 = Hg + [Hg(NH_2)]\,Cl + NH_4Cl\,.$$

Ammoniak direkt zu einer Lösung von Quecksilber(1)nitrat gebracht, fällt ebenfalls einen schwarzen Niederschlag, der aus einem Gemisch von metallischem Quecksilber und dem Salz $O{<}^{HgNH_2}_{HgNO_3}$ besteht.

$$4\,HgNO_3 + 4\,NH_3 + H_2O = O{<}^{HgNH_2}_{HgNO_3} + 2\,Hg + 3\,NH_4NO_3\,.$$

Natronlauge schlägt aus Lösungen von Quecksilber(1)salzen schwarzes Quecksilberoxydul, Hg_2O, nieder, an Stelle des eigentlich zu erwartenden Hydroxyduls. Gleichung? Der Niederschlag löst sich leicht in verdünnter Salpetersäure. Beim Erhitzen oder bei längerer Einwirkung des Lichtes erleidet er Zersetzung unter Abscheidung von Quecksilber und Bildung von Quecksilberoxyd.

Kaliumbichromat fällt aus schwach salpetersauren Lösungen von Quecksilber(1)salzen rotes Quecksilber(1)chromat, Hg_2CrO_4. Gleichung? Bei Abwesenheit von Salpetersäure fällt der Niederschlag dunkler aus; vielleicht hat er unter diesen Bedingungen die Zusammensetzung $3\,Hg_2CrO_4 \cdot Hg_2O$.

Kaliumjodid tropfenweise zu einer Quecksilber(1)salzlösung gegeben, fällt zunächst einen grüngelben Niederschlag von Quecksilber(1)jodid, der aber sehr rasch sich dunkel färbt, da er in Quecksilber(2)jodid und metallisches Quecksilber zerfällt. Bei Zugabe eines Überschusses von Jodkaliumlösung wird er rein grau, da das Quecksilber(2)jodid zu einer Komplexverbindung gelöst wird, so daß das metallische Quecksilber allein zurückbleibt.

Schwefelwasserstoff fällt aus Quecksilber(1)salzlösungen ein Gemisch von Quecksilber(2)sulfid und metallischem Quecksilber, da das Quecksilber(1)sulfid nicht beständig ist und sich sofort zersetzt.

Reaktionen der Quecksilber(2)salze.

Salzsäure fällt Mercuriionen nicht.

Ammoniak erzeugt in den Lösungen der Quecksilber(2)salze einen weißen Niederschlag, dessen Zusammensetzung von den Versuchsbedingungen abhängig ist.

So fällt aus einer Quecksilber(2)chloridlösung eine Quecksilber(2)-amidoverbindung, $Hg{<}^{NH_2}_{\ Cl}$, das weiße unschmelzbare Präcipitat, so genannt, weil sich die Verbindung beim trockenen Erhitzen ohne vorheriges Schmelzen verflüchtigt. Der Niederschlag ist löslich in Säuren und in Chlorammoniumlösung. Bei Gegenwart von Ammonsalzen bleibt daher die Fällung aus, und die Lösung krystallisiert erst beim Einengen. Es entsteht dann ein Ammoniakat des Quecksilberchlorids von der Formel $Hg(NH_3)_2Cl_2$, das sog. schmelzbare Präcipitat.

Werden Quecksilber(2)nitratlösungen mit Ammoniak gefällt, so entsteht eine weiße Oxyamidoverbindung von der Formel $O{<}^{Hg-NH_2}_{Hg-NO_3}$.

Wirkt Ammoniak auf Quecksilber(2)chloridlösung ein, so erfolgt eine der Hydrolyse analoge Reaktion, die man als Ammonolyse bezeichnet:

$$BiCl_3 + 2\,HOH = Bi(OH)_2Cl + 2\,HCl \quad \text{Hydrolyse},$$
$$HgCl_2 + HNH_2 = Hg(NH_2)Cl + HCl \quad \text{Ammonolyse},$$
$$HCl + NH_3 = NH_4Cl.$$

Sie wird beim Arbeiten in Gegenwart von Wasser meist von der Hydrolyse verdeckt und nur in einigen Fällen, besonders bei Quecksilbersalzen, lassen sich die ammonolytischen Reaktionsprodukte gut beobachten. Sehr deutlich und nicht gestört durch Hydrolyse erscheint die Ammonolyse bei den Halogenverbindungen des zweiwertigen Quecksilbers, vielleicht wegen der geringen elektrolytischen Dissoziation, wahrscheinlich aber auch wegen der Neigung des Quecksilbers, sich mit dem Stickstoff zu verketten. Bei den Salzen mit sauerstoffhaltigen Säuren, die stärker dissoziiert sind als die Halogenide, treten Ammonolyse und Hydrolyse nebeneinander auf, und es entstehen basische Salze, die halb durch Ammonolyse entstanden sind, halb auf hydrolytische Spaltung zurückzuführen sind, z. B. $NH_2 \cdot Hg \cdot O \cdot Hg \cdot NO_3$. Sie sind Derivate einer Base von der Formel $NH_2 \cdot Hg \cdot O \cdot Hg \cdot OH$, die man als MILLONsche Base bezeichnet, und die durch Einwirkung von Ammoniaklösung auf gelbes Quecksilberoxyd bei mäßiger Wärme erhalten werden kann.

Natronlauge fällt aus Quecksilber(2)salzlösung, wenn sie in geringer Menge zugesetzt wird, basisches Salz, im Überschuß zugegeben dagegen Quecksilberoxyd, HgO. Gleichung?

Bei der Fällung aus der Lösung des Chlorides ist ein besonders großer Überschuß an Natronlauge erforderlich, um eine vollständige Fällung zu erzielen, weil die Halogenverbindungen eine sehr viel geringere Dissoziation zeigen als die Salze der Sauerstoffsäuren. Der Niederschlag ist gelb gefärbt und in starker Säure leicht löslich. Er hat dieselbe Zusammensetzung wie das rote Quecksilberoxyd, das durch Erhitzen des Metalls an der Luft entsteht. Der Unterschied in der Farbe beruht darauf, daß das gefällte Oxyd sich in viel feinerer Verteilung befindet. Beim Erhitzen zerfällt das Oxyd in Metall und Sauerstoff.

Man erhitze in einem Reagensrohr eine Messerspitze voll Quecksilberoxyd und prüfe das entweichende Gas mit einem glimmenden Span.

Schwefelwasserstoff fällt Quecksilber(2)salze aus schwach saurer Lösung als schwarzes Sulfid, HgS. Gleichung? Aus Quecksilber(2)chloridlösungen fällt zuerst ein weißer Niederschlag, der beim weiteren Einleiten des Gases gelb, orange, rot, braun und schließlich schwarz wird. Der Farbenwechsel wird hervorgerufen durch farbige Chlorosulfide, die aus dem Sulfid und dem undissoziierten Chlorid bei der Fällung entstehen, z. B.

$$2\,H_2S + 3\,HgCl_2 = Hg_3S_2Cl_2 + 4\,HCl\,,$$

und die durch größere Mengen Schwefelwasserstoff allmählich in das Sulfid übergehen

$$Hg_3S_2Cl_2 + H_2S = 3\,HgS + 2\,HCl\,.$$

Analog dem Chlorosulfid ist das Quecksilber(2)thionitrat zusammengesetzt, das aus dem Sulfid durch Behandlung mit heißer Salpetersäure entsteht,

$$9\,HgS + 8\,HNO_3 = 3\,Hg_3S_2(NO_3)_2 + 3\,S + 2\,NO + 4\,H_2O\,,$$

und das durch langes Kochen mit konzentrierter Salpetersäure in Quecksilber(2)nitrat übergeführt werden kann.

In Schwefelammonium ist das Quecksilbersulfid unlöslich, dagegen löst es sich in Schwefelnatrium- oder Schwefelkaliumlösung bei Gegenwart von Ätzalkalien zu Quecksilberalkalisulfid, z. B. $Hg\!\!\begin{smallmatrix}SK\\SK\end{smallmatrix}$. Die Verbindung ist jedoch nicht sehr beständig, da sie schon beim Verdünnen mit Wasser zum Teil wieder zerfällt. Auch durch Ammoniumchloridlösung wird das Quecksilbersulfid wieder abgeschieden.

Diphenylcarbazid[1]. $OC(NH—NH \cdot C_6H_5)_2$. Ein Tropfen stark verdünnter Quecksilber(2)nitratlösung wird auf Filtrierpapier gesetzt, das mit einer frisch bereiteten 1proz. alkoholischen Lösung von Diphenylcarbazid durchtränkt worden ist. Violetter bis blauer Fleck je nach der vorhandenen Quecksilbermenge.

---

[1] Z. anal. Chem. **62**, 370.

Dissoziation und Komplexsalzbildung bei den Halogeniden und dem Cyanid.

Eine besondere Stellung nehmen bei den Quecksilber(2)salzen die Halogenderivate und das Cyanid ein durch ihre sehr geringe elektrolytische Dissoziation. Am stärksten gespalten unter den Halogeniden ist das Chlorid, doch ist bei ihm die Dissoziation wesentlich geringer als bei den Salzen mit Sauerstoffsäuren.

Man versetze eine Lösung von Rhodankalium einmal mit Quecksilber(2)chloridlösung und in einem zweiten Versuch mit Quecksilber(2)nitratlösung. Im zweiten Fall scheidet sich das schwerlösliche Quecksilber(2)rhodanid aus, während im ersten Fall kein Niederschlag entsteht, da die Quecksilber(2)chloridlösung nicht so viel Mercuriionen enthält, als zur Überschreitung des Löslichkeitsproduktes des Quecksilber(2)rhodanids erforderlich sind.

Eine analoge Reaktion tritt mit Kaliumchromat ein. Man versetze eine Quecksilber(2)nitratlösung mit einer Lösung von Kaliumchromat und Natriumacetat. Es fällt rotgelbes Quecksilber(2)chromat $HgCrO_4$. Aus Quecksilber(2)chloridlösungen wird dagegen kein Niederschlag gefällt.

Fast gar nicht dissoziiert ist das Quecksilbercyanid. Seine Lösung leitet den elektrischen Strom kaum besser als Wasser und zeigt weder die Reaktionen des Quecksilbers noch die des Cyanions. Nur von Schwefelwasserstoff wird es unter Abscheidung des Sulfides zerlegt. Man übergieße eine Probe Quecksilberoxyd mit Cyankaliumlösung. Das Oxyd löst sich auf, und es wird Kalilauge frei gemäß der Gleichung:

$$HgO + 2\,KCN + H_2O = Hg(CN)_2 + 2\,KOH\,.$$

Der geringen Dissoziation der Quecksilber(2)halogenide entspricht die Neigung zur Bildung von Komplexsalzen.

Man versetze eine Lösung von Quecksilber(2)chlorid mit Jodkaliumlösung. Es entsteht ein im ersten Augenblick gelber, sofort rot werdender Niederschlag von Quecksilberjodid HgJ_2, der sich im Überschuß der Jodkaliumlösung zu dem komplexen Salz $[HgJ_4]K_2$ auflöst. Aus dieser Lösung wird durch starke Basen kein Quecksilberoxyd gefällt. Die alkalische Auflösung des Kaliumjodmercurats wird als NESSLERsches Reagens bezeichnet und dient zum empfindlichen Nachweis von sehr kleinen Mengen Ammoniak, z. B. im Trinkwasser (vgl. S. 31). Der Niederschlag, der durch Ammoniak aus dem NESSLERschen Reagens gefällt wird, ist das Jodid der MILLONschen Base (S. 115) und hat die Formel $J \cdot Hg \cdot O \cdot Hg \cdot NH_2$.

Zu einer gesättigten Sublimatlösung, die noch einen Bodensatz von ungelöstem Sublimat enthält, gebe man Chlornatrium. Es geht jetzt alles in Lösung. Mit dem Kochsalz bildet das Sublimat nämlich die Verbindung $Na_2[HgCl_4]$, die in wässeriger Lösung zum Teil in $[HgCl_4]''$ und $Na^{\cdot}$ zum Teil in Quecksilber(2)chlorid und dissoziiertes Natriumchlorid gespalten ist. Gleichzeitig verschwindet bei Zusatz von Kochsalz die sauere Reaktion des Quecksilberchlorids.

Reduktion der Quecksilbersalze.

Reduktionsmittel führen Mercuriionen zunächst in Mercuroionen und dann in metallisches Quecksilber über. Aus Quecksilber(1)salzlösungen wird direkt metallisches Quecksilber abgeschieden.

Zinnchlorürlösung fällt aus Quecksilber(2)salzlösung einen weißen Niederschlag von Kalomel und geht dabei selbst in Zinnchlorid über.

$$2\,\mathrm{Hg^{\cdot\cdot}} + \mathrm{Sn^{\cdot\cdot}} = 2\,\mathrm{Hg^{\cdot}} + \mathrm{Sn^{\cdot\cdot\cdot\cdot}}$$
$$2\,\mathrm{HgCl_2} + \mathrm{SnCl_2} = 2\,\mathrm{HgCl} + \mathrm{SnCl_4}\,.$$

Bei energischer Einwirkung, am besten durch Erwärmen mit einem Überschuß von Zinnchlorürlösung geht die Reduktion weiter:

$$2\,\mathrm{Hg^{\cdot}} + \mathrm{Sn^{\cdot\cdot}} = \mathrm{Sn^{\cdot\cdot\cdot\cdot}} + 2\,\mathrm{Hg}$$
$$2\,\mathrm{HgCl} + \mathrm{SnCl_2} = \mathrm{SnCl_4} + 2\,\mathrm{Hg}\,.$$

Auch durch **schweflige Säure** werden Quecksilbersalze reduziert. Aus Quecksilber(1)nitrat wird leicht, aus Quecksilber(2)nitrat etwas schwerer metallisches Quecksilber abgeschieden.

$$2\,\mathrm{Hg^{\cdot}} + \mathrm{SO_3''} + \mathrm{H_2O} = \mathrm{SO_4''} + 2\,\mathrm{H^{\cdot}} + 2\,\mathrm{Hg}$$
$$2\,\mathrm{HgNO_3} + \mathrm{SO_2} + 2\,\mathrm{H_2O} = \mathrm{H_2SO_4} + 2\,\mathrm{HNO_3} + 2\,\mathrm{Hg}$$
$$\mathrm{Hg^{\cdot\cdot}} + \mathrm{SO_3''} + \mathrm{H_2O} = \mathrm{SO_4''} + 2\,\mathrm{H^{\cdot}} + \mathrm{Hg}\,.$$

Aus Quecksilber(2)chloridlösung fällt schweflige Säure zunächst Quecksilber(1)chlorid. Die Reduktion zum Metall kann hier nur durch Erwärmen mit einem beträchtlichen Überschuß des Reduktionsmittels erzwungen werden.

Eisen(2)sulfat reduziert Quecksilber(2)nitratlösungen in der Siedehitze bis zum metallischen Quecksilber; Quecksilber(2)chloridlösungen dagegen reagieren nicht mit Eisen(2)sulfat.

Sehr leicht erfolgt die Reduktion durch **Hydrazinsulfat** oder **Hydroxylaminchlorid**. Beide Reagenzien fällen das Quecksilber aus ammoniakalischer, chlorammoniumhaltiger Lösung glatt als Metall.

Metalle, wie **Kupfer, Eisen und Zink**, scheiden aus Lösungen von Quecksilbersalzen das Metall ab. Auf diese Reaktion ist ein von JANNASCH angegebener Nachweis für kleine Quecksilbermengen gegründet.

In eine Lösung eines Quecksilbersalzes bringt man ein kleines Stück Kupferblech oder eine Kupfermünze. Das Quecksilberion wird, da es eine geringere Elektroaffinität besitzt als das Kupfer, entladen und metallisch abgeschieden:

$$\mathrm{Hg^{\cdot\cdot}} + \mathrm{Cu} = \mathrm{Cu^{\cdot\cdot}} + \mathrm{Hg}\,.$$

Das abgeschiedene Quecksilber amalgamiert das Kupfer, so daß es beim Reiben silberglänzend erscheint. Bringt man das amalgamierte Kupfer in einem Reagensrohr oder bei sehr kleinen Mengen in einem Glühröhrchen mit einem Körnchen Jod zusammen und erhitzt mäßig, so bildet sich alsbald ein Sublimat von Quecksilberjodid, und zwar zunächst die gelbe Modifikation, die rasch in die rote übergeht.

Bei sehr geringen Quecksilbermengen kann man auch das amalgamierte Kupfer mit einem Kryställchen Jod zusammen auf einen Objektträger legen und mit einem Uhrgläschen bedecken.

Nach längerem Stehen bilden sich hier schon bei gewöhnlicher Temperatur Krystalle von Quecksilberjodid, die man unter dem Mikroskop beobachten kann.

Trockene Reaktionen der Quecksilberverbindungen.

Im Glühröhrchen. Eine kleine Probe eines Quecksilbersalzes werde mit der vier- bis fünffachen Menge calcinierter Soda gemischt, in ein Glühröhrchen gebracht und mit Soda etwa 1 cm hoch überschichtet. Erhitzt man von oben anfangend zunächst die Soda und dann das Gemisch, so erfolgt Reduktion zu metallischem Quecksilber, das in den oberen, kälteren Teil des Röhrchens destilliert und sich hier als Metallspiegel absetzt.

Das Quecksilbersalz wird durch die Soda bei der Reaktion zu Carbonat umgesetzt, das bei der hohen Temperatur in Sauerstoff, Kohlendioxyd und das Metall zerfällt. Die Reaktion versagt bei dem Quecksilberjodid, das, ohne zersetzt zu werden, aus dem Gemisch sich verflüchtigt.

Auf der Beschlagschale kann ein Metallbeschlag in der gewöhnlichen Weise durch Erhitzen der Probe am Asbeststäbchen in der Reduktionsflamme erhalten werden. Besser erhält man einen Beschlag auf der Porzellanschale, wenn man in einem kurzen Glühröhrchen die Reaktion sich vollziehen läßt und den Beschlag auf einer über das Röhrchen gehaltenen Schale auffängt.

Man bringe in ein 2 cm langes, $^1/_2$ cm weites Röhrchen das Gemisch von Soda und Quecksilbersalz in erbsengroßer Menge, darüber eine Schicht Soda bis an den Rand des Röhrchens. Das Röhrchen fasse man mit einer Zange oder umwickle es mit einem Platindraht, der in eine Glasröhre eingeschmolzen ist, und halte es mit der Mündung senkrecht nach oben in eine auf halbe Höhe eingestellte Bunsenflamme. Unmittelbar über die Mündung des Röhrchens halte man eine mit kaltem Wasser halb gefüllte Schale, auf der man die Quecksilberdämpfe auffängt.

Der Metallbeschlag läßt sich mit einem Stückchen Filtrierpapier zu kleinen, mit der Lupe deutlich erkennbaren Quecksilberkügelchen zusammenschieben.

Durch Behandlung mit der Jodtinkturflamme gibt er den gelben bis carminroten Jodidbeschlag, und dieser geht bei Behandlung mit Schwefelwasserstoff in den schwarzen Sulfidbeschlag über.

B. Die Elemente der Arsengruppe.

Arsen.

Ein Stückchen Arsen werde in einem Reagensrohr unter dem Abzug mäßig erhitzt. Es geht ohne zu schmelzen in einen braungelben Dampf über, der sich an den kälteren Teilen des Rohres krystallinisch niederschlägt als spiegelnder Beschlag.

Neben dem grauen metallischen Arsen existiert auch noch das außerordentlich unbeständige gelbe Arsen, das sich bei rascher Abkühlung des Arsendampfes krystallinisch abscheidet. Es hat knoblauchartigen Geruch, löst sich in Schwefelkohlenstoff und ist ein Analogon zu dem weißen Phosphor. Es geht sehr schnell, namentlich unter Einwirkung von Wärme und Licht, in das graue metallische Arsen über.

Ein anderes Stückchen Arsen bringe man in die Mitte eines beiderseits offenen Glasröhrchens und erhitze es, während man das Röhrchen schräg nach aufwärts hält. Bei Luftzutritt verbrennt das Arsen und gibt ein weißes Sublimat von Arsentrioxyd.

Das Arsen bildet zwei Sauerstoffverbindungen, das Arsentrioxyd As_2O_3 und das Arsenpentoxyd As_2O_5. Beim Verbrennen entsteht das Trioxyd, das Anhydrid der arsenigen Säure, das gewöhnlich als Arsenik bezeichnet wird. Durch Umsublimieren kann es in Form einer amorphen, glasigen Masse erhalten werden, die allmählich porzellanartig wird, indem sie in den krystallinischen Zustand übergeht. Zu dem Oxyd As_2O_3 gehört ein Hydroxyd $As{-}(OH)_3$, die orthoarsenige Säure,

und ein anderes wasserärmeres, die metaarsenige Säure $O = As{-}OH$. Von den Salzen, die diese Hydrate, die vorwiegend sauren Charakter besitzen, zu bilden vermögen, leiten sich die Alkalisalze von der metaarsenigen Säure, die Schwermetallsalze von der orthoarsenigen Säure ab. Durch Wasseraustritt zwischen zwei Molekülen der orthoarsenigen Säure entsteht eine pyroarsenige Säure

$$(HO)_2As{-}O{-}As(OH)_2.$$

Alle drei Säuren existieren nicht in freiem Zustand. Dagegen ist das Hydrat des Oxydes As_2O_5, die Arsensäure $O = As{-}(OH)_3$ beständig. Auch von ihr leitet sich eine Metaarsensäure $O_2As{-}OH$ durch Abspaltung von Wasser aus einem Molekül und eine Pyroarsensäure,

$$(HO)_2(O)As{-}O{-}As(O)(OH),$$

durch Austritt von Wasser aus 2 Molekülen ab. Da aber die beiden Säuren sehr leicht durch Wasseraufnahme in die Orthoarsensäure übergehen, so ist nur diese analytisch wichtig.

Andererseits bildet das Arsen auch ein Trichlorid $AsCl_3$ durch direkte Vereinigung von Arsen mit Chlor. Es ist eine bei 134^0 siedende Flüssigkeit, die durch Wasser sehr leicht hydrolysiert wird. Eine Lösung von Arsentrioxyd in Salzsäure enthält neben dem Arsentrichlorid auch stets das Trihydroxyd, da der Auflösungsvorgang infolge der Hydrolyse umkehrbar ist.

$$As(OH)_3 + 3\,HCl \rightleftarrows AsCl_3 + 3\,H_2O.$$

Das Mengenverhältnis zwischen Chlorid und Hydroxyd hängt ab von der Konzentration der Chlorwasserstoffsäure. Wird eine Lösung von arseniger Säure in konzentrierter Salzsäure, die den größten Teil des Arsens als Chlorid enthält, gekocht, so entweicht mit dem Chlorwasserstoff zusammen auch Arsentrichlorid. Wird während des Kochens Chlorwasserstoffgas eingeleitet, wodurch der Chlorwasserstoff auf seiner höchstmöglichen Konzentration erhalten wird, so läßt sich das Arsen quantitativ als Chlorid aus der Lösung verflüchtigen.

In der fünfwertigen Form vermag das Arsen beständige Chlorverbindungen nicht mehr zu bilden. Ein Pentachlorid existiert unterhalb -28^0, und wenn die Arsensäure mit Salzsäure behandelt wird, so entsteht das Trichlorid unter Abspaltung von Chlor.

$$H_3AsO_4 + 5\,HCl = 4\,H_2O + AsCl_3 + Cl_2.$$

Reaktionen der arsenigen Säure.

Eine Messerspitze voll Arsenigsäureanhydrid werde in einem Erlenmeyer-Kölbchen mit etwa 30 ccm Wasser gekocht. Die Löslichkeit ist ziemlich gering und abhängig davon, ob das Produkt krystallinisch oder amorph ist. Im ersten Falle ist die Löslichkeit geringer, im zweiten größer. Sie wird meist als $^1/_{300}$—$^1/_{30}$ angegeben.

Schwefelwasserstoff färbt wässerige Lösungen von arseniger Säure gelb, ohne einen Niederschlag abzuscheiden. Wird die mit Schwefelwasserstoff behandelte Lösung mit Salzsäure versetzt und eventuell erwärmt, oder wird der Schwefelwasserstoff in eine mit Salzsäure angesäuerte Lösung, am besten unter Erwärmen, eingeleitet, so fällt ein gelber Niederschlag von Arsentrisulfid As_2S_3.

$$2\,As(OH)_3 + 3\,H_2S = As_2S_3 + 6\,H_2O\,.$$

Das Ausbleiben des Niederschlages bei Abwesenheit von Salzsäure erklärt sich dadurch, daß das Arsentrisulfid zunächst kolloidal gelöst bleibt. Die kolloidale Lösung ist in diesem Falle eine Suspension von Arsentrisulfid in so ungeheuer feiner Verteilung, daß die einzelnen Teilchen weder sichtbar sind noch durch Filter zurückgehalten werden können. Der Zusatz von Salzsäure hebt den kolloidalen Zustand auf und flockt das Trisulfid aus.

Man filtriere den Sulfidniederschlag auf einem glatten Filter ab, wasche ihn aus und teile ihn in drei Teile.

Einen Teil übergieße man in einer Schale mit konzentrierter Salzsäure und erwärme. Das Arsentrisulfid löst sich sehr schwer in Salzsäure. Durch Kochen mit Salzsäure kann eine teilweise Auflösung erzielt werden, da sich Arsentrichlorid bildet, das mit den Salzsäuredämpfen flüchtig ist. Konzentrierte Salpetersäure löst es dagegen unter Oxydation zu Arsensäure und Schwefelsäure. Ebenso wird es von ammoniakalischem Wasserstoffsuperoxyd zu den gleichen Produkten oxydiert.

Den zweiten Teil digeriere man mit Schwefelammoniumlösung. Das Arsensulfid löst sich auf. Aus der Lösung wird es durch Zusatz von verdünnter Salzsäure oder Schwefelsäure wieder ausgefällt.

Den dritten Teil des Niederschlags erwärme man mit Ammoncarbonatlösung. Auch hierin löst sich das Trisulfid auf und fällt durch Säurezusatz wieder aus.

Mit Schwefelammonium reagiert das Arsentrisulfid im Sinne der Gleichung

$$As_2S_3 + 3\,S'' = 2\,AsS_3'''$$
$$As_2S_3 + 3\,(NH_4)_2S = 2\,As(SNH_4)_3\,.$$

Es wird das Ammoniumsalz der thioarsenigen Säure $As(SH)_3$ gebildet, die sich von der orthoarsenigen Säure durch Ersatz der Sauerstoffatome durch Schwefel herleitet und nur in ihren Salzen bekannt ist. Wird gelbes Schwefelammonium zur Auflösung des Arsensulfides verwendet, so löst es sich als das Ammoniumsalz der Thioarsensäure $AsS(SNH_4)_3$, die der Orthoarsensäure entspricht und ebenso wie die thioarsenige Säure frei nicht beständig ist.

$$As_2S_3 + 3\,S'' + 2\,S = 2\,AsS_4'''$$
$$As_2S_3 + 3\,(NH_4)_2S + 2\,S = 2\,AsS(SNH_4)_3\,.$$

Versetzt man daher die Lösungen dieser Salze mit Säure, so fällt entweder das Trisulfid oder das Pentasulfid aus, da die frei werdende Thiosäure sofort zerfällt.

$$2\,AsS_3''' + 6\,H^{\cdot} = 3\,H_2S + As_2S_3$$
$$2\,AsS_4''' + 6\,H^{\cdot} = 3\,H_2S + As_2S_5$$
$$2\,As(SNH_4)_3 + 6\,HCl = As_2S_3 + 3\,H_2S + 6\,NH_4Cl$$
$$2\,AsS(SNH_4)_3 + 6\,HCl = As_2S_5 + 3\,H_2S + 6\,NH_4Cl\,.$$

Ammoncarbonat löst das Arsensulfid teils als Thiosäuresalz wie das Schwefelammonium, ein anderer Teil wird in Ammoniumarsenit übergeführt.

$$As_2S_3 + 2\,CO_3'' = AsS_3''' + AsO_2' + 2\,CO_2$$
$$As_2S_3 + 2\,(NH_4)_2CO_3 = As(SNH_4)_3 + AsO(ONH_4) + 2\,CO_2\,.$$

Säurezusatz fällt auch hier das Sulfid wieder aus. Die Fällung wird jedoch nur vollständig, wenn dabei Schwefelwasserstoff eingeleitet wird, da bei der Zersetzung ein Verlust an Schwefelwasserstoff nicht zu vermeiden ist, so daß ein Teil des als Ammoniumarsenits gelösten Arsens in Lösung bleiben kann.

$$AsS_3''' + AsO_2' + 4\,H\cdot = 2\,H_2O + As_2S_3$$
$$As(SNH_4)_3 + AsO(ONH_4) + 4\,HCl = 4\,NH_4Cl + 2\,H_2O + As_2S_3\,.$$

Silbernitrat fällt die wässerige Lösung der arsenigen Säure nicht. Auf Zusatz von 1—2 Tropfen Ammoniak (am Glasstab zuzugeben) fällt das gelbe Silbersalz der arsenigen Säure, AsO_3Ag_3. Man kann auch die mit Silbernitrat versetzte Lösung der arsenigen Säure mit Ammoniaklösung vorsichtig überschichten. An der Berührungsstelle der beiden Schichten bildet der sich ausscheidende Niederschlag einen gelben Ring. Ein Überschuß von Ammoniak löst den Niederschlag. Beim Kochen scheidet die ammoniakalische Lösung des Niederschlags metallisches Silber ab.

Der Silberarsenitniederschlag entsteht nach der Gleichung:

$$AsO_3'' + 3\,Ag\cdot = AsO_3Ag_3$$
$$As(OH)_3 + 3\,AgNO_3 + 3\,NH_4OH = AsO_3Ag_3 + 3\,H_2O + 3\,NH_4NO_3\,.$$

Das Ammoniak hat den Zweck, die bei der Fällung frei werdende Säure zu neutralisieren, die den Niederschlag sonst wieder löst. Andererseits wirkt Ammoniak in größeren Mengen selbst lösend auf den Niederschlag, indem es ihn entweder in Ammoniumarsenit überführt oder, nach anderer Auffassung, durch Bildung einer Komplexverbindung, entsprechend folgenden Gleichungen:

$$AsO_3Ag_3 + 3\,NH_4NO_3 + NH_4OH = 2\,H_2O + AsO_2NH_4 + 3\,Ag(NH_3)NO_3$$
oder
$$Ag_3AsO_3 + 6\,NH_3 = [Ag(NH_3)_2]_3AsO_3\,.$$

Die Silberausscheidung erfolgt schließlich durch die Reduktionswirkung der arsenigen Säure, die in Arsensäure übergeht.

$$AsO_3''' + [Ag(NH_3)_2]\cdot + H_2O = AsO_4''' + Ag + 2\,NH_4\cdot\,.$$

Kupfersulfatlösung in kleinen Mengen zu der Lösung der arsenigen Säure gegeben, fällt keinen Niederschlag. Auf Zusatz einiger Tropfen Natronlauge fällt ein gelbgrüner Niederschlag von saurem Kupfer(2)-arsenit, das sog. SCHEELEsche Grün. Wurde anfänglich zuviel Kupfersulfat zugegeben, so erscheint der Niederschlag mehr blaugrün durch beigemengtes Kupferhydroxyd. In überschüssiger Natronlauge löst sich der Niederschlag mit blauer Farbe, und beim Kochen der Lösung scheidet sich rotes Kupferoxydul ab.

Arsenige Säure, Kupfersulfat und Natronlauge reagieren nach der Gleichung:

$$As(OH)_3 + CuSO_4 + 2\,NaOH = CuHAsO_3 + Na_2SO_4 + 2\,H_2O\,.$$

Der Überschuß von Natronlauge bewirkt Bildung des neutralen Salzes:

$$CuHAsO_3 + NaOH = CuNaAsO_3 + H_2O\,.$$

Beim Kochen übt die arsenige Säure wieder Reduktionswirkung aus:

$$2\,CuNaAsO_3 + 2\,NaOH = AsO_4Na_3 + AsO_2Na + H_2O + Cu_2O\,.$$

Jodjodkaliumlösung wird von arseniger Säure entfärbt, wobei ebenfalls eine Oxydation der arsenigen Säure zu Arsensäure stattfindet.

$$AsO_3''' + H_2O + J_2 = AsO_4''' + 2\,H\cdot + 2\,J'$$
$$As(OH)_3 + J_2 + H_2O = H_3AsO_4 + 2\,HJ\,.$$

Da aber andererseits Arsensäure in saurer Lösung aus Jodwasserstoff leicht Jod in Freiheit setzt, so muß, wenn die Reaktion vollständig verlaufen soll, die frei werdende Säure gebunden werden. Es wird dies erreicht durch Zugabe von Natriumbicarbonat, da Natronlauge oder Soda selbst auf die Jodjodkaliumlösung einwirken.

Man versetze zur Ausführung der Reaktion die Arsenigsäurelösung im Reagensrohr mit einem Überschuß von Natriumbicarbonatlösung, oder man löse eine Federmesserspitze Arsenigsäureanhydrid in Natronlauge auf, säuere an mit Salzsäure und übersättige diese mit Natriumbicarbonat. Zu der Lösung gebe man tropfenweise eine Lösung von Jod in Jodkalium. Die Reaktion dient zur titrimetrischen Bestimmung der arsenigen Säure.

Übergang der arsenigen Säure in Arsensäure und Reaktionen der Arsensäure.

2 g Arsenigsäureanhydrid werden in einer Porzellanschale mit etwa 10 ccm konzentrierter Salpetersäure übergossen und bis zur völligen Lösung erwärmt.

$$2\,H_3AsO_3 + 2\,HNO_3 = 2\,H_3AsO_4 + N_2O_3 + H_2O\,.$$

Wenn die Oxydation beendet ist, wird die überschüssige Salpetersäure verdampft. Die Arsensäure bleibt als sirupöser Rückstand zurück und wird in etwa 100 ccm Wasser aufgenommen.

Schwefelwasserstoff fällt aus einer eiskalten, stark salzsauren (1 Teil Wasser, 2 Teile Salzsäure) Lösung von Arsensäure, wenn er in raschem Strom eingeleitet wird, einen citronengelben Niederschlag von Arsenpentasulfid.

In der Wärme fällt ein rascher Schwefelwasserstoffstrom aus solchen Lösungen ein Gemisch von Arsenpentasulfid und -trisulfid.

Aus mäßig sauren Lösungen scheidet ein schneller Strom von Schwefelwasserstoff bei 60—70° nach Bunsen reines Pentasulfid aus, während durch einen langsamen Strom des Gases bei Siedehitze ein Gemenge der beiden Sulfide fällt.

Bei gewöhnlicher Temperatur und geringer Säurekonzentration entsteht bei langsamem Einleiten von Schwefelwasserstoff zunächst keine Fällung; erst nach einiger Zeit trübt sich die Lösung durch ausgeschiedenen Schwefel, und es wird ein Gemisch von Trisulfid und Pentasulfid niedergeschlagen; durch Erhitzen wird der Verlauf der Reaktion beschleunigt und mehr Trisulfid als Pentasulfid gebildet.

Nach Untersuchungen von W. Foster[1] und Mc Cay beruhen diese Reaktionen nicht, wie G. Rose annahm, auf einer Reduktion der Arsensäure durch Schwefelwasserstoff, sondern auf der Bildung einer Monothioarsensäure H_3AsSO_3.

$$H_2S + AsO_4''' = H_2O + AsSO_3'''\,.$$

Diese zerfällt unter Abscheidung von Schwefel:

$$H_3AsSO_3 = H_3AsO_3 + S\,,$$

und zwar langsam bei Gegenwart verdünnter Säuren, schnell und schon bei 0° durch konzentrierte Säure. Andererseits wird die Monothioarsensäure selbst durch Schwefelwasserstoff in Arsenpentasulfid übergeführt:

$$2\,H_3AsSO_3 + 3\,H_2S = As_2S_5 + 6\,H_2O\,,$$

---

[1] Chem. Zbl. **1916** I, 732.

eine Reaktion, die bei 60—70° am besten und glattesten verläuft, die aber auch bei niederer Temperatur bei genügend rascher Zufuhr von Schwefelwasserstoff den Zerfall der Monothioarsensäure in Schwefel und arsenige Säure derart überholen kann, daß nicht nur ein Gemenge der beiden Sulfide, sondern reines Pentasulfid entsteht.

Das Pentasulfid löst sich schwer in Salzsäure; durch konzentrierte Salpetersäure oder ammoniakalisches Wasserstoffsuperoxyd wird es zu Arsensäure und Schwefelsäure oxydiert. In Schwefelalkalien und Ammoncarbonat löst es sich ebenso wie das Trisulfid unter Bildung von thioarsensauren Salzen:

$$As_2S_5 + 3\,S'' = 2\,AsS_4'''$$

oder als Thiooxyarsenat:

$$As_2S_5 + 3\,\overset{..}{C}O_3'' = AsS_4''' + AsSO_3''' + 3\,CO_2$$
$$As_2S_5 + 3\,(NH_4)_2CO_3 = 3\,CO_2 + AsS(SNH_4)_3 + AsS(ONH_4)_3\,.$$

Durch Säure wird aus diesen Lösungen das Pentasulfid wieder ausgefällt.

$$AsS_4''' + AsSO_3''' + 6\,H\cdot = 3\,H_2O + As_2S_5\,.$$

Silbernitrat fällt aus der Arsensäurelösung zunächst keinen Niederschlag. Wird in derselben Weise wie bei der arsenigen Säure Ammoniak zugesetzt, so entsteht ein schokoladebrauner Niederschlag oder Ring von arsensaurem Silber Ag_3AsO_4. Gleichung? In Salpetersäure und Ammoniak ist der Silberniederschlag löslich. Beim Kochen der ammoniakalischen Lösung scheidet sich kein Silber ab.

Jodkaliumlösung. Zu einer mit Salzsäure angesäuerten Lösung von Arsensäure gebe man eine Jodkaliumlösung. Es erfolgt Ausscheidung von Jod. In saurer Lösung hat das Arsenation das Bestreben, in Arsenition überzugehen und wirkt daher wie ein Oxydationsmittel:

$$AsO_4''' + 2\,H\cdot + 2\,J' = AsO_3''' + H_2O + J_2$$
$$H_3AsO_4 + 2\,HJ = H_3AsO_3 + H_2O + J_2\,.$$

Magnesiamixtur, bereitet aus Magnesiumchloridlösung, Ammoniak und so viel Ammoniumchlorid, daß der anfänglich entstehende Niederschlag sich wieder löst, fällt die Arsensäure in Form eines weißen krystallinischen Niederschlags von Magnesiumammoniumarsenat, $Mg(NH_4)AsO_4$ (Charakteristische Reaktion.)

$$Mg\cdot\cdot + NH_4\cdot + AsO_4''' = MgNH_4AsO_4$$
$$H_3AsO_4 + MgCl_2 + 3\,NH_4OH = 3\,H_2O + 2\,NH_4Cl + Mg(NH_4)AsO_4\,.$$

Der Niederschlag ist analog zusammengesetzt wie der Phosphorsäureniederschlag. Er zeigt auch die gleiche Krystallform und geht beim Glühen in analoger Reaktion in ein Salz der Pyroarsensäure über (vgl. S. 65).

$$2\,MgNH_4AsO_4 = Mg_2As_2O_7 + 2\,NH_3 + H_2O\,.$$

Von dem Ammoniummagnesiumphosphat läßt sich der Arsenniederschlag leicht unterscheiden durch die Fällung, die er mit Schwefelwasserstoff in saurer Lösung gibt, und durch Betupfen mit Silbernitratlösung. Das Magnesiumammoniumphosphat färbt sich gelb, das Arsenat braun.

Auch gegen **Ammoniummolybdat** zeigt die Arsensäure ein ähnliches Verhalten wie die Phosphorsäure, nur ist die Reaktion weniger empfindlich. 2 ccm Ammonmolybdatlösung werden tropfenweise mit Salpetersäure versetzt bis zur Wiederauflösung des ausfallenden weißen Niederschlags. Zu der klaren Lösung gebe man 2—3 Tropfen der Arsensäurelösung und koche. Es bildet sich ein gelber Niederschlag von der Zusammensetzung $(NH_4)_3[AsO_4(MoO_3)_{12}]$.

Reaktionen, die bei beiden Oxydationsstufen eintreten.

BETTENDORFFS Probe. In etwa 5 ccm konzentrierter Salzsäure löse man so viel festes Zinnchlorür auf, daß eine gesättigte Lösung entsteht. Zu dieser Lösung, dem sog. BETTENDORFFschen Reagens, gebe man in 2 Reagensgläsern je eine Probe Arsenigsäurelösung und Arsensäurelösung. In beiden Fällen tritt Dunkelbraunfärbung ein, und bei Gegenwart von viel Arsen scheidet sich ein schwarzer Niederschlag von elementarem Arsen ab.

$$2\,AsO_3''' + 3\,Sn\cdots + 12\,H\cdot = 3\,Sn\cdots\cdots + 6\,H_2O + 2\,As$$
$$2\,AsO_4''' + 5\,Sn\cdots + 16\,H\cdot = 5\,Sn\cdots\cdots + 8\,H_2O + 2\,As\,.$$

Probe von GUTZEIT. In einem Reagensrohr wird Zink mit Salzsäure übergossen und eine Probe der Arsenlösung zugegeben. In den oberen Teil des Reagensrohres schiebt man einen Bausch Watte, um von der Gasentwicklung mitgeführte Säuretröpfchen zurückzuhalten. Die Mündung des Rohres wird mit einem Stückchen Filtrierpapier bedeckt, auf das ein Kryställchen Silbernitrat gelegt wird. Der Krystall färbt sich alsbald gelb, und beim Befeuchten mit Wasser entsteht ein schwarzer Fleck auf dem Papier.

Durch den nascierenden Wasserstoff aus dem Zink und der Salzsäure werden die säurelöslichen Arsenverbindungen reduziert zu Arsenwasserstoff AsH_3. Dieser gibt mit dem Silbernitrat zunächst eine gelbgefärbte Verbindung:

$$AsH_3 + 6\,AgNO_3 = [AsAg_3 \cdot 3\,AgNO_3] + 3\,HNO_3\,.$$

Durch Wasser wird die Verbindung unter Abscheidung metallischen Silbers zerlegt, so daß ein schwarzer Fleck auf dem Papier entsteht.

$$[AsAg_3 \cdot 3\,AgNO_3] + 3\,H_2O = As(OH)_3 + 3\,HNO_3 + 6\,Ag\,.$$

Außerdem reagiert der Arsenwasserstoff auch mit der in das Papier aufgesaugten Silbernitratlösung unter Abscheidung von metallischem Silber

$$AsH_3 + 6\,AgNO_3 + 3\,H_2O = As(OH)_3 + 6\,HNO_3 + 6\,Ag\,.$$

Bedeckt man das Reagensglas mit einem Stück Filtrierpapier, das mit Quecksilberbromidlösung getränkt und dann wieder getrocknet wurde, so färbt sich das Papier durch den dagegenströmenden Arsenwasserstoff je nach der vorhandenen Arsenmenge gelb bis braun. Die Reaktion ist sehr empfindlich und gestattet den Nachweis kleinster Arsenmengen.

Probe von MARSH. Ebenfalls sehr empfindlich und für den Nachweis der kleinsten Arsenmengen geeignet, aber umständlicher, ist die Probe von MARSH, die besonders bei forensischen Untersuchungen angewendet wird. Sie beruht auf der Eigenschaft des Arsenwasserstoffs, an der Luft zu Wasser und Arsenigsäureanhydrid zu verbrennen, bei Erhitzung unter Luftabschluß dagegen in Arsen und Wasserstoff zu dissoziieren.

Zur Ausführung der Probe versieht man einen Erlenmeyer-Kolben mittels eines doppelt durchbohrten Korken mit einem Trichterrohr und Gasableitungsrohr, das in ein halb mit Watte, halb mit gekörntem

Chlorcalcium beschicktes Rohr mündet. An dieses schließt sich eine Röhre aus schwer schmelzbarem Glase, die an einigen Stellen vor dem Gebläse etwas verengt und am Ende zu einer nach oben gerichteten Spitze ausgezogen ist (Abb. 15). Sie wird zweckmäßig durch ein Stativ unterstützt, damit sie sich beim Erhitzen nicht verbiegt.

In den Entwicklungskolben bringt man reines Zink und etwas Wasser, prüft auf Dichtigkeit des Apparates und setzt durch Eingießen von reiner konzentrierter Salzsäure die Wasserstoffentwicklung in Gang. Wenn nötig, kann 1 Tropfen Kupfervitriollösung zugegeben werden (vgl. S. 97). Zunächst wird durch den Wasserstoff die Luft aus dem Apparat ausgetrieben.

Diese Operation kann man beschleunigen und erleichtern, wenn man den Entwicklungskolben nicht sehr groß aber weithalsig wählt und durch eine dritte Bohrung des Korks eine

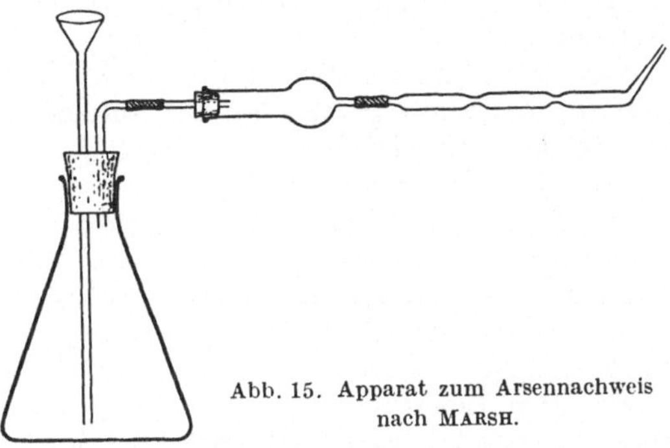

Abb. 15. Apparat zum Arsennachweis nach MARSH.

Glasröhre bis auf den Boden des Kolbens führt, durch die man einen Strom von Wasserstoff einleitet, der aus einem ebenfalls mit reinen Materialien beschickten KIPPschen Apparat entnommen wird.

Ist die Luft aus dem Apparat verdrängt (Probe!), so wird der Wasserstoff am Ende des schwer schmelzbaren Rohres entzündet und ein blinder Versuch angestellt. Die schwer schmelzbare Röhre wird mit dem Bunsenbrenner an einer Verengerung erhitzt. Bei vollkommener Reinheit von Zink und Säure darf kein Anflug von metallischem Arsen auftreten.

Nun bringt man durch das Trichterrohr eine Arsenlösung in den Entwicklungskolben. Alsbald macht sich an der vorher farblos brennenden Wasserstoffflamme eine fahlblaue Färbung bemerkbar, sowie bei größeren Mengen Arsen ein weißer Rauch von Arsenigsäureanhydrid.

Hält man eine kalte Porzellanschale in die Flamme hinein, so erfolgt durch diese Abkühlung der Flamme eine nur unvollkommene Verbrennung, und das Arsen scheidet sich in Form eines metallisch glänzenden dunkeln Fleckens ab. Hält man eine gekühlte Porzellanschale über die Spitze der Flamme, so enthält man auf der Schale einen Oxydbeschlag von Arsentrioxyd. Man stelle einige Metall- und Oxydbeschläge her, um Reaktionen damit anzustellen.

Man erhitze ferner die schwer schmelzbare Röhre an den verengten Stellen. Bei schwacher Glühhitze zerfällt der Arsenwasserstoff, und das Arsen scheidet sich hinter der erhitzten Stelle als Spiegel ab.

Reaktionen der Metallbeschläge. Mit Natriumhypochloritlösung betupft löst sich der Arsenspiegel auf, da er zu Arsensäure oxydiert wird:

$$2\,As + 5\,NaOCl + 3\,H_2O = 5\,NaCl + 2\,H_3AsO_4\,.$$

Ein Gemisch von Natronlauge und Wasserstoffsuperoxyd hat die gleiche Wirkung.

Der Metallbeschlag wird von konzentrierter Salpetersäure zu Arsensäure oxydiert, die, mit Silbernitrat betupft und mit Ammoniak beblasen, braunes Silberarsenat gibt.

Reaktionen des Oxydbeschlags. Bestreicht man einen Oxydbeschlag mit Silbernitratlösung und bläst Ammoniakgas darauf, so bildet sich gelbes Silberarsenit.

Unter der Einwirkung von Schwefelwasserstoff geht der Oxydbeschlag über in gelbes Schwefelarsen As_2S_3, das sich beim Bestreichen mit Schwefelammon auflöst und beim Verdunsten der Lösung wieder erscheint.

Mit der Flamme der brennenden Jodtinktur läßt sich der Oxydbeschlag in den eigelben Jodidbeschlag überführen, der durch Ammoniak dauernd verschwindet, durch Behandlung mit Chlorwasserstoff aber wieder hergestellt wird.

Die Arsenspiegel in der Röhre können ebenfalls charakterisiert werden durch ihre Löslichkeit in Natriumhypochloritlösung oder in Natronlauge-Wasserstoffsuperoxyd. Durch Behandlung mit Schwefelwasserstoff entsteht gelbes Arsensulfid, das sich beim Darüberleiten von Chlorwasserstoffgas nicht verändert.

Trockene Reaktionen. In ein am geschlossenen Ende durch Ausziehen stark verengertes Glühröhrchen gebe man ein Körnchen Arsenik und dann einen 1 cm langen Splitter Holzkohle. Zuerst erhitze man alsdann die Holzkohle zum Glühen, danach verdampfe man das Arsenik, so daß die Dämpfe über die glühende Kohle streichen. Über der erhitzten Stelle bildet sich alsbald ein Arsenspiegel.

Beschlagschalreaktionen. Am Asbeststäbchen in der Reduktions- und in der Oxydationsflamme erhitzt geben die Arsenverbindungen die gleichen Metall- und Oxydbeschläge, wie sie mit Hilfe des Apparates von MARSH erhalten werden. Man verwendet für diese Reaktionen am besten eine Probe von Arsentrisulfid.

Auf der Kohle vor dem Lötrohr mit Soda erhitzt geben Arsenverbindungen einen weißen Beschlag, da das frei werdende Arsen in der Flamme sofort zu Trioxyd verbrennt. Gleichzeitig tritt ein intensiver knoblauchartiger Geruch auf. Wird der Beschlag auf einem vorgewärmten Objektträger aufgefangen (vgl. S. 100), so kann er mikroskopisch untersucht werden. Er besteht aus kleinen, aber gut ausgebildeten, oktaedrischen Kryställchen, die recht charakteristisch sind.

Antimon.

Darstellung von Antimontrichlorid. 25 g feingepulvertes Grauspießglanzerz, Sb_2S_3, werden in einem Erlenmeyer-Kolben mit 130 ccm konzentrierter Salzsäure übergossen und erwärmt. Man prüfe das entweichende Gas mit Bleipapier. Gleichung? Die Operation ist unter einem gut ziehenden Abzuge auszuführen. Wenn kein Schwefelwasserstoff mehr entweicht, lasse man etwas abkühlen und gieße die Lösung von dem Rückstande, der auch das ungelöste Schwefelarsen enthält, ab durch einen Trichter, in den man etwas Asbest und Glaswolle gelegt hat, in einen Fraktionierkolben von etwa 200 ccm Inhalt, dessen Rohr nicht zu hoch angesetzt ist. In den Kolben gebe man einige Stückchen porösen Ton als Siedesteinchen und verschließe ihn mit einem Kork, durch den man ein Thermometer so einführt, daß die Quecksilberkugel gerade unter den Ansatz des seitlichen Rohres kommt. Den Kolben spanne man in eine Klammer am Stativ so ein, daß er auf einem Drahtnetz, das auf einem am gleichen Stativ befestigten Ring liegt, steht und destilliere, zuerst gelinde, später etwas stärker erwärmend. Die Destillate fängt man in kleinen trockenen Erlenmeyer-Kölbchen auf. Man destilliere in zwei Fraktionen. Was unterhalb 200^0 übergeht, ist im wesentlichen Wasser und Salzsäure, daneben eventuell etwas Arsentrichlorid. Den über 200^0 übergehenden Anteil, das Antimontrichlorid, fange man in einer tarierten Vorlage auf und wäge es zur Bestimmung der Ausbeute. Beim Erkalten erstarrt das Destillat zu einer weißen Krystallmasse. In einem Reagensrohr schmelze man eine Probe Antimontrichlorid und setze mittels eines durchbohrten Korks ein Thermometer so ein, daß die ganze Quecksilberkugel in die Flüssigkeit eintaucht. Man lasse nun abkühlen und bestimme den Erstarrungspunkt. Der Schmelzpunkt des reinen Präparats liegt bei 73^0, der Siedepunkt bei 223^0.

Antimonoxychlorid. Etwa 5 g des erhaltenen Antimontrichlorids löse man in etwa 20 proz. Salzsäure auf und gieße die Lösung in etwa 500 ccm Wasser ein. Es fällt ein weißer, pulveriger Niederschlag.

Die Antimonsalze, in denen das Antimon als Kation auftritt, werden sehr leicht hydrolysiert. So zerfällt das Trichlorid mit Wasser im Sinne der Gleichung

$$SbCl_3 + H_2O = SbOCl + 2\,HCl\,.$$

Die Verbindung SbOCl, das Antimonoxychlorid, wird nach ihrem Entdecker auch Algarotpulver genannt. Sie heißt auch Antimonylchlorid, da die Gruppe —Sb=O den Namen Antimonyl führt.

Antimonoxyd. Durch Behandlung mit Sodalösung kann dem Antimonoxychlorid das Chlor völlig entzogen werden. Man gieße von dem oben gefällten Produkt die überstehende Flüssigkeit ab, bringe einen Teil des Niederschlags auf ein glattes Filter und wasche ihn mit Wasser aus. Den ausgewaschenen Niederschlag spritze man vom Filter in eine Porzellanschale und erwärme mit so viel Sodalösung, daß die alkalische Reaktion der Flüssigkeit bestehen bleibt. Alsdann filtriere man abermals, wasche wieder aus und trockne den Niederschlag auf dem Filter, das man auf einem Uhrglase ausbreitet, auf dem Wasserbade. Man erhält so das Antimonoxyd Sb_2O_3.

Das Antimonoxyd kann aufgefaßt werden als das Anhydrid der antimonigen Säure oder des Antimonhydroxyds $Sb(OH)_3$. Es hat die Eigenschaft, sich sowohl in starken Säuren als auch in starken Basen zu lösen. Bei der Auflösung in Säuren entstehen die Antimonsalze mit dem Ion $Sb^{...}$, bei der Auflösung in Basen entstehen Salze, in denen das Antimon ein Bestandteil des Anions ist, und die man gewöhnlich von der wasserärmeren metantimonigen Säure O=Sb—OH ableitet, die frei nicht bekannt ist. Außerdem existiert noch eine pyroantimonige Säure,

$$\begin{array}{ccc} HO & & OH \\ \diagdown & & \diagup \\ & Sb—O—Sb & \\ \diagup & & \diagdown \\ HO & & OH \end{array}$$

die durch Wasserabspaltung aus zwei Molekülen der orthoantimonigen Säure entsteht.

Man löse eine Probe des oben dargestellten Antimonoxydes in konzentrierter Salzsäure und gieße die Lösung in Wasser. Es entsteht Antimontrichlorid, das beim Eingießen in Wasser das Oxychlorid gibt. Gleichungen? Eine zweite Probe übergieße man mit Natronlauge. Es tritt Lösung ein unter Bildung von Natriummetantimonit, $NaSbO_2$. Gleichung?

Eine Lösung von Antimontrichlorid werde tropfenweise mit **Natronlauge** versetzt. Es fällt zuerst das Hydroxyd $Sb(OH)_3$ aus. Im Überschuß der Lauge löst sich das Hydroxyd zu Natriummetantimonit.

Die metantimonigsauren Salze zeigen starke Neigung, in Salze der Metantimonsäure, die vom fünfwertigen Antimon abstammt, überzugehen, und sind daher Reduktionsmittel.

Man versetze eine **Silbernitratlösung** mit so viel Ammoniak, daß der anfänglich ausgefallene Niederschlag sich wieder löst, und gebe zu der ammoniakalischen Lösung eine Probe der Auflösung von Antimonoxyd in Natronlauge. Es fällt, besonders beim Erwärmen, schwarzes metallisches Silber aus.

$$SbO_2Na + 2\,AgNO_3 + 2\,NH_4OH = SbO_3Na + 2\,NH_4NO_3 + H_2O + 2\,Ag\,.$$

Metantimonsäure. Vom Antimon selbst ausgehend gelangt man durch energische Oxydation mit konzentrierter Salpetersäure zu den Verbindungen der höchsten Oxydationsstufe.

5 g metallisches Antimon werden gepulvert und in einer Porzellanschale mit konzentrierter Salpetersäure digeriert, bis das ganze Antimon in ein weißes Pulver verwandelt ist. Dann verdampfe man vorsichtig und mit kleiner Flamme die überschüssige Salpetersäure unter Vermeidung jeder Überhitzung. Der weiße Rückstand besteht aus Metantimonsäure, $\overset{O}{\underset{O}{>}}Sb\!-\!OH$. Bei vorsichtigem Erhitzen läßt sich unter Wasserabspaltung das Oxyd Sb_2O_5 erhalten, beim Glühen entsteht leicht das Tetroxyd Sb_2O_4.

Neben der Metantimonsäure ist noch eine Pyroantimonsäure

$$\begin{array}{ccc} HO\!\!\diagdown & & \diagup OH \\ & O\!=\!Sb\!-\!O\!-\!Sb\!=\!O & \\ HO\!\!\diagup & & \diagdown OH \end{array}$$

und eine Orthoantimonsäure $O = Sb \equiv (OH)_3$ bekannt. Die Salze leiten sich fast alle von den beiden ersten ab.

Wird das Oxyd oder die Metantimonsäure in Natronlauge gelöst, so entsteht das metantimonsaure Natrium, SbO_3Na. Wird die Metantimonsäure dagegen mit Kaliumhydroxyd und wenig Wasser geschmolzen, so entsteht das neutrale Kaliumsalz der Pyroantimonsäure, $K_4Sb_2O_7$. Beim Auflösen der Schmelze in kaltem Wasser geht das neutrale Salz in das saure Salz der Pyroantimonsäure über, $K_2H_2Sb_2O_7 + 6\,H_2O$, das als Reagens auf Natriumsalze benutzt wird. Es ist jedoch nur frisch gelöst und in völlig neutraler oder schwach alkalischer Lösung brauchbar, weil durch Säure ein Niederschlag von Pyroantimonsäure daraus gefällt wird.

Zur Ausführung eines Natriumnachweises wird das Salz mit wenig Wasser aufgekocht, abgekühlt und die vom ungelösten abfiltrierte Lösung sofort zur Reaktion verwendet.

In kalter konzentrierter Salzsäure löst sich das Antimonpentoxyd oder die Metantimonsäure zu Pentachlorid auf.

$$Sb_2O_5 + 10\,HCl = 2\,SbCl_5 + 5\,H_2O$$
$$SbO_3H + 5\,HCl = SbCl_5 + 3\,H_2O\,.$$

Auch dieses Salz ist gegen Wasser nicht beständig und wird beim Verdünnen seiner salzsauren Lösung nach kurzer Zeit unter Abscheidung von weißer Pyroantimonsäure gespalten.

$$2\,SbCl_5 + 7\,H_2O = 10\,HCl + H_4Sb_2O_7\,.$$

Schwefelwasserstoff fällt aus mäßig sauren Lösungen von Antimontrichlorid einen orange gefärbten Niederschlag von Antimontrisulfid, Sb_2S_3. Gleichung? Das Sulfid löst sich in konzentrierter Salzsäure im Gegensatz zum Arsensulfid. Es löst sich ferner in Schwefelalkali, aber zum Unterschied von Arsensulfid nicht in Ammoncarbonat.

Eine Probe des Sulfidniederschlags werde abfiltriert, ausgewaschen und in eine Porzellanschale abgeklatscht. Beim Digerieren mit Schwefelammonlösung löst sich der Niederschlag auf, als thioantimonigsaures Ammonium, $Sb(SNH_4)_3$.

$$Sb_2S_3 + 3\,S'' = 2\,SbS_3'''$$
$$Sb_2S_3 + 3\,(NH_4)_2S = 2\,Sb(SNH_4)_3\,.$$

Das Salz stammt ab von der thioantimonigen Säure, die sich von der antimonigen Säure durch Ersatz des Sauerstoffes durch Schwefel herleitet. Die freie Säure ist nicht beständig. Beim Ansäuern der Lösung mit verdünnter Salzsäure oder Schwefelsäure fällt daher das Trisulfid wieder aus.

$$2\,SbS_3''' + 6\,H^{\cdot} = 3\,H_2S + Sb_2S_3\,.$$

In mehrfach Schwefelammonium löst sich das Trisulfid unter Bildung eines Salzes der Thioantimonsäure $S = Sb = (SNH_4)_3$, die der Orthoantimonsäure analog zusammengesetzt ist.

$$Sb_2S_3 + 3\,S'' + 2\,S = 2\,SbS_4'''$$
$$Sb_2S_3 + 3\,(NH_4)_2S + 2\,S = S{=}Sb{=}(SNH_4)_3\,.$$

Da auch diese Säure in freiem Zustand nicht existenzfähig ist, fällen Säuren aus der Lösung ihres Salzes das Antimonpentasulfid Sb_2S_5, den sog. Goldschwefel.

Im Gegensatz zur freien Säure zeigen die Salze eine ziemlich große Beständigkeit und können in gut krystallisierter Form erhalten werden, wie z. B. das SCHLIPPEsche Salz, das thioantimonsaure Natrium, $SbS_4Na_3 + 9\,H_2O$.

* **Darstellung des SCHLIPPEschen Salzes.** 36 g Grauspießglanzerz, feingepulvert, 43 g geglühtes Natriumsulfat und 16 g gepulverte Holzkohle werden innig miteinander verrieben, und das Gemisch in einen Tontiegel gebracht, der dadurch nur halb voll werden darf. Das Gemisch wird mit einer dünnen Schicht Holzkohlepulver bedeckt und in einem Gasofen erhitzt bis zum ruhigen Schmelzen. Die geschmolzene Masse wird noch etwa eine Viertelstunde im ruhigen Fluß erhalten und dann auf ein Eisenblech oder auf eine Steinplatte ausgegossen. Nach dem Erkalten wird sie gepulvert, mit 300 g Wasser übergossen und unter Zugabe von 7 g Schwefelblumen eine halbe Stunde gekocht. Danach wird durch ein Faltenfilter filtriert und das Filtrat unter Zugabe einiger Tropfen Natronlauge zur Krystallisation eingedampft. Die Krystalle trennt man durch Absaugen auf einer Glasnutsche von der Mutterlauge und wäscht sie mit Alkohol nach. Aus der Mutterlauge läßt sich durch weiteres Einengen noch eine zweite Krystallisation erhalten. Die gesamten

Krystallisationen werden aus Wasser, das mit wenig Natronlauge versetzt ist, umkrystallisiert und im Kalkexsiccator, in den man zweckmäßig ein Uhrschälchen mit einigen Tropfen Schwefelammonlösung stellt, getrocknet. Man wäge sie und bestimme die Ausbeute.

Natriumsulfat wird von der Kohle zu Natriumsulfid reduziert, das mit dem Schwefelantimon Thioantimonat bildet. Durch Kochen mit Wasser würde das Salz der Thiosäure hydrolysiert werden; um dies zu vermeiden, wird beim Eindampfen und Umkrystallisieren Natronlauge zugesetzt.

Die nicht mehr krystallisierende Mutterlauge des SCHLIPPEschen Salzes versetze man mit verdünnter Salzsäure. Es fällt ein prachtvoll orange gefärbter Niederschlag von Antimonpentasulfid aus.

Antimonpentachlorid. 3 g Antimontrichlorid werden in einem kurzen Reagensglas geschmolzen und auf der Handwaage austariert. Dann leitet man mit einem ausgezogenen Glasrohr zuerst in der Wärme, später bei Zimmertemperatur so lange trockenes Chlor ein, bis die berechnete Gewichtszunahme erreicht ist. Eine salzsaure Lösung des Präparates werde zu den folgenden Reaktionen verwendet.

Schwefelwasserstoff fällt aus Antimonpentachloridlösung bei Gegenwart nicht zu großer Mengen Säure in der Kälte das Pentasulfid, Sb_2S_5. Gleichung? In der Hitze fällt ein Gemisch von Antimontrisulfid und Schwefel.

Das Antimonpentasulfid löst sich in Salzsäure ebenso wie das Trisulfid zu Antimontrichlorid auf. Daneben scheidet sich Schwefel ab. Gleichung? In Schwefelammoniumlösung löst es sich zu Ammoniumthioantimoniat $S = Sb \equiv (SNH_4)_3$. Gleichung? In Ammoncarbonat ist es unlöslich.

Jodkaliumlösung. Zu der salzsauren Antimonpentachloridlösung gebe man einige Tropfen Jodkaliumlösung. Es erfolgt Ausscheidung von Jod. Gleichung?

Durch Metalle, wie **Zink** oder **Eisen**, wird das Antimon aus den salzsauren Lösungen beider Oxydationsstufen abgeschieden.

$$2\,Sb^{\cdots} + 3\,Zn = 2\,Sb + 3\,Zn^{\cdot\cdot}$$
$$2\,Sb^{\cdots} + 3\,Fe = 2\,Sb + 3\,Fe^{\cdot\cdot}$$
$$2\,Sb^{\cdots\cdots} + 5\,Zn = 2\,Sb + 5\,Zn^{\cdot\cdot}$$

Legt man in die in einer kleinen Schale befindliche Lösung ein Stück Platinblech und darauf ein Stückchen Zinkstab, so wird das Antimon als schwarzer, fest haftender Niederschlag auf dem Platin abgeschieden.

Komplexverbindungen. Das Antimon hat die Fähigkeit mit organischen Verbindungen, die mehrere Hydroxylgruppen enthalten, Komplexionen zu bilden, in denen die Reaktionen des freien Antimonions zurückgedrängt sind. Mit Weinsäure wird das Anion der Antimonylweinsäure gebildet, deren Kaliumsalz der Brechweinstein ist, für den von REIHLEN[1] die Formel

$$\left[\begin{array}{c} O=C-O \\ | \qquad \diagdown \\ HCO \longrightarrow Sb \ldots OH \\ | \qquad \diagup \\ OOC-HC-O \end{array} \right] \begin{array}{c} H \\ \\ K \end{array}$$

---

[1] Liebigs Ann. **487**, 213—224.

vorgeschlagen wird. Die Lösungen dieses Salzes unterliegen nicht mehr der Hydrolyse, geben aber mit Schwefelwasserstoff eine Fällung von Antimonsulfid, da aus dem Komplex immerhin noch so viel Antimon im Ionenzustand abgespalten wird, als zur Bildung von Antimontrisulfid erforderlich ist.

2 ccm einer salzsauren Lösung von Antimontrichlorid versetze man mit mehreren Kubikzentimetern Weinsäurelösung. Beim Eingießen dieser Mischung in Wasser erfolgt kein Niederschlag von Antimonoxychlorid.

Einen Niederschlag von Antimonoxychlorid, aus Antimontrichlorid mit Wasser gefällt, dekantiere man einmal mit Wasser und übergieße ihn dann mit Weinsäurelösung. Es erfolgt Auflösung. Ebenso löst sich eine Probe des oben bereiteten Antimonoxyds in Weinsäure auf.

Eine Lösung von Brechweinstein versetze man mit Schwefelwasserstoffwasser oder leite Schwefelwasserstoff ein. Es fällt Antimontrisulfid. Eine Probe Brechweinstein versetze man tropfenweise mit verdünnter Salzsäure. Es fällt zuerst Antimonoxychlorid, da der Komplex zerstört wird. Im Überschuß der Säure löst sich das Oxychlorid wieder auf zu Trichlorid.

$$[SbC_4H_3O_7] HK + 2\ HCl = C_4H_6O_6 + KCl + SbOCl$$
$$SbOCl + 2\ HCl = H_2O + SbCl_3\ .$$

Probe von Marsh. Bei Behandlung mit nascierendem Wasserstoff im Apparat von Marsh werden die säurelöslichen Antimonverbindungen zu Antimonwasserstoff reduziert, der eine genaue Analogie zu dem Arsenwasserstoff ist. Er verbrennt an der Luft zu Wasser und Antimonoxyd, und an seiner Flamme lassen sich sowohl Oxydbeschläge wie Metallbeschläge erhalten. Beim Erhitzen unter Luftabschluß zerfällt er in Antimon und Wasserstoff, so daß auch Spiegel in einer Glasröhre hergestellt werden können.

Man führe den Versuch mit dem Apparat von Marsh und einer Antimontrichloridlösung aus und untersuche die Spiegel und Beschläge auf ihr Verhalten.

Metallbeschläge auf der Porzellanschale. Der Antimonbeschlag ist in einer Lösung von Natriumhypochlorit oder in einer Natronlauge-Wasserstoffsuperoxydlösung unlöslich.

Oxydiert man den Metallbeschlag mit konzentrierter Salpetersäure, betupft ihn nach dem Eindunsten mit Silbernitrat und bebläst mit Ammoniak, so erfolgt keine Dunkelfärbung. Bei Arsenverbindungen entsteht bei dieser Reaktion ein Niederschlag von braunem, arsensaurem Silber.

Oxydbeschläge. Wird Silbernitratlösung auf den Beschlag gestrichen und Ammoniak darauf geblasen, so erfolgt eine Abscheidung von metallischem Silber.

Durch Schwefelammoniumdämpfe färbt sich der Beschlag orange (Sb_2S_3). Beim Bestreichen mit Schwefelammonlösung wird der Beschlag gelöst und erscheint wieder, wenn die Lösung verdunstet wird.

Wirkt die Jodtinkturflamme auf den Oxydbeschlag, so geht er in den *Jodidbeschlag* über. Dieser verschwindet dauernd unter der Einwirkung von Ammoniakdämpfen und tritt wieder auf, wenn er mit Chlorwasserstoff behandelt wird.

Die *Metallspiegel in der Röhre* sind in Natriumhypochloritlösung bei Gegenwart von überschüssigem Alkali und in dem Gemisch von Natronlauge und Wasserstoffsuperoxyd unlöslich. Wird bei mäßiger Wärme Schwefelwasserstoff durch die Röhre geleitet, so bildet sich orangerotes Sulfid, das beim nachherigen Durchleiten von Chlorwasserstoffgas zu farblosem Trichlorid gelöst wird.

Bei der **Probe nach Gutzeit** geben Antimonverbindungen einen schwarzen Fleck mit Silbernitratlösung, da sowohl in konzentrierter wie in verdünnter Lösung Antimonsilber entsteht.

$$SbH_3 + 3\,AgNO_3 = SbAg_3 + 3\,HNO_3\,.$$

Festes Silbernitrat färbt sich zuerst gelb und dann schwarz. Die Reaktion ist also zur Unterscheidung von Arsen nicht verwendbar.

BETTENDORFFS **Reagens** wirkt auf Antimonverbindungen nicht ein.

Trockene Reaktionen. *Auf der Beschlagschale.* Am Asbestfaden in der Reduktions- oder Oxydationsflamme erhitzt geben Antimonverbindungen Metall- oder Oxydbeschläge, die die oben beschriebenen Reaktionen zeigen. Zur Ausführung der Reaktionen ist das Sulfid sehr geeignet, das zunächst abgeröstet und dann entweder reduzierend oder oxydierend erhitzt wird.

Auf der Kohle. Gemische von Antimonverbindungen mit calcinierter Soda, vor dem Lötrohr reduzierend erhitzt, geben ein Metallkorn und einen weißen Beschlag von Antimonoxyd. Auf Glas aufgefangen zeigt der Beschlag im Gegensatz zu dem Arsentrioxydbeschlag meist keine krystallinische Beschaffenheit.

Am Kohlesodastäbchen wird ebenfalls ein sprödes Metallkorn erhalten.

Zinn.

Darstellung von Zinnchlorürlösung. 5 g granuliertes Zinn werden in einem Erlenmeyer-Kolben mit etwa der zehnfachen Menge konzentrierter Salzsäure bis fast zur vollkommenen Lösung erhitzt. Die Lösung wird mit Wasser auf 100 ccm aufgefüllt und gut verschlossen für die Reaktionen aufbewahrt.

Zinn löst sich in Salzsäure unter Wasserstoffentwicklung zu Zinnchlorür oder Zinn(2)chlorid, $SnCl_2$, in dem das Zinn zweiwertig auftritt. Eine zweite Reihe von Salzen des Zinns stammt vom vierwertigen Zinn ab. Diese sind die Zinn(4)salze.

Reaktionen der Zinn(2)salze.

Natronlauge fällt bei vorsichtiger Zugabe zunächst einen weißen Niederschlag von Zinn(2)hydroxyd, der im Überschuß des Fällungsmittels zu Natriumstannit in Lösung geht.

Hydroxylionen treten mit den zweiwertigen Stannoionen zusammen nach der Gleichung

$$Sn^{\cdot\cdot} + 2\,OH' = Sn(OH)_2\,.$$

Das Zinn(2)hydroxyd zeigt amphoteren Charakter. Mit starken Säuren bildet es Salze mit dem Kation $Sn^{\cdot\cdot}$, mit starken Basen dagegen Salze mit dem Anion SnO_2'', die Stannite:

$$Sn(OH)_2 + 2\,H^{\cdot} = Sn^{\cdot\cdot} + 2\,H_2O$$
$$Sn(OH)_2 + 2\,OH' = SnO_2'' + 2\,H_2O\,.$$

Die Stannite haben die stark ausgesprochene Neigung, durch Oxydation in Stannate überzugehen. Diese Verbindungen leiten sich ab von der a-Zinnsäure mit der wasserärmeren Formel H_2SnO_3 oder der wasserreicheren Formel $[Sn(OH)_6]H_2$. Dieser Übergang kann in konzentriert alkalischer Lösung sogar durch Selbstoxydation erfolgen, wobei ein Teil des Stannits auf Kosten des andern in Stannat übergeht und metallisches Zinn abgeschieden wird:

$$2\,SnO_2'' + H_2O = SnO_3'' + Sn + 2\,OH'$$
$$2\,SnO_2'' + 4\,H_2O = [Sn(OH)_6]'' + Sn + 2\,OH'\,.$$

Infolge dieser Aufnahmefähigkeit für Sauerstoff sind die Stannite energische Reduktionsmittel. Man bringe zu einer Natriumstannitlösung 1 Tropfen einer verdünnten Wismutlösung. Es wird schwarzes metallisches Wismut abgeschieden (vgl. S. 111).

Ammoniak oder **Sodalösung** fällen aus Zinn(2)chloridlösung ebenfalls Zinn(2)hydroxyd, vermögen aber infolge der zu geringen Hydroxylionenkonzentration kein Stannit zu bilden, so daß der Niederschlag im Überschuß des Fällungsmittels unlöslich ist.

Auch in saurer Lösung wirken die Zinn(2)verbindungen als Reduktionsmittel, da sich das Zinn(2)chlorid sehr leicht zu Zinn(4)chlorid oxydiert.

Zu einer Zinn(2)chloridlösung gebe man **Quecksilberchloridlösung.** Es wird Kalomel, und wenn das Zinnchlorür im Überschuß ist und erwärmt wird, sogar metallisches Quecksilber gefällt. Gleichung?

Eine Lösung von **Jod in Jodkalium** wird entfärbt:

$$Sn\ddot{\ } + J_2 = Sn\cdots\cdot + 2\,J'$$
$$SnCl_2 + 2\,HCl + J_2 = SnCl_4 + 2\,HJ\,.$$

Eisen(3)salze werden zu Eisen(2)salzen reduziert:

$$2\,Fe\cdots + Sn\ddot{\ } = 2\,Fe\ddot{\ } + Sn\cdots\cdot$$
$$2\,FeCl_3 + SnCl_2 = 2\,FeCl_2 + SnCl_4\,.$$

Diese Reaktion kann sehr empfindlich gestaltet werden, wenn man verdünnte Lösungen von Eisen(3)chlorid und Kaliumeisen(3)cyanid miteinander mischt, wobei nur eine gelbbraune Färbung entsteht (vgl. S. 95). Wird in diesem Reagens durch das Zinnchlorür das Ferrisalz zum Ferrosalz reduziert, so tritt die intensiv blaue Farbe des TURNBULLschen Blau auf.

Schwefelwasserstoff fällt aus Zinn(2)salzlösung braunes Zinn(2)sulfid, SnS, löslich in konzentrierter Salzsäure. Das Sulfid löst sich ferner in gelbem Schwefelammonium als Thiostannat, nicht aber in farblosem, das frisch bereitet ist. In Ammoncarbonat löst es sich nicht.

Den Stannaten entsprechen die Thiostannate, die Derivate einer frei nicht existierenden Thiozinnsäure, $S{=}Sn{\Big\langle}{SH \atop SH}$. Sie entstehen bei der Einwirkung von gelbem, polysulfidhaltigem Schwefelammonium auf das Stannosulfid im Sinne der Gleichung:

$$SnS + S'' + S = SnS_3''$$
$$SnS + (NH_4)_2S_2 = S{=}Sn{\Big\langle}{SNH_4 \atop SNH_4}$$

Thiostannite, die den Stanniten entsprächen, existieren nicht. Es kann daher farbloses, reines Schwefelammonium auch keine Auflösung des Zinn(2)sulfides bewirken.

Die Lösung des Zinn(2)sulfides in gelbem Schwefelammonium versetze man mit verdünnter Salzsäure oder Schwefelsäure. Es fällt daraus nicht wieder das braune Zinn(2)sulfid, sondern gelbes Zinn(4)sulfid, SnS_2.

$$SnS_3'' + 2\,H^{\cdot} = H_2S + SnS_2$$
$$SnS_3(NH_4)_2 + 2\,HCl = 2\,NH_4Cl + H_2S + SnS_2\,.$$

Metallisches Zink scheidet aus nicht zu sauren Lösungen der Zinnsalze beider Oxydationsstufen das Metall ab. Auch wenn das Zinn ein Platinblech berührt, findet die Abscheidung am Zink statt. Eine Abscheidung am Platin erfolgt nur aus sehr sauren Lösungen.

$$2\,Zn + Sn^{\cdots\cdot} = 2\,Zn^{\cdot\cdot} + Sn\,.$$

Reaktionen der Zinn(4)verbindungen.

Darstellung von Ammoniumzinn(4)chlorid, Pinksalz. 12 g metallisches Zinn werden in Königswasser gelöst. Zu der klaren Lösung gibt man 11 g Ammoniumchlorid und dampft auf dem Wasserbad zur Trockne ein. Der Rückstand wird aus recht wenig heißem Wasser umkrystallisiert und zur Bestimmung der Ausbeute gewogen. Es krystallisiert das Salz $SnCl_6(NH_4)_2$, das als Salz einer komplexen Zinn(4)chlorwasserstoffsäure, analog dem Ammoniumplatinchlorid zusammengesetzt, aufgefaßt wird. In seinen Lösungen zerfällt es teilweise in Zinntetrachlorid und Chlorammonium und zeigt daher die Reaktionen der Stanniionen.

Natronlauge fällt aus Zinn(4)salzlösungen einen weißen Niederschlag, dem im lufttrockenen Zustand die Formel $Sn(OH)_4$ zukommt. Über Schwefelsäure verliert er Wasser und geht in das Hydroxyd SnO_3H_2 über. Er löst sich im Überschuß des Fällungsmittels auf zu Alkalistannat, das nach BELLUCCI und PARRAVANO das Salz einer komplexen Hexaoxyzinnsäure, der a-Zinnsäure, ist:

$$Sn(OH)_4 + 2\,OH' = [Sn(OH)_6]''\,.$$

In verdünnten Mineralsäuren ist der frische gefällte Niederschlag gleichfalls löslich.

Kaliumcarbonat fällt ebenfalls a-Zinnsäure aus Zinn(4)chloridlösungen und löst den frisch gefällten Niederschlag im Überschuß zugesetzt wieder auf.

b-Zinnsäure. Ein Stückchen granuliertes Zinn werde in einem Porzellanschälchen mit konzentrierter Salpetersäure übergossen und gelinde erwärmt. Unter Entwicklung brauner Gase zerfällt das Zinn zu einem weißen Pulver. Wenn das Zinn völlig oxydiert ist, schlämme man die weiße breiige Masse mit Wasser auf, gieße ab und wiederhole dieses Verfahren. Der nach dem Abgießen des Wassers verbliebene Rückstand ist unlöslich in Säuren, Alkalien und Alkalicarbonat. Einen Teil davon übergieße man mit konzentrierter Salzsäure und erwärme gelinde. Nach einigen Minuten gieße man die Salzsäure möglichst vollständig ab und verdünne mit viel Wasser. Es entsteht jetzt eine klare Lösung, aus der konzentrierte Salzsäure, Kalium- oder Natriumsulfat b-Zinnsäure wieder ausfällen.

Die Säure $H_2[Sn(OH)_6]$ ist frei nicht erhältlich. Durch Zersetzung der Alkalistannatlösungen mit Säuren oder der Zinn(4)salzlösungen mit Ammoniak oder Ammoncarbonat entstehen Niederschläge, die den Charakter von Gelen besitzen und wechselnde Mengen Wasser enthalten. Durch Alterung, d. h. längeres Stehen in Berührung mit der Lösung oder durch Erhitzen werden sie mehr und mehr in Säure unlöslich. Man bezeichnet die Niederschläge als Zinnsäuren und teilt sie ein in die lösliche Form der a-Zinnsäure und in die unlösliche der b-Zinnsäure oder Metazinnsäure. Letztere entsteht auch durch Oxydation des metallischen Zinns mit Salpetersäure. Bei der Behandlung mit Salzsäure wird die b-Zinnsäure peptisiert und gibt mit Wasser eine kolloidale Lösung, aus der Salzsäure und starke Elektrolyte die b-Säure wieder ausfällen. Die Unterschiede zwischen den beiden Zinnsäuren werden nach MECKLENBURG durch die verschiedene Teilchengröße erklärt. a-Zinnsäure soll aus kleineren, b-Zinnsäure aus größeren Teilchen bestehen. Dafür spricht der Übergang der einen Form in die andere beim Altern. Ferner erhält man bei der Hydrolyse von Zinn(4)chlorid bei 0^0 a-Zinnsäure, mit steigender Temperatur b-Säure, entsprechend der Erfahrung, daß bei Fällungen in der Hitze gröbere Teilchen als in der Kälte entstehen. WILLSTÄTTER nimmt an, daß bei der Alterung Kondensation, d. h. Zusammentritt mehrerer Molekeln unter Wasserabspaltung erfolgt.

Schwefelwasserstoff fällt aus schwach sauren Zinn(4)salzlösungen gelbes Zinn(4)sulfid, das sich in Salzsäure sowohl wie in Schwefelammonium auflöst. Im letzteren Falle entsteht das Ammoniumthiostannat (vgl. oben):

$$SnS_2 + 4\,H^{\cdot} = Sn^{\cdots\cdot} + 2\,H_2S$$
$$SnS_2 + S'' = SnS_3'' \,.$$

Metallisches Eisen reduziert wohl Zinn(4)chloridlösungen zu Zinn(2)-chlorid, aber es fällt kein metallisches Zinn aus (Unterschied von Antimon):

$$Fe + Sn^{\cdots\cdot} = Fe^{\cdot\cdot} + Sn^{\cdot\cdot} \,.$$

Leuchtprobe. Ein mit kaltem Wasser halbgefülltes Reagensrohr werde in eine stark salzsaure Zinn(4)salzlösung eingetaucht und dann in eine Bunsenflamme gehalten. Es zeigt sich an den von der Zinnsalzlösung benetzten Stellen des Reagensglases ein blaues Leuchten.

Trockene Reaktionen. Zinnverbindungen geben, auf Kohle mit Soda gemischt vor dem Lötrohr erhitzt, ein duktiles Metallkorn.

Am Kohlesodastäbchen wird ebenfalls ein Metallkorn erhalten. Das Metall kann in wenig Salzsäure auf dem Uhrglas gelöst und zu Mikroreaktionen verwendet werden.

Bringt man an eine mit etwas Kupfersalz gefärbte Boraxperle ein Stückchen metallisches Zinn, so wird die Perle, wenn man zunächst in der Oxydationsflamme bis zum Verschwinden des Zinns und dann noch kurze Zeit in der Reduktionsflamme erhitzt, in der Hitze farblos und beim Erkalten rubinrot.

Die Elemente der Salzsäuregruppe.

Die Salzsäuregruppe umfaßt die Chloride der Elemente Silber und Blei und ferner das Quecksilber(1)chlorid, das aus den Lösungen der Quecksilber(1)salze durch Salzsäure gefällt wird.

Die Reaktionen des Quecksilbers und des Bleis wurden bereits bei den Elementen der Schwefelwasserstoffgruppe behandelt, da das Mercuriion hier berücksichtigt werden mußte, und weil das Blei auch stets in der Schwefelwasserstoffgruppe sich findet, da das Bleichlorid nicht schwerlöslich genug ist, um eine völlige Abscheidung in der Salzsäuregruppe zu ermöglichen.

Silber.

*** Gewinnung von Silber aus Silberrückständen.** Die Rückstände werden mit überschüssiger Salzsäure versetzt und in einer Porzellanschale auf dem Wasserbad digeriert unter Zugabe von einigen Federmesserspitzen voll chlorsauren Kaliums, die man im Verlauf einer $^1/_2$ Stunde *nacheinander* einträgt, um durch das sich entwickelnde Chlor alles in Chlorsilber überzuführen. Der Niederschlag wird dann durch Dekantieren gewaschen und auf dem Wasserbad getrocknet. Das trockene Produkt mische man mit dem gleichen Gewicht wasserfreier Soda und mit einem Zwanzigstel seines Gewichts gepulverter Holzkohle. Dieses Gemisch trägt man in einen im Gasofen erhitzten hessischen Tiegel ein, wobei man mit dem Eintragen einer neuen Portion wartet, bis die vorhergehende eingeschmolzen ist. Wenn alles eingetragen ist, erhält man noch $^1/_2$ Stunde im ruhigen Fluß und reguliert die Ofenhitze so, daß kein Überschäumen der Schmelze eintritt. Nach dem Erkalten wird der Tiegel zerschlagen. Das Silber findet sich als Regulus auf dem Boden der Schmelze. Man wäge den Regulus und bestimme die Ausbeute.

Darstellung von Silbernitrat. Metallisches Silber wird in etwa 30 proz. Salpetersäure gelöst. Die Lösung wird zur Krystallisation fast völlig eingedampft. Die Krystalle befreit man durch Absaugen auf einer Glasnutsche von der Mutterlauge und trocknet sie auf einem lebhaft siedenden Wasserbad vollständig. Sie werden zur Bestimmung der Ausbeute gewogen. Für die Reaktionen löst man 2 g des Salzes in 100 ccm Wasser.

Natronlauge fällt aus Silberlösungen braunes Silberoxyd Ag_2O, da das Hydroxyd nicht beständig ist. Gleichung? Trotzdem reagiert eine Aufschlämmung von Silberoxyd in Wasser alkalisch; der kleine Teil des Oxyds, der in Lösung geht, muß also als AgOH vorhanden sein, eine Annahme, die auch zur Erklärung mancher Reaktionen erforderlich ist. In Salpetersäure löst sich das Silberoxyd und ebenso in Ammoniak.

Ammoniak fällt ebenfalls Silberoxyd, löslich im Überschuß zu komplexen Silberamminverbindungen. Ammoniumsalze hindern die Fällung durch Ammoniak:

$$2\,Ag^{\cdot} + 2\,OH' = Ag_2O + H_2O$$
$$Ag_2O + 4\,NH_3 + H_2O = 2\,[Ag(NH_3)_2]^{\cdot} + 2\,OH'\,.$$

*** Darstellung von Diamminsilbersulfat.** 2 g Silbernitrat werden in einer Porzellanschale mit 6 ccm 10 proz. Schwefelsäure abgeraucht. Den Rückstand von Silbersulfat löst man unter Erwärmen in einer möglichst kleinen Menge konzentrierten Ammoniaks. Die filtrierte Lösung bringt man zur Krystallisation. Zur Reinigung kann das Rohprodukt aus Wasser, dem ein wenig Ammoniak zugesetzt wird, umkrystallisiert werden. Ausbeute bestimmen!

Sodalösung fällt Silberionen als hellgelbes Silbercarbonat, das beim Kochen dunklere Farbe annimmt, weil es unter Kohlendioxydverlust teilweise in Silberoxyd übergeht. Gleichung?

Salzsäure und lösliche Chloride fällen aus Silbersalzlösungen auch noch in großer Verdünnung Chlorsilber, AgCl. Das Chlorsilber löst sich nicht in Salpetersäure, dagegen löst es sich in Ammoniak, aus welcher

Lösung es mit Salpetersäure wieder ausfällt, ferner in Natriumthiosulfat-lösung und in Kaliumcyanidlösung.

Die Auflösung beruht in allen drei Fällen auf der Bildung komplexer Ionen. Mit Ammoniak entsteht das Ion $[Ag(NH_3)_2]^{\cdot}$. Mit Thiosulfat-ionen bildet sich zuerst das Ion $[AgS_2O_3]'$, das einem weniger löslichen Salz $[AgS_2O_3]Na$ angehört, und dann mit größeren Mengen Thiosulfat das Ion $[Ag_2(S_2O_3)_3]''''$, das von dem Salz $[Ag_2(S_2O_3)_3]Na_4$ stammt. Mit Kaliumcyanid schließlich entsteht das Ion $[Ag(CN)_2]'$.

Man fälle eine Silbernitratlösung mit Kochsalzlösung und gieße die Flüssigkeit vom Niederschlag ab. Den Niederschlag verteile man auf einige Reagensgläser und stelle die verschiedenen Löslichkeitsversuche damit an.

Auch in konzentrierter Salzsäure und in konzentrierten Chlorid-lösungen löst sich Chlorsilber, indem es Komplexverbindungen bildet

$$AgCl + Cl' = [AgCl_2]'\,.$$

Ebenso vermögen konzentrierte Silbernitratlösungen auf das Chlor-silber lösend einzuwirken

$$AgCl + Ag^{\cdot} = [Ag_2Cl]^{\cdot}\,.$$

Beide Komplexe werden durch Wasser unter Rückbildung von Chlorsilber leicht wieder zersetzt.

Man tropfe bei gewöhnlicher Temperatur unter Umschütteln eine verdünnte Silbernitratlösung in konzentrierte Salzsäure ein. Es er-scheint ein Niederschlag, der rasch wieder verschwindet. Man versetze die wieder klar gewordene Flüssigkeit mit destilliertem Wasser; der Niederschlag scheidet sich wieder aus.

Bromkalium gibt mit Silbernitrat einen gelblichen Niederschlag von Bromsilber AgBr. Gleichung? Man fälle den Niederschlag, verteile ihn auf einige Reagensgläser und untersuche sein Verhalten gegen die beim Chlorsilber erwähnten Reagenzien. Das Bromsilber ist schwerer löslich in Ammoniak, im übrigen ist das Verhalten analog dem des Chlorsilbers.

Jodkalium fällt aus der Silbernitratlösung einen eigelben Nieder-schlag. Er ist fast unlöslich in Ammoniak, löst sich aber in den andern bei Chlor- und Bromsilber angeführten Reagenzien. Die Komplex-salzbildung zwischen Silberhalogeniden und Natriumthiosulfat benutzt man in der Photographie, um unverändertes Halogensilber aus Platten und Papieren zu entfernen, was man als Fixieren bezeichnet. Das Na-triumthiosulfat führt daher auch den Namen Fixiernatron.

Cyankalium erzeugt beim tropfenweisen Zusatz zu einer Silbernitrat-lösung einen weißen Niederschlag von Cyansilber, der unlöslich ist in kalter verdünnter Salpetersäure, dagegen löslich in Ammoniak. Ein Überschuß von Cyankalium löst das gefällte Cyansilber zu dem Komplex-salz $[Ag(CN)_2]K$ auf. Gleichung?

Kaliumrhodanid schlägt aus Silberlösungen weißes Rhodansilber, AgSCN, nieder. Der Niederschlag ist in verdünnter Salpetersäure un-löslich, aber löslich in Ammoniak. Bei längerem Kochen mit konzen-trierter Salpetersäure wird er völlig oxydiert und in Lösung gebracht.

Natriumphosphat fällt gelbes, in Salpetersäure und Ammoniak lös-liches Silberphosphat, Ag_3PO_4 (vgl. S. 46).

Schwefelwasserstoff fällt aus Silberlösungen schwarzes Schwefelsilber Ag_2S. Das Sulfid ist in heißer 20 proz. Salpetersäure löslich. In Schwefelalkalien ist es unlöslich.

Durch **Reduktionsmittel** werden die Silbersalze zu metallischem Silber reduziert. Schon die bloße Berührung mit organischen Stoffen, besonders im Lichte, genügt zur Abscheidung des metallischen Silbers, das dann in feiner Verteilung eine braune bis schwarze Färbung bewirkt. Unter geeigneten Bedingungen erfolgt die Abscheidung des Silbers in Form eines zusammenhängenden Überzugs an den Wänden des Fällungsgefäßes; es entsteht dann ein Silberspiegel.

Zu einer Silbernitratlösung gebe man in einem sehr sorgfältig gereinigten Reagensrohr tropfenweise so viel Ammoniak, daß der Niederschlag sich gerade wieder löst. Dann versetze man die Lösung mit einigen Tropfen Traubenzuckerlösung und erwärme gelinde, am besten im Wasserbade. Nach einigem Erwärmen scheidet sich das Silber als glänzender Spiegel ab.

Erfolgt die Reduktion des Silbersalzes in stark verdünnter, möglichst neutraler oder basischer Lösung, so scheidet sich das Metall nicht ab, sondern bleibt kolloidal gelöst, namentlich wenn die Lösung Dextrin oder andere leimartige Stoffe enthält. Daß es sich bei dieser kolloidalen Lösung um eine Suspension sehr kleiner Metallteilchen handelt, geht daraus hervor, daß eine kolloidale Silberlösung auch durch elektrische Zerstäubung des Metalls erhalten werden kann. Diese elektrische Zerstäubung tritt ein, wenn ein elektrischer Lichtbogen unter Wasser zwischen Silberelektroden erzeugt wird; das Silber wird dabei zuerst verdampft und dann durch die Abkühlung in dem umgebenden Wasser plötzlich in feinster Verteilung niedergeschlagen, so daß es eine kolloidale Lösung bildet.

Die unlöslichen Halogensilberverbindungen lassen sich durch nascierenden Wasserstoff reduzieren. Man übergieße in einem Bechergläschen Chlorsilber mit verdünnter Schwefelsäure und werfe ein Stück Zink hinein. Nach einigem Stehen ist die Reduktion vollendet. Das Halogen ist in der Lösung nachweisbar, und das Silber ist metallisch abgeschieden.

Trockene Reaktionen. Auf der Kohle mit Soda vor dem Lötrohr erhitzt, geben Silberverbindungen ein Metallkorn ohne Beschlag.

Am Kohlesodastäbchen lassen sich die Silberverbindungen ebenfalls sehr leicht zu Metall reduzieren. Das Metallkörnchen löse man in Salpetersäure und stelle in der früher beim Kupfer und Blei beschriebenen Weise Mikroreaktionen mit der Lösung an.

Die Halogene.

Chlor.

Darstellung von Chlor. In einen Halbliterrundkolben, der mit Hilfe eines doppeltdurchbohrten Korkes mit einem Trichterrohr und Gasableitungsrohr versehen ist, gebe man etwa 150 g Braunstein in kleinen Stücken, und füge so viel rohe konzentrierte Salzsäure zu, daß der Braunstein völlig bedeckt ist. Auf einem Asbestteller werde dann der Kolben, der an einem Stativ eingeklammert ist, mäßig erwärmt. Das sich entwickelnde gelbgrüne Chlorgas wird zunächst zur Reinigung von mitgerissener Flüssigkeit durch eine Waschflasche mit wenigen Kubikzentimetern Wasser geleitet. Dann passiert es eine zweite Waschflasche, die etwa 50 ccm Wasser enthält, das sich mit dem Gas sättigt, zur Gewinnung von Chlorwasser; schließlich wird es zur völligen Absorption unter Kühlung in eine Lösung von 15 g calcinierter Soda in der zehnfachen Menge Wasser geleitet, wobei eine Lösung von Natriumhypochlorit entsteht.

Sobald die Sodalösung gesättigt ist, bringe man an ihre Stelle eine heiße Lösung von 4 g Kaliumhydroxyd in 10 ccm Wasser und sättige diese gleichfalls mit dem Gas. Nach erfolgter Sättigung kühle man die entstandene Kaliumchloratlösung ab, und reibe, wenn nötig, mit einem Glasstab die Gefäßwand. Es scheiden sich Krystalle von Kaliumchlorat ab.

Die Salzsäure reagiert mit Braunstein in zwei Phasen. Zuerst bildet sich Mangantetrachlorid

$$MnO_2 + 4\,HCl = MnCl_4 + 2\,H_2O\,.$$

Dieses zerfällt bei der Versuchstemperatur sofort in Manganchlorür und freies Chlor

$$MnCl_4 = MnCl_2 + Cl_2\,.$$

Statt Braunstein und Salzsäure kann auch ein Gemisch von Braunstein mit Kochsalz und Schwefelsäure zur Chlorbereitung dienen. In diesem Falle entsteht aus Kochsalz und Schwefelsäure primär Chlorwasserstoff, der dann sofort mit dem Braunstein weiterreagiert. Ebenso kann an die Stelle des Braunsteins ein anderes Oxydationsmittel, z. B. Kaliumbichromat treten.

Das Chlorgas löst sich in Wasser auf und gibt das Chlorwasser, das auf 100 Gewichtsteile Wasser etwa 0,6—0,7 Gewichtsteile Chlor enthält. Leitet man Chlorgas bei einer Temperatur, die unterhalb $+\,8^0$ liegt, in Wasser ein, so scheidet sich ein krystallisiertes Chlorhydrat $Cl_2 + 8\,H_2O$ ab. Mit Sodalösung oder Alkalihydroxydlösung reagiert das Chlor in der Kälte unter Bildung von unterchlorigsaurem Salz

$$Na_2CO_3 + Cl_2 = NaCl + NaOCl + CO_2$$
$$2\,NaOH + Cl_2 = NaCl + NaOCl + H_2O\,.$$

In der Hitze oxydiert sich das unterchlorigsaure Salz sofort weiter, und es entsteht chlorsaures Salz:

$$6\,KOH + 3\,Cl_2 = KClO_3 + 5\,KCl + 3\,H_2O\,.$$

Reaktionen des Chlorwassers.

Chlorwasser wirkt stark oxydierend, da das Chlor mit dem Wasser reagiert und freien Sauerstoff liefert. Als Zwischenstufe tritt dabei unterchlorige Säure auf:

$$Cl_2 + H_2O = ClOH + HCl$$
$$ClOH = HCl + O\,.$$

Infolge dieser Reaktion zersetzt sich auch das Chlorwasser beim Aufbewahren, namentlich unter Einwirkung des Lichtes.

Indigo. Man bringe einige Kubikzentimeter Chlorwasser mit Indigolösung zusammen. Die Indigolösung wird entfärbt.

Lackmuspapier wird im ersten Moment gerötet und dann gebleicht. **Schweflige Säure** wird zu Schwefelsäure oxydiert.

$$SO_3'' + H_2O + Cl_2 = SO_4'' + 2\,H^{\cdot} + 2\,Cl'\,.$$

Natriumthiosulfat wird ebenfalls oxydiert unter Abscheidung von Schwefel, der bei einem Überschuß von Chlorwasser bis zur Schwefelsäure weiteroxydiert werden kann. Auf der ersten Reaktion beruht die Anwendung des Natriumthiosulfats in der Bleicherei als „Antichlor“:

$$Na_2S_2O_3 + Cl_2 + H_2O = 2\,HCl + Na_2SO_4 + S$$
$$S + 3\,Cl_2 + 4\,H_2O = H_2SO_4 + 6\,HCl\,.$$

Silbernitrat. Man versetze eine Lösung von Chlorwasser tropfenweise mit Silbernitrat, bis nichts mehr ausfällt. Den entstandenen Niederschlag bringe man durch Schütteln zum Absitzen und filtriere ihn ab.

Die Reaktion verläuft nach der Gleichung:

$$6\,AgNO_3 + 3\,Cl_2 + 3\,H_2O = AgClO_3 + 6\,HNO_3 + 5\,AgCl\,,$$

d. h. der sechste Teil des Chlors geht in Chlorat über und entzieht sich der Fällung. Man erwärme das Filtrat mit einigen Kubikzentimetern Schwefligsäurelösung und gebe dann etwas Salpetersäure zu. Das Chlorat wird zu Chlorid reduziert, das mit dem Silberion Chlorsilber gibt, das zum Unterschied von etwa entstehendem Silbersulfit in Salpetersäure unlöslich ist.

Mit metallischem Quecksilber reagiert Chlorwasser schon bei gewöhnlicher Temperatur unter Bildung von Kalomel. Wird Chlorwasser daher mit überschüssigem, metallischem Quecksilber geschüttelt, so verschwindet der Geruch, die Flüssigkeit reagiert neutral und gibt mit Silbernitrat keine Reaktion mehr. Enthielt das Chlorwasser Salzsäure, so bleibt die saure Reaktion gegen Lackmus und die Reaktion gegen Silbernitratlösung bestehen. (Nachweis von Salzsäure neben freiem Chlor.)

Reaktionen der Hypochlorite.

Die freie Säure entsteht beim Schütteln von Chlorwasser mit gelbem Quecksilberoxyd. Sie bildet sich nach Untersuchungen von JAKOWKIN[1] durch Hydrolyse des Chlors nach der Gleichung:

$$HOH + Cl_2 \rightleftarrows ClOH + HCl\,.$$

Bei dieser Reaktion tritt sehr rasch Gleichgewicht ein, so daß nur geringe Mengen unterchloriger Säure entstehen. Leitet man aber Chlor zu gelbem Quecksilberoxyd, das in Wasser aufgeschlämmt ist, so entsteht mit dem überschüssigen Quecksilberoxyd braunes Quecksilberoxychlorid, das ganz unlöslich ist, und die Salzsäure wird unschädlich gemacht. Bindet man die entstehenden Säuren mit Alkalihydroxyd oder -bicarbonat, so wird die rückläufige Reaktion unterdrückt, und die Hälfte des Chlors geht in Hypochlorit über.

Säuren, sogar die schwache Kohlensäure, machen aus den Hypochloriten die unterchlorige Säure frei, die unter Zerfall stark oxydierend wirkt, so daß beim Zusammenbringen von Hypochlorit mit Salzsäure Chlor entsteht.

Indigolösung wird sowohl alkalisch wie sauer entfärbt.

Lackmuspapier wird bei Gegenwart von freier Säure gebleicht.

Jodkaliumstärkelösung wird auch in Gegenwart von Soda sofort blau gefärbt.

Mangan(2)salzlösung gibt mit einer alkalischen Lösung von Natriumhypochlorit einen braunen Niederschlag von Mangansuperoxydhydrat:

$$Mn^{\cdot\cdot} + 2\,ClO' + H_2O = MnO_3H_2 + 2\,Cl'$$
$$MnCl_2 + 2\,NaOH + NaOCl = MnO(OH)_2 + 3\,NaCl\,.$$

---

[1] Z. physik. Chem. **29**, 613.

Bleisalze werden in analoger Reaktion aus neutraler oder schwach essigsaurer Lösung, am besten bei Gegenwart von Natriumacetat, in der Wärme als Bleisuperoxyd gefällt. In alkalischer Lösung bleibt die Fällung aus, da Plumbat entsteht.

Silbernitrat fällt unvollständig, da ein Teil des Hypochlorits in Chlorat übergeht:

$$3\,NaOCl + 3\,AgNO_3 = 3\,NaNO_3 + AgClO_3 + 2\,AgCl\,.$$

Als Zwischenprodukt entsteht wahrscheinlich das unbeständige Silberhypochlorit, das sich sofort in Chlorat und Chlorid umwandelt:

$$3\,NaOCl + 3\,AgNO_3 = 3\,AgClO + 3\,NaNO_3$$
$$3\,AgClO = AgClO_3 + 2\,AgCl\,.$$

Bariumchlorid fällt unterchlorigsaure Salze nicht.

Nachweis von unterchloriger Säure neben freiem Chlor und Salzsäure. Die mit Schwefelsäure schwach angesäuerte Lösung wird mit Quecksilber geschüttelt, bis sie Jodkaliumstärkepapier nicht mehr bläut. Die freie unterchlorige Säure gibt mit Quecksilber braunes, wasserunlösliches, aber salzsäurelösliches, basisches Quecksilber(2)chlorid $Hg\diagup^{Cl}_{\diagdown OHgCl}$. Chlor dagegen gibt unlösliches Quecksilberchlorür $HgCl$. Wird der entstandene Niederschlag mit Salzsäure ausgezogen, so geht das basische Chlorid in Lösung und kann nach dem Abfiltrieren des Quecksilberchlorürs in dem Filtrat durch Fällen mit Schwefelwasserstoff nachgewiesen werden. In dem ersten Filtrat, das bei der Abtrennung des Niederschlags von basischem Quecksilber(2)chlorid und Kalomel entstand, wird die Salzsäure mit Silbernitrat gefällt.

Das technisch wichtigste Salz der unterchlorigen Säure ist der Chlorkalk. Er wird gewonnen durch Überleiten von Chlor über gelöschten Kalk und ist eine hypochloritähnliche Verbindung, deren Konstitution noch nicht völlig sichergestellt ist. Er enthält stets noch unveränderten Ätzkalk und etwas Wasser. Er ist an der Luft nicht zerfließlich wie Chlorcalcium und gibt auch an Alkohol kein Chlorcalcium ab, so daß er nicht als eine bloße Mischung von Calciumchlorid und Calciumhypochlorit aufgefaßt werden kann. Gewöhnlich wird er zur Zeit nach ODLING und LUNGE als gemischtes Salz zwischen Calciumhydroxyd, Salzsäure und unterchloriger Säure formuliert $Ca\diagup^{OCl}_{\diagdown Cl}$, wobei der Gehalt an Ätzkalk und Wasser unberücksichtigt bleibt. Er dient als bequemes Ersatzmittel für gasförmiges Chlor bei der Desinfektion oder in der Bleicherei, da er wie alle Hypochlorite bei Behandlung mit schwachen Säuren, sogar schon mit der Kohlensäure der Luft, Chlor abgibt. In neuerer Zeit wird auch Calciumhypochlorit von der Formel $Ca(OCl)_2$ unter dem Namen Caporit in den Handel gebracht.

Man stelle mit einer Chlorkalklösung, die mit etwas Essigsäure angesäuert ist, einige der oben angeführten Hypochloritreaktionen an.

Darstellung von Sauerstoff aus Kaliumchlorat.

10 g chlorsaures Kalium werden mit 6 g gepulvertem Braunstein auf einem Schreibpapierblatt mit dem Glasstab gemischt und in ein trockenes, schwer schmelzbares Reagenzglas eingefüllt. Das Reagenzglas wird mit einem Korken verschlossen, in den ein kurzes Glasrohr eingesetzt ist, an das mit einem Stück Schlauch das nach der pneumatischen Wanne führende Gasentbindungsrohr angesetzt wird. Das Reagensrohr wird in horizontaler Lage an einem Stativ festgeklammert und er-

wärmt. Schon beim gelinden Erwärmen des Kaliumchlorat-Braunsteingemisches entwickelt sich ein regelmäßiger Sauerstoffstrom. Man füllt über Wasser in der pneumatischen Wanne einige Pulvergläser (etwa 300 ccm Inhalt) mit dem Gase an, um es zu Verbrennungsversuchen zu verwenden. In einem eisernen Verbrennungslöffel zünde man ein Stück Schwefel an und führe es in eines der mit Sauerstoff gefüllten Pulvergläser ein. Nachdem die lebhafte Verbrennung beendet ist, untersuche man die Verbrennungsprodukte nach S. 32.

Ein Stück Kohle klemme man in eine an einem Holzstab befestigte Pinzette, erhitze es zum Glühen und bringe es in eines der mit Sauerstoff gefüllten Gefäße. Auch hier weise man nach beendeter Verbrennung das Verbrennungsprodukt nach.

Auch sonst an der Luft nicht brennbare Stoffe, wie Eisendraht, lassen sich in reinem Sauerstoff verbrennen. Man wickelt zu diesem Versuch ein Stück Blumendraht auf einem Glasstab zur Spirale, befestigt diese mit dem einen Ende in einem Kork, der auf eines der Pulvergläser paßt. Das andere Ende wickelt man um ein Stückchen Holz, das als Zünder dient. Nachdem man das Holzstückchen entzündet hat, setzt man die Drahtspirale mit dem Kork in das Pulverglas ein, dessen Boden zum Schutz gegen das herabfallende geschmolzene und verbrannte Eisen mit einer Sandschicht bedeckt wird.

Das chlorsaure Kalium geht, wenn es erhitzt wird, zunächst in Kaliumperchlorat über

$$4\,KClO_3 = KCl + 3\,KClO_4\,.$$

Bei weiterem Erhitzen zerfällt das Kaliumperchlorat in Kaliumchlorid und Sauerstoff:

$$KClO_4 = KCl + 2\,O_2\,.$$

Während diese Reaktion mit chlorsaurem Kalium allein erst bei verhältnismäßig hoher Temperatur stattfindet, erfolgt sie sehr viel rascher und bei relativ niederer Temperatur, wenn dem chlorsauren Kalium etwas Braunstein zugesetzt wird.

In einem Reagensrohr erhitze man einen Löffel voll chlorsaures Kalium zum Schmelzen bis eben zum Beginn einer mäßigen Gasentwicklung und überzeuge sich mit einem glimmenden Span davon, daß nur unbedeutende Mengen Sauerstoff entwickelt werden. Darauf werfe man, ohne weiterzuerwärmen, eine Spur Braunstein in die geschmolzene Masse. Sofort erfolgt unter lebhaftem Aufschäumen eine stürmische Gasentwicklung.

Der Braunstein wirkt bei dieser Reaktion lediglich als Katalysator. Mit dieser Bezeichnung benennt man Stoffe, die durch ihre Gegenwart die Einstellung des Gleichgewichtes bei einer chemischen Reaktion beschleunigen. Die Menge des Katalysators steht zu den Mengen der miteinander reagierenden Stoffe in keinem stöchiometrischen Verhältnis und ist meistens sehr klein. In vielen Fällen erklärt sich die katalytische Wirkung eines Stoffes durch die Annahme von Zwischenreaktionen, bei denen aus dem Katalysator zunächst ein unbeständiges Zwischenprodukt entsteht, das zur Bildung des Endproduktes unter Rückbildung des Katalysators zersetzt wird.

In eine Reibschale gebe man 2—3 Kryställchen chlorsaures Kalium und eine Spur Schwefel. Beim Zusammenreiben wird der Schwefel unter Detonation oxydiert.

In wässeriger Lösung wirken die Chlorate nur in Gegenwart von Säure stark oxydierend. Die Säure setzt bei dieser Reaktion die Chlorsäure in Freiheit. Nur diese und nicht die Salze führt die Oxydationsreaktionen herbei.

Reaktionen der Chlorate.

Indigolösung wird von einer neutralen Kaliumchloratlösung nicht entfärbt, im Gegensatz zu den Hypochloriten. Auf Zusatz von verdünnter Schwefelsäure tritt beim Erwärmen die Entfärbung ein.

Konzentrierte Salzsäure gibt mit Chloraten beim Erwärmen Chlor, das mit Chlordioxyd verunreinigt ist, infolge der Nebenreaktion

$$KClO_3 + 2\,HCl = KCl + ClO_2 + H_2O + Cl\,.$$

Aus angesäuerter **Jodkaliumlösung** macht Chloratlösung Jod frei.

$$HClO_3 + 6\,KJ + 6\,HCl = 3\,J_2 + 6\,KCl + 3\,H_2O + HCl\,.$$

Nitronlösung gibt mit Chloraten einen Niederschlag analog der Salpetersäurefällung.

Silbernitrat fält aus Chloratlösungen keinen Niederschlag.

Bariumchlorid gibt mit Chloraten ebenfalls keine Fällung.

Reduktionsmittel führen Chlorate in Chloride über, sowohl in saurer wie in alkalischer Lösung.

Man säure eine Lösung von Kaliumchlorat mit verdünnter Schwefelsäure an und koche sie mit einer Messerspitze voll Zinkstaub oder Aluminiumgrieß. Nach dem Abfiltrieren ist das Chlorid mit Silbernitrat im Filtrat nachweisbar.

Eine zweite Probe reduziere man mit Natronlauge und Zinkstaub oder Aluminiumgrieß und weise das gebildete Chlorid nach.

Eine Probe Kaliumchloratlösung werde mit schwefliger Säure versetzt und erwärmt, worauf man nach Zusatz von Salpetersäure das durch die Reduktion entstandene Chlorid nachweist. Diese Reaktion kann zum Nachweis von Salzsäure und Chlorsäure nebeneinander dienen. Man fällt nach dem Ansäuern mit Salpetersäure mit Silbernitrat im Überschuß das gesamte Chlorion, filtriert vom Chlorsilber ab und versetzt das Filtrat mit schwefliger Säure.

Auch durch Erwärmen mit Eisenvitriollösung in Gegenwart von Schwefelsäure wird das Chlorat zu Chlorid reduziert, wobei das Eisen(2)sulfat in Eisen(3)sulfat übergeht.

$$HClO_3 + 6\,FeSO_4 + 3\,H_2SO_4 = 3\,Fe_2(SO_4)_3 + 3\,H_2O + HCl\,.$$

Konzentrierte Schwefelsäure macht aus Chloraten Chlordioxyd frei, das beim Erwärmen unter Zerfall in Chlor und Sauerstoff heftig explodiert.

$$3\,KClO_3 + H_2SO_4 = K_2SO_4 + H_2O + KClO_4 + 2\,ClO_2\,.$$

Um die Reaktion gefahrlos ausführen zu können, bringt man eine Messerspitze voll chlorsaures Kalium in ein Reagensrohr, klammert dieses an einem Stativ in schräger Stellung ein und stellt den ganzen Apparat unter dem Abzug auf. Dann übergießt man das trockene Salz mit etwa 3 ccm konzentrierter Schwefelsäure, die man aus der Vorratsflasche in ein anderes Reagensglas gegossen hat, rückt eine Bunsenflamme unter die Mündung des eingeklammerten Reagensrohres und schließt den Abzug. Sobald das schwere Chlordioxydgas mit der Flamme in Berührung kommt, erfolgt die Explosion.

Trockene Reaktionen. Auf Kohle erhitzt, verpuffen die Chlorate sehr lebhaft, indem die Kohle auf Kosten des Chloratsauerstoffs verbrennt.

Reaktionen der Perchlorate.

Indigolösung wird von Perchloraten auch in saurer Lösung im Gegensatz zu allen Chlorsauerstoffverbindungen nicht entfärbt.

Durch **Eisenvitriol** oder **schweflige Säure** werden Perchlorate ebensowenig reduziert wie durch Kochen mit Zinkstaub und Säure oder Lauge.

Silbernitrat fällt Perchlorate nicht; **Bariumchlorid** gibt ebenfalls keinen Niederschlag.

Kaliumchlorid erzeugt in Perchloratlösungen einen schwerlöslichen Niederschlag von Kaliumperchlorat, $KClO_4$.

Mit einer wässerigen Lösung von **Methylenblau** geben Überchlorsäure und Perchlorate einen blauen krystallinischen Niederschlag. (Perchlorat des Methylenblaus.) Chloride und Chlorate geben diese Reaktion nicht.

Trockene Reaktion. Durch starkes Erhitzen zerfallen die Perchlorate in Chlorid und freien Sauerstoff. Derselbe Zerfall erfolgt unter Verpuffen beim Erhitzen auf der Kohle.

Brom.

Darstellung von Brom. In eine Retorte von etwa 200 ccm Inhalt werden 20 g Bromkalium und 20 g gepulverter Braunstein gegeben und mit 100 ccm etwa 50 proz. Schwefelsäure übergossen. Bei gelindem Erwärmen destilliert das bei 63^0 siedende Brom und wird in einem gekühlten Erlenmeyer aufgefangen. Die Destillation muß wegen der stark aggressiven Wirkung des Broms gegen die Atmungsorgane sowie gegen die Epidermis vorsichtig und unter dem Abzug ausgeführt werden. Das überdestillierte Produkt wird im Scheidetrichter von dem mitüberdestillierten Wasser getrennt und kann durch eine zweite Destillation aus der vorher gereinigten Retorte rektifiziert werden.

Brom ist in Wasser löslich zu einer etwa 3 proz. Lösung. Man bereite Bromwasser durch Schütteln von 1 ccm Brom mit Wasser.

Das Bromwasser wirkt analog dem Chlorwasser oxydierend. Eine Lösung von schwefliger Säure wird zu Schwefelsäure oxydiert, und das Bromwasser entfärbt sich.

Metallisches Quecksilber wird von Brom ebenfalls angegriffen, und es entsteht Quecksilber(1)bromid, $HgBr$. Bromwasserstoff greift nicht an. Analogie mit Chlor und Chlorwasserstoff.

In organischen Lösungsmitteln, wie Chloroform oder Schwefelkohlenstoff löst sich Brom leichter als in Wasser. Durch Schütteln einer wässerigen Lösung von Brom mit einem dieser Lösungsmittel kann man daher das Brom aus der wässerigen Lösung ausschütteln.

In einem Reagensrohr schüttele man 10 ccm verdünntes Bromwasser mit 1 ccm Chloroform oder Schwefelkohlenstoff. Das Brom geht mit brauner Farbe in den Schwefelkohlenstoff oder in das Chloroform.

Natriumhypobromit.

In 5 ccm Natronlauge gebe man 3 Tropfen Brom. Es löst sich unter Entfärbung und bildet unterbromigsaures Natrium oder Natriumhypobromit neben Bromnatrium.

$$2\,NaOH + Br_2 = NaBr + NaOBr + H_2O\,.$$

Das Natriumhypobromit wirkt ebenfalls stark oxydierend. Mangan(2)salz wird zu Braunstein, und Nickel(2)salz zu Nickel(3)hydroxyd oxydiert (vgl. S. 80 u. 86). Säuren zerstören das Hypobromit und machen Brom frei.

$$NaBr + NaOBr + H_2SO_4 = Na_2SO_4 + H_2O + Br_2\,.$$

* Darstellung von Bromwasserstoff.

Wird Bromkalium mit konzentrierter Schwefelsäure behandelt, so entsteht kein reiner Bromwasserstoff, sondern ein stark mit Brom verunreinigtes Produkt, weil ein Teil des Bromwasserstoffs nach der Gleichung

$$H_2SO_4 + 2\,HBr = Br_2 + 2\,H_2O + SO_2$$

durch die Schwefelsäure oxydiert wird. Zur Darstellung reinen Bromwasserstoffs benutzt man daher das Phosphortribromid, das nach der Gleichung

$$PBr_3 + 3\,H_2O = 3\,HBr + P(OH)_3$$

zerfällt. Es ist dabei nicht erforderlich, von dem fertigen Bromid auszugehen, sondern es kann das Brom in Gegenwart von Wasser direkt auf roten Phosphor einwirken, so daß das primär gebildete Bromid sofort zerlegt wird.

Ein Halbliterrundkolben wird mit Tropftrichter und einem rechtwinklig gebogenen Gasableitungsrohr versehen. An das Gasableitungsrohr schließt sich ein geräumiges U-Rohr, das mit Glasscherben, die in feuchtem roten Phosphor gewälzt wurden, gefüllt ist. An das U-Rohr schließt ein rechtwinklig gebogenes Rohr an, das

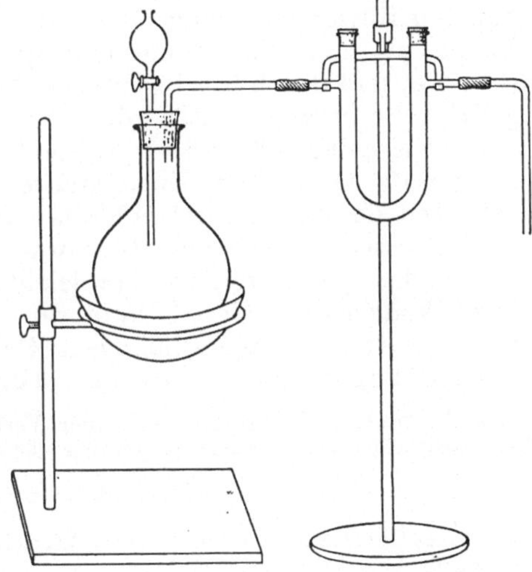

Abb. 16.
Apparat zur Darstellung von Bromwasserstoff.

$1/2$ cm über dem Spiegel des in einem Erlenmeyer befindlichen Absorptionswassers endet (Abb. 16).

In den Entwicklungskolben gibt man 10 g Sand, dann ein Gemisch von 50 g Sand und 12 g roten Phosphor und feuchtet das Ganze mit etwa 20 ccm Wasser an. Zur Absorption verwende man ungefähr 40 ccm Wasser. In den Tropftrichter gibt man 35 ccm Brom, das man langsam in den Kolben eintropfen läßt. Die Umsetzung vollzieht sich unter starker Wärmeentwicklung. Erst wenn alles Brom eingetropft ist, kann man im Sandbad erwärmen, um eine möglichst gute Ausbeute zu erhalten. Das Absorptionsgefäß wird durch Einstellen in Wasser kalt gehalten. Von der entstandenen Bromwasserstoffsäure verwende man den vierten Teil für die Ausführung von Reaktionen; drei Viertel neutralisiere man vorsichtig mit Soda, zuerst mit festem Salz, am Ende mit Lösung, füge, wenn die alkalische Reaktion eintritt, wieder Bromwasserstoffsäure hinzu bis gerade zur sauren Reaktion und dampfe zur Krystallisation ein.

Bromwasserstoff ähnelt dem Chlorwasserstoff sehr stark. Er raucht an der Luft und gibt mit Ammoniak Nebel von Bromammonium. Kaltgesättigte Bromwasserstoffsäure enthält etwa 82 % Bromwasserstoff. Durch Destillation erhält man eine konstant siedende Säure von 48 % Bromwasserstoffgehalt beim Siedepunkt von 126⁰.

Reaktionen des Bromions.

Chlorbarium gibt keine Fällung.

Silbernitrat gibt gelbliches Silberbromid, das in Salpetersäure unlöslich, in Cyankalium oder in Natriumthiosulfat leicht löslich ist, während es sich in Ammoniak schwer löst. Dieser Löslichkeitsunterschied kann benutzt werden zum Nachweis von Chlorid neben Bromid. Schüttelt man Bromsilber mit Ammoniak oder ammoniakalischem Ammoncarbonat und filtriert vom ungelösten ab, so erzeugt ein Zusatz von Bromkaliumlösung zum Filtrat nur eine geringe Trübung, die dadurch bewirkt wird, daß durch die Bromionen die Löslichkeit des Komplexsalzes $[Ag(NH_3)_2]Br$ herabgesetzt wird.

Ist gleichzeitig Chlorsilber zugegen gewesen, so erzeugt der Bromkaliumzusatz im Filtrat einen starken Niederschlag von Bromsilber, da ein Teil des Silberamminchlorids ausgefällt wird.

Chlorwasser macht aus Bromwasserstoffsäure und aus Bromidlösungen das Brom frei, das zur leichteren Erkennung am besten mit Schwefelkohlenstoff oder Chloroform aus der Lösung ausgeschüttelt wird. Zusatz von überschüssigem Chlorwasser bewirkt Entfärbung, da sich Chlorbrom bildet, das nur hellgelb gefärbt ist.

Die Austreibung des Broms aus seinen Verbindungen beruht auf der geringeren Elektroaffinität des Elementes gegenüber der des Chlors. Im Sinne der Gleichung

$$Cl_2 + 2\,Br' = 2\,Cl' + Br_2$$

entreißt das Chlor den Bromionen die elektrische Ladung und scheidet sie in elementarer Form ab.

Reaktion des Bromations.

Mit **Silbernitrat** und ebenso mit **Bariumchlorid** entstehen nur in konzentrierten Lösungen Niederschläge.

Reduktionsmittel, am besten schweflige Säure, scheiden Brom aus, das durch einen Überschuß des Reduktionsmittels zu Bromwasserstoff reduziert wird.

$$2\,BrO_3' + 5\,SO_2 + 4\,H_2O = Br_2 + 5\,SO_4'' + 8H^{\cdot}$$
$$Br_2 + SO_2 + 2\,H_2O = 2\,HBr + H_2SO_4\,.$$

Bromide scheiden, in saurer Lösung mit Bromaten zusammengebracht, Brom aus.

$$5\,HBr + HBrO_3 = 3\,H_2O + 3\,Br_2\,.$$

Jod.

*** Aufarbeitung von Jodrückständen**[1]. Eine große Flasche wird mit einem einfach durchbohrten Gummistopfen versehen, durch dessen Bohrung ein bis fast auf den Flaschenboden reichendes Glasrohr führt. Dieses Rohr ist durch einen nicht zu kurzen Schlauch mit dem Einleitungsrohr einer leeren Waschflasche verbunden, deren zweites Rohr an einen mit Sauerstoff gefüllten Gasometer angeschlossen ist. In die Flasche gibt man die Lösung der Jodrückstände, wodurch sie höchstens halb gefüllt werden darf. Sind unlösliche Rückstände, etwa Jodsilber, zu verarbeiten, so reduziert man durch mehrstündiges Erwärmen mit Zink und Schwefelsäure, gießt vom Metallpulver ab und verarbeitet die Lösung, die das Jod als Zinkjodid enthält. Die in der Flasche befindliche Jodrückständelösung wird jetzt mit roher Schwefelsäure angesäuert. Alsdann leitet man bei locker aufliegendem Stopfen aus dem Gasometer Sauerstoff in die Flasche, bis die Luft aus dem Gasraum verdrängt ist, schließt den Gasometerhahn und setzt so lange Natriumnitritlösung zu, bis der Gasraum in der Flasche mit roten Gasen erfüllt ist. Dann drückt man den Stopfen fest ein und öffnet den Gasometerhahn wieder. Beim gelinden Umschwenken und Schütteln strömt Sauerstoff in die Flasche, und freies Jod scheidet sich ab. Kommt die Sauerstoffaufnahme zum Stillstand, so lüftet man den Stopfen und setzt wie am Anfang noch etwas Nitritlösung zu. Wird auch dann kein Sauerstoff mehr aufgenommen, so läßt man die Fällung absitzen und prüft die überstehende klare Flüssigkeit durch Zusatz von etwas Nitrit auf Vollständigkeit der Ausfällung. Ist die Fällung vollständig, so gießt man von dem Niederschlag ab und bringt ihn in einen Rundkolben zur Reinigung mit Wasserdampf.

Der Rundkolben ist mit einem doppelt durchbohrten Stopfen versehen. Durch die eine Bohrung geht ein bis auf den Kolbenboden reichendes Rohr, durch das der Wasserdampf eingeleitet wird. Die zweite Bohrung hält ein zweimal rechtwinklig gebogenes Rohr, das in dem Kolben unmittelbar unter dem Stopfen endet. Es führt durch die eine Bohrung eines ebenfalls zweifach durchbohrten Korks auf den Boden eines Erlenmeyer-Kolbens, der in einem mit Wasser gefüllten Kühlgefäß steht. Die zweite Bohrung dieses den Erlenmeyer verschließenden Stopfens trägt ein halbmeterlanges Steigrohr von 1 cm Weite. Das mit dem Wasserdampf übergetriebene Jod setzt sich an den Wänden des Erlenmeyer-Kolbens ab. Durch Schütteln und Kratzen mit einem Glasstab läßt es sich ablösen und auf eine Glasfilternutsche bringen, auf der man es scharf absaugt.

Um das Jod völlig zu trocknen, bringt man es in eine Porzellanschale ohne Ausguß, die mit einem Uhrglas bedeckt wird, und erwärmt auf einem siedenden Wasserbad. Das vom Jod weggehende Wasser schlägt sich zusammen mit gleichfalls flüchtigem Jod am Uhrglas nieder. Man wechselt nach einigen Minuten das Uhrglas gegen ein anderes aus, spült das Jod in ein Becherglas ab und setzt dieses Verfahren so lange fort, bis sich kein Wasser mehr am Uhrglas kondensiert und der Jod-

---

[1] Ber. dtsch. chem. Ges. **52**, 1131.

belag fest anhaftet. Dann ist das Jod in der Schale trocken. Die kleinen Jodmengen, die in das Becherglas abgespült wurden, können durch Absaugen wiedergewonnen werden.

Die Abscheidung des Jods aus den Jodidrückständen beruht darauf, daß salpetrige Säure aus Jodiden Jod frei macht nach der Gleichung:

$$2\,HJ + 2\,HNO_2 = J_2 + H_2O + 2\,NO\,.$$

Durch den zugeleiteten Sauerstoff wird das Stickoxyd oxydiert, und die Oxydationsprodukte wirken erneut auf Jodkalium ein, so daß in letzter Linie der eingeleitete Sauerstoff das Oxydationsmittel ist, während die Stickoxyde als Sauerstoffüberträger wirken.

Darstellung von Jod.

In einer Porzellanschale mische man 2 g Jodkalium mit dem gleichen Gewicht Braunstein, übergieße das Gemisch mit etwa 20 ccm 50proz. Schwefelsäure und erwärme mäßig auf einem Asbestteller. Über die Schale, so daß er auf dem Rand derselben aufsitzt, stülpe man einen Trichter, dessen Abflußrohr verstopft ist. Das Jod sublimiert in den Trichter und kann nach beendeter Reaktion zusammengekratzt werden. Bei Darstellung größerer Mengen freien Jods destilliert man aus einer kleinen Retorte in einen mit Wasser gekühlten Kolben. Zur Reinigung kann das Jod umsublimiert werden. Es wird dabei, wenn man von dem Handelspräparat ausgeht, am besten mit etwas Jodkalium zusammengerieben, um eventuelle Verunreinigungen von Chlorjod zu entfernen. Es bildet schöne metallglänzende Krystalle, die bei 114⁰ schmelzen. Es siedet erst bei 110⁰, geht aber schon bei gewöhnlicher Temperatur in einen violett gefärbten Dampf über.

Reaktionen des Jods.

In Wasser ist Jod wenig löslich. Durch Schütteln einer kleinen Probe Jod mit Wasser erhält man eine Lösung, die etwa 0,03 Gewichtsteile Jod auf 100 Gewichtsteile Wasser enthält.

Viel leichter als in Wasser löst sich Jod in organischen Lösungsmitteln. Die Lösungen in Alkohol und in Äther sind braun gefärbt, in Chloroform oder in Schwefelkohlenstoff löst es sich mit violetter Farbe. Es läßt sich ebenso wie das Brom aus der wässerigen Lösung durch Chloroform oder Schwefelkohlenstoff ausschütteln.

In Jodkaliumlösung ist Jod ebenfalls in beträchtlichen Mengen löslich, und zwar unter Bildung des komplexen Ions J_3', das bei Reaktionen leicht in Jodionen und freies Jod zerfällt.

Jodlösung ist ein Oxydationsmittel, da das elektrisch neutrale Jod negative Ladungen aufzunehmen vermag.

Schweflige Säure oder **Schwefelwasserstoffwasser** mit Jodlösung zusammengebracht, werden oxydiert, und die Jodlösung wird entfärbt.

$$SO_2 + 2\,H_2O + J_2 = H_2SO_4 + 2\,HJ$$
$$SO_3'' + H_2O + J_2 = SO_4'' + 2\,H^{\cdot} + 2\,J'$$
$$S'' + J_2 = 2\,J' + S$$

Natriumthiosulfat entfärbt Jodlösung ebenfalls. Es entsteht das Salz der Tetrathionsäure.

$$2\,Na_2S_2O_3 + J_2 = 2\,NaJ + Na_2S_4O_6\,.$$

Stärkelösung. Eine sehr empfindliche und charakteristische Reaktion auf freies Jod ist die Blaufärbung mit Stärke, die nach neuerer Auffassung auf der Bildung einer Adsorptionsverbindung beruht, und die am besten eintritt, wenn die Stärkelösung eine Spur Jodid enthält.

Eine Federmesserspitze voll löslicher Stärke löse man in etwa 100 ccm siedendem Wasser auf und gebe 2—3 Kryställchen Jodkalium dazu. Eine Lösung von Jod in Jodkalium verdünne man so weit, daß eben die gelbe Farbe noch erkennbar ist, und setze dann einige Kubikzentimeter der Stärkelösung zu. Die Flüssigkeit färbt sich intensiv blau.

Erhitzt man eine Probe der blauen Lösung im Reagensrohr, so verschwindet kurz vor dem Sieden der Flüssigkeit die blaue Farbe. Wird das Reagensrohr durch Einstellen in ein Becherglas mit Wasser gekühlt, so kehrt die blaue Farbe vom Boden des Reagensrohres her beginnend zurück.

Jodwasserstoff.

Man übergieße im Reagensrohr einige Krystalle Jodkalium mit einigen Tropfen konzentrierter Schwefelsäure. Es erfolgt nur in ganz geringem Maße Entwicklung von Jodwasserstoff, da dieser fast vollständig von der Schwefelsäure zu Jod oxydiert wird, und je nach den Mengenverhältnissen treten Schwefeldioxyd, Schwefelwasserstoff und Schwefel als Reduktionsprodukte der Schwefelsäure auf.

$$H_2SO_4 + 2\,HJ = 2\,H_2O + J_2 + SO_2$$
$$H_2SO_4 + 6\,HJ = 4\,H_2O + 3\,J_2 + S$$
$$H_2SO_4 + 8\,HJ = 4\,H_2O + 4\,J_2 + H_2S\,.$$

Jodwasserstoff läßt sich daher auf diese Weise nicht entwickeln; man stellt ihn vom Phosphortrijodid ausgehend her durch Zersetzen dieses Produkts mit Wasser

$$PJ_3 + 3\,H_2O = P(OH)_3 + 3\,HJ\,.$$

Wässerige Jodwasserstoffsäure wird gewonnen, indem man Jod mit Schwefelwasserstoff reduziert. Die konzentrierte Jodwasserstoffsäure raucht an der Luft und färbt sich infolge von Oxydation durch den Luftsauerstoff dunkel durch ausgeschiedenes Jod.

Reaktionen des Jodions.

Bariumchlorid gibt mit Jodiden keinen Niederschlag.

Silbernitrat fällt gelbes Jodsilber, unlöslich in Salpetersäure und fast unlöslich in Ammoniak, dagegen löslich in Cyankalium und in Natriumthiosulfat unter Bildung der betreffenden Komplexsalze.

Bleiacetat gibt intensiv gelbes Bleijodid, vgl. S. 108.

Oxydationsmittel wie Natriumnitrit oder Kaliumbichromat in saurer Lösung machen aus Jodiden Jod frei. Unterschied von den Bromiden, bei denen diese Reaktion in verdünnter Lösung nicht eintritt.

$$4\,H^\cdot + 2\,NO_2' + 2\,J' = J_2 + 2\,NO + 2\,H_2O$$
$$Cr_2O_7'' + 6\,J' + 14\,H^\cdot = 2\,Cr^{\cdots} + 7\,H_2O + 3\,J_2\,.$$

Chlorwasser macht aus Jodidlösung ebenfalls Jod frei, da ein Übergang der elektrischen Ladung vom Jodion auf das elektrisch neutrale Chlor erfolgt:

$$2\,J' + Cl_2 = 2\,Cl' + J_2\,.$$

Eine verdünnte Jodkaliumlösung unterschichte man mit 1 ccm Chloroform und gebe tropfenweise frisch gesättigtes Chlorwasser zu. Das ausgeschiedene Jod geht beim Schütteln mit violetter Farbe in das Chloroform. Durch weiteren tropfenweisen Zusatz von Chlorwasser wird die violette Farbe wieder zum Verschwinden gebracht, da das Jod zu farbloser Jodsäure, JO_3H, oxydiert wird, wobei als Zwischenprodukt wahrscheinlich das Chlorjod, JCl_3, auftritt.

$$J_2 + 5\,Cl_2 + 6\,H_2O = 2\,HJO_3 + 10\,HCl$$
$$J_2 + 3\,Cl_2 = 2\,JCl_3$$
$$JCl_3 + Cl_2 + 3\,H_2O = HJO_3 + 5\,HCl\,.$$

Die Reaktion kann zu einem empfindlichen Nachweis von Spuren von freiem Chlor benutzt werden. Man versetzt die auf Chlor zu prüfende Lösung mit einer Jodkaliumlösung und Stärkelösung. Das Jod, das von dem Chlor in Freiheit gesetzt wird, färbt die Stärke blau.

Reaktionen des Jodations.

Bei energischer Oxydation, die durch Erhitzen mit konzentrierter Salpetersäure oder Behandeln mit Chlor erreicht werden kann, entsteht aus dem Jod eine weiße, krystallinische Substanz, die Jodsäure, JO_3H. Analog gebaut wie die Chlorsäure, unterscheidet sie sich von dieser durch die große Beständigkeit. Schwefelsäure zersetzt sie weder in verdünntem noch in konzentriertem Zustand.

Bariumchlorid fällt aus Jodatlösungen einen weißen Niederschlag von Bariumjodat, $Ba(JO_3)_2$, löslich in Salpetersäure.

Silbernitrat. Aus Jodatlösungen fällt auf Zugabe von Silbernitratlösung ein weißer, in Salpetersäure ziemlich schwerlöslicher Niederschlag von Silberjodat, $AgJO_3$.

Aus einer angesäuerten Lösung von **Jodkalium** machen Jodate Jod frei.

$$HJO_3 + 5\,HJ = 3\,H_2O + 3\,J_2\,.$$

Schweflige Säure reduziert Jodsäure zunächst bis zum Jodwasserstoff, aus diesen macht Jodsäure Jod frei, sobald die gesamte schweflige Säure zur Reduktion der Jodsäure verbraucht ist. Wird daher Jodsäure mit Schwefligsäurelösung oder angesäuerter Sulfitlösung zusammengebracht, so tritt die Jodabscheidung bei verdünnten Lösungen erst nach einiger Zeit ein. Die Zeit, die zur Vollendung der Reaktion erforderlich ist, hängt ab von der Konzentration der verwendeten Lösungen (vgl. S. 40).

Nachweis der Halogene nebeneinander.

Bromion und Jodion. Man mische im Reagensglase je 1 ccm Bromkalium- und Jodkaliumlösung miteinander, säure mit 2 Tropfen verdünnter Schwefelsäure an und unterschichte mit Chloroform. Dann setze man tropfenweise gesättigtes Chlorwasser zu. Zunächst wird das Jod in Freiheit gesetzt, das sich mit violetter Farbe im Chloroform löst. Weiterer Zusatz von Chlorwasser oxydiert das Jod zu Jodsäure und macht dann das Brom frei, so daß die Violettfärbung verschwindet und eine Braunfärbung an ihre Stelle tritt.

Jodion und Chlorion lassen sich nebeneinander nachweisen durch die verschiedene Löslichkeit der Silbersalze in Ammoniak. Man fällt alles Halogen mit Silbernitrat und schüttelt den abfiltrierten Niederschlag mit konzentrierter Ammoniaklösung. Jodsilber bleibt ungelöst und wird abfiltriert. Chlorsilber geht in Lösung und fällt aus dem Filtrat beim Ansäuern mit Salpetersäure heraus.

Jod-, Brom- und Chlorion. Durch Kochen mit einer Lösung von Natriumnitrit und verdünnter Schwefelsäure treibt man zunächst das Jod aus, das man zuvor in einer gesonderten Substanzprobe mit Nitrit in Freiheit gesetzt und durch Ausschütteln mit Chloroform identifiziert hat.

Die jodfreie Lösung wird nun wieder in einer Probe mit Chlorwasser und Chloroform auf Brom geprüft. Bei positivem Ausfall der Probe kann entweder auch das Brom ausgetrieben werden, oder man kann das Chlor neben dem Brom nachweisen, durch die Chromylchloridreaktion.

Um Brom auszutreiben, neutralisiert man die jodfreie schwefelsaure Lösung mit Natronlauge, säuert mit Essigsäure an, setzt Kaliumpermanganat zu und kocht, bis alles Brom sich verflüchtigt hat. Im Rückstand zerstört man das überschüssige Permanganat durch Kochen mit Alkohol, filtriert von Braunstein ab und weist in dem mit Salpetersäure versetzten Filtrat das Chlor mit Silbernitrat nach.

Soll das Chlor mit der Chromylchloridprobe nachgewiesen werden, so mischt man die trockene oder zur Trockne gebrachte Substanz mit der gleichen Menge Kaliumbichromat, übergießt mit konzentrierter Schwefelsäure und destilliert. Das Destillat wird in Natronlauge aufgefangen. War Chlorid zugegen, so ist das Destillat chromhaltig, da das überdestillierte Chromylchlorid Natriumchromat liefert (vgl. S. 75). Brom gibt keine analoge Chromverbindung, sondern destilliert als solches über. Es löst sich ebenfalls in der Natronlauge als Bromid und Hypobromit und wird beim Ansäuern aus letzterer Verbindung in Freiheit gesetzt. Die Gegenwart von Brom kann infolge seiner Ätherlöslichkeit die Chromperoxydreaktion, die man am besten zum Nachweis des Chroms im Destillat benutzt (S. 73), stören. Man kocht daher die mit Schwefelsäure angesäuerte Lösung so lange, bis keine Bromdämpfe mehr entweichen, kühlt ab und gibt dann erst den Äther und das Wasserstoffsuperoxyd zu.

Ferner kann man auch bei Gegenwart der drei Halogenionen in einer Probe zunächst alle mit Silbernitrat fällen, aus dem Halogensilbergemisch das Chlorsilber mit Ammoncarbonat extrahieren und mit Bromkaliumlösung nachweisen (vgl. S. 146). In einer zweiten Probe werden dann Jodion und Bromion mit Chlorwasser nebeneinander nachgewiesen.

Chlorion neben Bromion und Jodion. Von R. BERG[1] ist eine Methode zum Nachweis von Chlorid neben Jodid und Bromid angegeben worden, die erstens darauf beruht, daß durch Bromsäure die Jodwasserstoffsäure und die Bromwasserstoffsäure zu Jod und Brom oxydiert werden, während Chlorwasserstoff in der für die Bestimmung erforderlichen Zeit praktisch nicht angegriffen wird. Zweitens wird das bei der

---

[1] Z. anal. Chem. **69**, 342.

Reaktion frei gemachte Jod und Brom durch Aceton sofort gebunden unter Bildung von Jod- oder Bromsubstitutionsprodukten, die mit Silberionen nicht reagieren. Unter der Annahme, daß dabei ausschließlich Monosubstitutionsprodukte auftreten, läßt sich der Vorgang durch folgende Gleichung ausdrücken:

$$2\,HBrO_3 + 3\,HJ + HBr + 6\,C_3H_6O = 3\,C_3H_5OJ + 3\,C_3H_5OBr + 6\,H_2O.$$

Je 10 Tropfen wässeriger Lösungen von Kaliumjodid, Kaliumbromid und Kaliumchlorid werden im Reagensglas gemischt. Dann gebe man 20 ccm 10 proz. Schwefelsäure und 5—10 ccm Aceton zu. Nun tropft man 1 proz. Kaliumbromatlösung so lange zu, bis die durch vorübergehend frei werdendes Jod und Brom bewirkte Gelbfärbung verschwunden ist und die Lösung auf weiteren Zusatz mehrerer Tropfen des Bromats farblos bleibt. Ist dieser Punkt erreicht, so werden 5—10 ccm doppelt normale Salpetersäure und einige Tropfen Silbernitratlösung zugesetzt. Je nach den vorhandenen Chloridmengen erscheint ein Niederschlag oder eine Trübung von Chlorsilber.

Liegt ein Gemisch von Halogensilbersalzen zur Untersuchung vor, so wird die Substanz in einem Bechergläschen mit Zink und verdünnter Schwefelsäure zusammengebracht und einige Stunden stehengelassen. Das Silber ist dann zu Metall reduziert, und die Halogene sind als Zinksalze in Lösung.

Fluor.

Das freie Fluor ist sehr schwer zugänglich. Es ist zuerst von Moissan durch Elektrolyse der wasserfreien Fluorwasserstoffsäure, die durch Fluorkalium leitend gemacht war, erhalten worden. Die Wasserstoffverbindung, die Fluorwasserstoffsäure, läßt sich aus den Fluoriden durch Erhitzen mit konzentrierter Schwefelsäure leicht in Freiheit setzen. Sie ist in wässeriger Lösung nur wenig dissoziiert und daher eine schwache Säure.

Reaktionen der Fluorwasserstoffsäure.

In einem Platin- oder Bleigefäß übergieße man gepulverten Flußspat, CaF_2, mit konzentrierter Schwefelsäure und erwärme gelinde. Es entwickelt sich Fluorwasserstoff, der stechend riecht und an der Luft raucht.

Ätzprobe. Man bestreiche eine Glasplatte oder ein Uhrglas unter Erwärmen mit einem Stück Wachs oder Paraffin und ritze in den entstandenen Überzug Buchstaben oder andere Zeichen ein. Das so vorbereitete Glas decke man über das Entwicklungsgefäß und setze es der Einwirkung des Fluorwasserstoffs aus. Nach etwa 1 Stunde entfernt man das Wachs oder das Paraffin durch Schmelzen und Abwischen und findet die Zeichen in das Glas eingeätzt.

Eine andere Reaktion, die ebenfalls auf der Ätzwirkung der Flußsäure beruht, führt man in der Weise aus, daß man eine Probe des Fluorids mit etwa 5 ccm konzentrierter Schwefelsäure im Reagensglas erhitzt. Beim Umschütteln fließt die Flüssigkeit von der Reagensglaswand in Tröpfchen ab wie Wasser von einer fettigen Fläche, weil der Fluorwasserstoff die Oberfläche des Glases verändert hat, so daß die Schwefelsäure sie nicht mehr benetzt.

Wassertropfenprobe. In einem Reagensglas übergieße man Flußspat, dem man etwas Sand zugesetzt hat, mit konzentrierter Schwefelsäure.

In die entweichenden Dämpfe halte man an einem Glasstab einen Tropfen Wasser. Das Wasser trübt sich, und nach kurzer Zeit entsteht eine Gallerte.

Der durch die Schwefelsäure aus dem Calciumfluorid frei gemachte Fluorwasserstoff verbindet sich mit dem Silicium der Kieselsäure unter Wasserabspaltung zu flüchtigem Siliciumfluorid

$$4\,HF + SiO_2 = SiF_4 + 2\,H_2O\,.$$

Auf diese Reaktion ist die Ätzwirkung zurückzuführen, die Fluorwasserstoffsäure auf Glas ausübt. Das Siliciumfluorid zerfällt mit Wasser nach der Gleichung:

$$3\,SiF_4 + 4\,H_2O = 2\,H_2SiF_6 + H_4SiO_4$$

unter Bildung von Kieselfluorwasserstoffsäure und Abscheidung von gelatinöser Kieselsäure, die den Wassertropfen trübt und gelatinieren läßt. Der Zusatz von Sand ist nicht unbedingt erforderlich, da die Fluorwasserstoffsäure auch mit der Kieselsäure des Glases reagieren kann.

Silbernitrat fällt aus Lösungen von Fluoriden oder aus wässeriger Fluorwasserstoffsäure keinen Niederschlag, da das Silberfluorid wasserlöslich ist.

Bariumchlorid fällt aus Fluoridlösungen einen weißen voluminösen Niederschlag von Bariumfluorid, BaF_2, der sich in Salzsäure und Salpetersäure leicht auflöst. Auch in Essigsäure ist er etwas löslich, und ferner löst er sich in Ammonsalzen. Er läßt sich daher aus seinen Lösungen in Säure mit Ammoniak nicht zurückfällen.

Calciumchlorid bildet mit Fluoridlösungen weißes Calciumfluorid, einen etwas schleimigen Niederschlag, der in verdünnter Mineralsäure, in Essigsäure und in Wasser sehr schwer löslich ist.

Durch dieses Verhalten lassen sich die Fluoride trennen von den anderen Halogeniden, sowie von den Nitriten, die durch Entwicklung von gefärbten Gasen oder Dämpfen den Nachweis durch Erhitzen mit konzentrierter Schwefelsäure stören. Man führt in solchen Fällen das Fluor in Calciumfluorid über und verwendet dieses nach dem Abfiltrieren und Trocknen für die Reaktion.

Der Aufschluß unlöslicher Fluoride und die Beseitigung der Fluorwasserstoffsäure aus einer Substanz erfolgt am einfachsten durch Abrauchen mit konzentrierter Schwefelsäure, im Platin- oder Bleigefäß. Man mischt die Substanz mit konzentrierter Schwefelsäure, erhitzt etwa $^1/_2$ Stunde auf dem Wasserbade und raucht dann die überschüssige Schwefelsäure bei möglichst niederer Temperatur ab.

Kieselsäure und Kieselfluorwasserstoffsäure.

Von der Kieselsäure ist eine sehr große Zahl von Derivaten bekannt, die als Silicate bezeichnet werden. Man unterscheidet Meta- und Orthosilicate von der allgemeinen Formel Me_2SiO_3 und Me_4SiO_4, in denen Me ein einwertiges Metall bedeutet. Ferner existieren Polysilicate, die sich theoretisch von Polykieselsäuren herleiten, die man sich aus mehreren Molekeln Kieselsäure durch Wasserabspaltung entstanden denken kann. In freiem Zustand sind bis jetzt nur die Metakieselsäure H_2SiO_3, die Dikieselsäure $H_2Si_2O_5$ und die Orthokieselsäure $Si(OH)_4$ bekannt. Von den Salzen sind nur die Alkalisilicate in Wasser löslich. Die Lösungen reagieren stark alkalisch, da die Salze weitgehend hydrolysiert sind. Das Natriummetasilicat Na_2SiO_3 ist in normaler Lösung zu 14%, in zehntelnormaler Lösung zu 28% hydrolysiert. Neben dem Natriummetasilicat, das in krystallwasserhaltigem Zustand als

Alkasil im Handel ist, existiert auch noch ein krystallisiertes Disilicat $Na_2Si_2O_5$, ein ebenfalls leichtlösliches und zerfließliches Salz. Die Wasserglaslösung des Handels wird durch Auflösen einer Schmelze von Quarzsand mit Soda hergestellt. Sie enthält wahrscheinlich Natriummetasilicat und Natriumsilicat und infolge der Hydrolyse freie kolloidal gelöste Kieselsäure.

Reaktionen der Silicate und der Kieselsäure.

Eine Lösung von Natriummetasilicat oder eine Wasserglaslösung werde mit verdünnter Salzsäure versetzt.

Aus konzentrierten Lösungen scheidet sich ein gelatinöser Niederschlag von Kieselsäure ab, bei verdünnten Lösungen kann die Kieselsäure kolloidal gelöst bleiben. Ob die kolloidalen Lösungen der Kieselsäure die Säure H_2SiO_3 oder $H_2Si_2O_5$ enthalten, ist nicht bekannt. Ebenso unsicher ist die Zusammensetzung der Gele. In beiden Fällen kann nämlich auch wasserhaltiges Siliciumdioxyd vorliegen. Völlige Abscheidung erfolgt erst, wenn die Lösung mit Salzsäure eingedampft und nachher staubtrocken noch einige Zeit auf dem Wasserbad erhitzt wird.

Eine andere Probe Silicatlösung wird mit der Lösung eines Ammonsalzes versetzt. Auch hier scheidet sich Kieselsäure aus, weil die Ammoniumionen die bei der Hydrolyse entstehenden Hydroxylionen binden und dadurch das Gleichgewicht zugunsten der freien Kieselsäure verschieben.

Man filtriere ausgeschiedene Kieselsäure ab und prüfe ihre Löslichkeit in Wasser, Säuren, Alkalilauge und Alkalicarbonatlösung. Einen Teil der Kieselsäure erhitze man $^1/_2$ Stunde auf einem lebhaft siedenden Wasserbade und prüfe ebenfalls die Löslichkeit in diesen Agenzien. Ein anderer Teil werde geglüht und dann auf seine Löslichkeit geprüft.

Frisch gefällte Kieselsäure ist noch in Säuren und Alkalien löslich, durch längeres Erhitzen oder durch Glühen büßt sie diese Eigenschaft ein.

Im Platintiegel werde eine Probe der geglühten Kieselsäure mit Flußsäure abgeraucht. Wenn die Kieselsäure rein war, bleibt kein Rückstand.

1 g Kieselsäure werde mit der doppelten Menge calcinierter Soda im Platintiegel vor dem Gebläse geschmolzen. Die Schmelze löst sich in Wasser. Es ist Natriummetasilicat Na_2SiO_3 entstanden.

Hexamminzinkhydroxyd, hergestellt aus Zinknitratlösung mit so viel Ammoniak, daß der zuerst ausgefallene Niederschlag wieder gelöst wird, gibt einen weißen Niederschlag von Zinksilicat.

Wassertropfenprobe. Mit Flußspat gemischt und im Platin- oder Bleigefäß mit konzentrierter Schwefelsäure erwärmt, geben Kieselsäure und Silicate Siliciumfluorid, das einen Wassertropfen durch Kieselsäureabscheidung zum Gelatinieren bringt (vgl. S. 153). Die Probe kann auch in der Art ausgeführt werden, daß man den Platin- oder Bleitiegel mit einem durchlochten Uhrglas bedeckt, auf das man ein angefeuchtetes schwarzes Filter klebt. Bei gleichzeitiger Gegenwart von Kieselsäure und Fluorwasserstoff oder von Kieselfluorwasserstoffsäure entsteht auf dem schwarzen Papier über der Durchbohrung des Uhrglases ein weißer Fleck von ausgeschiedener Kieselsäure. Zum Nachweis von Kieselsäure oder Fluorwasserstoff allein muß Flußspat oder Quarzsand der Substanzprobe zugesetzt werden.

Molybdatreaktion. Eine sehr stark verdünnte Wasserglaslösung werde mit Essigsäure angesäuert und mit einigen Tropfen Ammonmolybdatlösung versetzt, worauf man kurz erwärmt. Dann setze man in einem zweiten Reagensglas zu einer Zinnchlorürlösung so viel Natronlauge, daß der zunächst ausfallende Niederschlag sich wieder auflöst. Von dieser stark alkalischen Lösung gieße man einige Kubikzentimeter zu der im ersten Reagensglas befindlichen kieselsäurehaltigen Mischung. Es tritt Blaufärbung ein. Zum Nachweis der Kieselsäure in unlöslichen Silicaten schmilzt man eine kleine Probe der feingepulverten Substanz mit etwas Soda in einer Platindrahtspirale zusammen und verwendet die Lösung dieser Schmelze für die Reaktion.

Bei dieser sehr empfindlichen Reaktion reduziert die alkalische Zinnlösung die Verbindung aus Kieselsäure und Molybdänsäure zu blaugefärbten Produkten, die gegen Natronlauge beständig sind, im Gegensatz zu den blaugefärbten Reduktionsprodukten, die in saurer Lösung aus Zinnchlorür und Molybdatlösung allein entstehen, die sich aber mit Natronlauge entfärben. Bei der großen Empfindlichkeit der Reaktion empfiehlt es sich, die Reagenzien vor Ausführung der Probe im blinden Versuch auf Kieselsäure zu prüfen.

Trockene Reaktion. Eine Probe der geglühten Kieselsäure werde in der Phosphorsalzperle erhitzt. Die Kieselsäure wird in der Perle nicht aufgelöst und trübt die Perle. Die Reaktion ist nicht ganz zuverlässig, da sich in feinpulverisiertem Zustand viele Silicate in der Phosphorsalzperle lösen. Manche, wie z. B. die Zeolithe, lösen sich auch schon bei gröberer Verteilung. Andererseits werden manche kieselsäurefreien Mineralien in der Phosphorsalzperle nicht gelöst.

Darstellung und Reaktionen der Siliciumfluorwasserstoffsäure.

25 g Flußspat und 25 g Sand werden in einem Halbliterrundkolben mit so viel konzentrierter Schwefelsäure übergossen, daß ein dünner Brei entsteht. Der Kolben wird verschlossen mit einem Kork, der ein zweimal rechtwinklig gebogenes Glasrohr trägt, durch das das entstehende Gas in Wasser geleitet wird. Da durch die gelatinierende Kieselsäure ein Glasrohr rasch verstopft würde, schließt man durch ein kurzes Schlauchstück einen Trichter an das Rohr an, der mit seiner Öffnung das Absorptionswasser gerade berührt, damit kein Zurücksteigen eintreten kann (Abb. 17). Durch mäßiges Erwärmen auf dem Asbestteller oder im Sandbade wird die Reaktion in Gang gebracht. Sobald die Schwefelsäure zu sieden beginnt, wird der Versuch unterbrochen, wobei zuerst der Trichter aus der Flüssigkeit genommen und dann die Flamme gelöscht

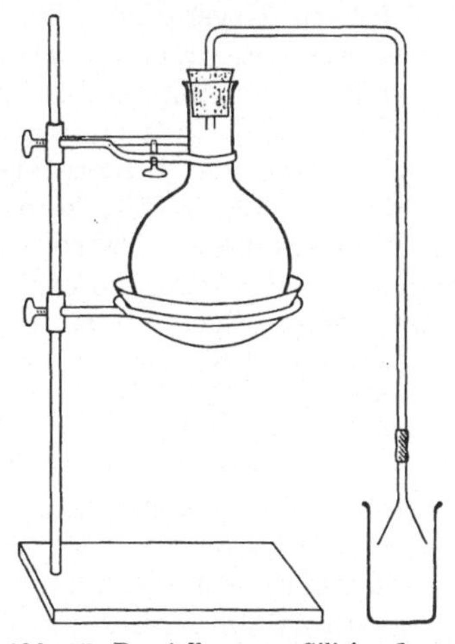

Abb. 17. Darstellung von Siliciumfluorwasserstoffsäure.

wird. Die ausgeschiedene Kieselsäure wird für spätere Versuche abfiltriert, und die Lösung der Kieselfluorwasserstoffsäure wird auf etwa 20 ccm eingedampft.

Die Reaktion verläuft nach den auf S. 153 gegebenen Gleichungen. Die freie Kieselfluorwasserstoffsäure ist nur in Lösung bekannt. Beim Eindampfen zersetzt sie sich schließlich in Siliciumfluorid und Flußsäure

$$H_2SiF_6 = 2\,HF + SiF_4.$$

Ihre Salze dagegen sind beständig.

Silbernitrat fällt aus Fluorsilicatlösungen keinen Niederschlag.

Bariumchlorid fällt ein schwerlösliches Salz, das Kieselfluorbarium $BaSiF_6$.

Kaliumsalze fällen ebenfalls einen Niederschlag, der aus Kieselfluorkalium, K_2SiF_6, besteht.

Durch **Ammoniak** werden Fluorsilicate zersetzt unter Abscheidung von Kieselsäure:

$$Na_2SiF_6 + 4\,NH_4OH = 2\,NaF + H_2O + 4\,NH_4F + SiO_3H_2.$$

Konzentrierte Schwefelsäure entwickelt aus Fluorsilicaten Fluorwasserstoff und Siliciumfluorid:

$$Na_2SiF_6 + H_2SO_4 = Na_2SO_4 + SiF_4 + 2\,HF.$$

Wird daher ein Fluorsilicat im Platin- oder Bleigefäß mit konzentrierter Schwefelsäure erwärmt, so entwickeln sich Gase, die sowohl Glas ätzen als auch einen Wassertropfen zum Gelatinieren bringen.

Organische Säuren.

Essigsäure.

Die Essigsäure CH_3COOH ist in freiem Zustand eine wasserklare Säure von charakteristischem Geruch. Vollkommen rein erstarrt sie bei 16^0 zu Krystallen. Sie wird deshalb in reinem konzentrierten Zustand auch als Eisessig bezeichnet. Die Acetate, ihre Salze, sind mit Ausnahme des Silbersalzes in Wasser leicht löslich.

Silbernitrat fällt nur aus kalten, konzentrierten Lösungen einen Niederschlag von Silberacetat $AgC_2H_3O_2$.

Bariumchlorid fällt keinen Niederschlag.

Essigesterprobe. Wird ein Acetat mit konzentrierter Schwefelsäure und Alkohol zusammen erhitzt, so entsteht der Essigester, der an seinem angenehmen Geruch kenntlich ist.

Ester sind Verbindungen, die aus Alkohol und Säure unter Wasseraustritt entstehen, indem der Wasserstoff der Säure mit der Hydroxylgruppe des Alkohols zusammentritt.

$$CH_3 \cdot COOH + HO \cdot C_2H_5 = CH_3 \cdot COO \cdot C_2H_5 + H_2O.$$

Die konzentrierte Schwefelsäure wirkt bei der Reaktion wie alle starken Säuren als Katalysator auf die Esterbildung.

Zur Ausführung der Reaktion übergießt man das Acetat im Reagensrohr mit Alkohol und gibt ungefähr die gleiche Menge konzentrierter Schwefelsäure zu. Beim Erwärmen tritt alsbald der Geruch nach Essigester auf.

Ferrichlorid gibt mit Acetatlösungen eine blutrote Färbung. Beim Kochen scheidet sich aus der roten Flüssigkeit unter Entfärbung ein rotbrauner Niederschlag aus (vgl. S. 92).

Kakodylreaktion. Eine Federmesserspitze voll wasserfreien Natrium-acetats mische man mit der gleichen Menge gepulverten Arsenigsäure-anhydrids und erhitze das Gemenge im Glühröhrchen. Sofort tritt der höchst intensive, widerliche Kakodylgeruch auf.

Bei der Destillation von Arsenigsäureanhydrid mit essigsaurem Natrium entsteht das sog. Kakodyloxyd im Sinne der Gleichung:

$$4\,NaC_2H_3O_2 + As_2O_3 = (CH_3)_2AsOAs(CH_3)_2 + 2\,CO_2 + 2\,Na_2CO_3.$$

Oxalsäure.

Oxalsäure hat die Formel $COOH\!-\!COOH + 2\,H_2O$. Sie ist eine krystallinische Substanz, deren Salze mit Ausnahme der Alkalisalze schwer löslich sind.

Silbernitrat fällt weißes Silberoxalat $C_2O_4Ag_2$, leicht löslich in Sal-petersäure und Ammoniak.

Bariumchlorid fällt weißes Bariumoxalat, leicht löslich in Mineral-säuren.

Calciumchlorid fällt sehr schwerlösliches Calciumoxalat, das in Mineralsäuren leicht löslich, in Essigsäure unlöslich ist. Aus mineral-saurer Lösung wird das Calciumoxalat durch essigsaures Natrium wieder abgeschieden. Auch **Gipswasser** fällt Calciumoxalat.

Einen Teil der Calciumoxalatfällung versetze man mit verdünnter Schwefelsäure. Es entsteht Calciumsulfat und freie Oxalsäure. Erhitzt man nun zum Sieden und setzt **Kaliumpermanganatlösung** zu, so wird diese entfärbt, da die Oxalsäure oxydiert wird.

$$5\,C_2H_2O_4 + 2\,KMnO_4 + 3\,H_2SO_4 = K_2SO_4 + 2\,MnSO_4 + 8\,H_2O + 10\,CO_2.$$

Konzentrierte Schwefelsäure spaltet die Oxalsäure in Wasser, Kohlen-oxyd und Kohlendioxyd. Das Kohlenoxyd kann an der Eigenschaft, mit blauer Flamme zu brennen, erkannt werden.

$$\begin{matrix} COOH \\ | \\ COOH \end{matrix} = H_2O + CO + CO_2.$$

Weinsäure.

Die Weinsäure $\begin{matrix} CHOH\!-\!COOH \\ | \\ CHOH\!-\!COOH \end{matrix}$ ist ebenfalls eine krystallisierte Substanz. Beim Erhitzen verkohlt sie ebenso wie ihre Salze, und ein brenzlicher Geruch tritt auf.

Silbernitrat fällt aus neutralen Tartratlösungen einen weißen Nieder-schlag von Silbertartrat, der in Salpetersäure und Ammoniak löslich ist.

Man versetze eine Tartratlösung mit Silbernitrat bis zur völligen Fällung und dann mit so viel Ammoniak, daß eben Lösung des Nieder-schlags erfolgt. Dann erwärme man die Lösung gelinde, am besten durch Einstellen in ein Wasserbad. Es wird metallisches Silber ab-geschieden, das im Reagensrohr einen Spiegel bildet, und die Wein-säure wird oxydiert.

Kaliumsalze geben in neutralen Tartratlösungen keine Fällung. Nach dem Ansäuern mit Essigsäure fällt der Niederschlag aus, meist aber erst nach längerer Zeit oder auf Reiben mit dem Glasstab (vgl. S. 23).

Bariumchlorid fällt zunächst flockiges, später krystallinisch werdendes Bariumtartrat $BaC_4H_4O_6$, das in Essigsäure löslich ist.

Calciumchloridlösung fällt aus Tartratlösungen zunächst ein Calciumalkalitartrat. Bei Zusatz genügender Menge Calciumsalz entsteht dann ein neutrales Calciumtartrat, das in Essigsäure löslich ist. Der Niederschlag löst sich auch in carbonatfreier Kali- oder Natronlauge, wahrscheinlich unter Komplexsalzbildung, und scheidet sich beim Kochen der Lösung wieder daraus ab.

Resorcinprobe. Man löse ein Kryställchen Resorcin in konzentrierter Schwefelsäure. Zu der Lösung gebe man eine kleine Menge festen Tartrats und erwärme auf etwa 150⁰. Es tritt eine violettrote Färbung ein. Oxydationsmittel stören diese Reaktion. Am besten verwendet man den mit Calciumchlorid gefällten Niederschlag zu dieser Identitätsreaktion.

Cyanwasserstoffsäure, Blausäure.

Die Blausäure, HCN oder HCy, ist eine bei 26⁰ siedende Flüssigkeit. Mit den Alkalien und Erdalkalien bildet sie lösliche Salze. Die Lösungen der Salze reagieren alkalisch und riechen nach Cyanwasserstoff, da die Salze hydrolysiert sind. Die Cyanide der anderen Elemente sind mit Ausnahme des Quecksilbercyanids schwer löslich in Wasser. In Säuren lösen sie sich, da die Blausäure ausgetrieben wird; in Alkalicyaniden lösen sie sich unter Bildung von Komplexsalzen.

Silbernitrat fällt aus Cyankaliumlösung Cyansilber, löslich im Überschuß von Cyankalium zu $[Ag(CN)_2]K$. Der Niederschlag löst sich daher anfänglich sofort wieder auf, bis alles Cyan in das Komplexsalz übergeführt ist, dann erst erfolgt bei weiterem Zusatz von Silbernitrat unter Zerstörung des Komplexsalzes die Fällung. In kalter verdünnter Salpetersäure ist Cyansilber unlöslich. Bei höherer Temperatur wirkt verdünnte Salpetersäure stark zersetzend und lösend.

Berlinerblaureaktion. Eine Cyankaliumlösung werde mit Eisenvitriollösung und einigen Tropfen Natronlauge versetzt und gekocht. Alsdann gebe man 2 Tropfen Ferrichloridlösung zu und säure mit Salzsäure an. Es entsteht eine intensive Blaufärbung und bei großen Mengen Cyankalium sogar ein Niederschlag von Berlinerblau. Eisen(2)salze und Cyankalium geben Kaliumeisen(2)cyanid, das mit Eisen(3)salzen Berlinerblau liefert (vgl. S. 94).

Rhodanreaktion. Einige Tropfen Cyankaliumlösung werden auf dem Uhrglase mit einigen Tropfen gelben Schwefelammoniums auf dem Wasserbad zur Trockne eingedampft. Den Rückstand nehme man mit verdünnter Salzsäure auf und versetze mit einem Tropfen Eisenchloridlösung. Es entsteht blutrotes Eisenrhodanid (vgl. S. 93).

Kohlendioxyd treibt besonders in Gegenwart von saurem Natriumcarbonat und beim Erhitzen die Blausäure aus Alkalicyanidlösungen aus. Leitet man die Gase in eine schwach salpetersaure Silbernitratlösung, so wird Cyansilber ausgefällt. Mit dieser Reaktion lassen sich Alkalicyanide und Alkalihalogenide nebeneinander nachweisen. Die zu untersuchende Lösung wird in ein weithalsiges Kölbchen gebracht. Dann gibt man etwa 1 g primäres Natriumcarbonat zu und verschließt das Kölbchen mit einem doppelt durchbohrten Stopfen, der ein auf den Gefäßboden reichendes Einleitungsrohr und ein unter dem Stopfen endendes zweimal rechtwinklig nach unten gebogenes Ableitungsrohr trägt. Die Lösung wird dann zum Sieden erhitzt und Kohlendioxyd in die siedende Lösung geleitet. Das Gasableitungsrohr läßt man in die salpetersaure Silbernitratlösung, die sich in einem zweiten Kölbchen befindet, eintauchen. Wenn aller Cyanwasserstoff ausgetrieben ist, und der Niederschlag in der vorgelegten Silberlösung sich nicht mehr vermehrt, kann in der cyanidfreien Lösung der Nachweis der Halogene nach der auf S. 150 beschriebenen Methode vorgenommen werden.

Eisen(2)cyanwasserstoffsäure.

Silbernitrat fällt aus Lösungen der Eisen(2)cyanide einen weißen Niederschlag von Silber-eisen(2)cyanid, $Ag_4[Fe(CN)_6]$, der in verdünnter Salpetersäure unlöslich ist.

Bariumchlorid gibt mit Eisen(2)cyaniden keine Fällung.

Eisen(3)chlorid bildet Berlinerblau (vgl. S. 95).

Kupfersulfat fällt rotbraunes Kupfer-eisen(2)cyanid, $Cu_2[Fe(CN)_6]$ (vgl. S. 104).

Eisen(3)cyanwasserstoffsäure.

Silbernitrat fällt einen orange Niederschlag von Silber-eisen(3)-cyanid, $Ag_3[Fe(CN)_6]$, unlöslich in verdünnter Salpetersäure.

Bariumchlorid gibt keine Fällung.

Eisen(2)sulfat bildet Turnbullsblau (vgl. S. 95).

Aus angesäuerter **Jodkaliumlösung** machen Eisen(3)cyanide Jod frei.

Rhodanwasserstoffsäure.

Die freie Säure ist eine leicht zersetzliche, farblose, stechend riechende Flüssigkeit, der die Formel CNSH zukommt. Die Salze sind meist wasserlöslich. Zur Fällung dient das Silber- und das Kupfersalz.

Silbernitrat fällt aus Rhodanlösungen weißes Rhodansilber AgCNS, löslich in Ammoniak, unlöslich in Salpetersäure. Beim Kochen mit konzentrierter Salpetersäure geht es langsam in Lösung unter völliger Zerstörung des Moleküls, wobei der Schwefel zu Schwefelsäure oxydiert wird.

Kupfersulfat in Gegenwart eines Reduktionsmittels fällt weißes Kupfer(1)rhodanid (vgl. S. 105). Ohne Reduktionsmittel und nur in konzentrierter Lösung bildet sich das dunkel gefärbte Kupfer(2)rhodanid, das beim Kochen mit Wasser leicht in die Cuproverbindung übergeht.

Eisenchlorid gibt mit Rhodaniden blutrotes Eisenrhodanid, das mit Äther ausgeschüttelt werden kann (vgl. S. 93).

Gang der Analyse.

Untersuchung auf trockenem Wege.

Die Ausführung einer Analyse beginnt mit der Untersuchung auf trockenem Wege. Sie soll nicht nur Hinweise für das Vorhandensein einzelner Elemente liefern, die dann im systematischen Gang der Analyse definitiv nachgewiesen werden, sondern sie gestattet auch eine ganze

Reihe von Elementen, die im Verlauf des Analysenganges schwierig aufzufinden sind, mit Sicherheit zu erkennen. Besonders wertvoll sind die Methoden der Untersuchung auf trockenem Wege, wenn der zu untersuchende Stoff keine allzu komplizierte Zusammensetzung hat, oder wenn es gelungen ist, auf mechanischem Wege einzelne Bestandteile aus einem Gemisch zu isolieren. In vielen Fällen sind auch trockene Reaktionen, die man mit Unrecht oft nur als Vorproben bezeichnet und bewertet, im Gang der Analyse anwendbar, wenn es sich darum handelt, einen Stoff zu identifizieren, der bei einer Trennungsoperation abgeschieden wurde. Da ein innerer logischer Zusammenhang zwischen den einzelnen trockenen Reaktionen nicht besteht, so teilt man sie gewöhnlich nach der dabei benutzten Arbeitsweise ein und unterscheidet: 1. Proben im Glühröhrchen; 2. Flammenfärbungsreaktionen; 3. Perlreaktionen; 4. Lötrohrreaktionen; 5. Kohlensodastäbchenreaktionen; 6. Beschlagschalproben.

1. Proben im Glühröhrchen.

Man bringe eine kleine Substanzprobe in ein völlig trockenes Glühröhrchen und achte darauf, daß nicht Anteile der Substanz im oberen Teile des Röhrchens hängenbleiben. Dann erhitzt man in einer kleinen Bunsenflamme.

Es entweicht Wasserdampf, der sich im oberen kalten Teil des Röhrchens kondensiert. Decrepitationswasser. In diesem Fall verknistert die Substanz beim Erhitzen. Krystallwasser, das aus Salzen und vielen Silicaten abgegeben wird oder aus hydroxylhaltigen Substanzen abgespalten wird. Manche Ammoniumsalze zerfallen unter Wasserabspaltung. In diesem Fall reagiert das Wasser alkalisch. Man prüfe daher die Wassertröpfchen auf ihre Reaktion gegen ein Streifchen Lackmuspapier.

Es entsteht ein weißes oder ein gefärbtes Sublimat. Ein weißes Sublimat kann deuten 1. auf Ammonsalze. Bei Ammonsalzen schwacher, flüchtiger Säuren ist bei der Sublimation gleichzeitig Geruch nach Ammoniak zu beobachten. Eine Sublimation erfolgt nicht bei Ammonsalzen, die in der Hitze völlig zerfallen, wie Ammoniumnitrat, oder bei den Ammonsalzen schwerflüchtiger Säuren, bei denen das Ammoniak allein entweicht.

2. Quecksilberchlorid oder Quecksilberchlorür.

3. Arsenigsäureanhydrid, das bei mäßiger Hitze ein krystallinisches Sublimat liefert, oder Antimontrioxyd, das zuerst schmilzt und erst bei stärkerem Erhitzen sublimiert.

Ein dunkles, metallglänzendes Sublimat (Spiegel) entsteht beim Erhitzen von freiem Arsen oder beim Zerfall arsenreicher Arsenide. Gleichzeitig ist der knoblauchartige Geruch des Arsendampfes wahrnehmbar.

Ein rotes bis gelbes Sublimat zeigt sich bei Sulfiden des Arsens.

Gelbes Sublimat, begleitet von rotbraunen Tröpfchen, die beim Erstarren gelb werden, deutet auf Schwefel im freien Zustand oder auf schwefelreiche Metallsulfide, die beim Erhitzen Schwefel abgeben.

Gelbes Sublimat, das von selbst oder beim Reiben rot wird: Quecksilberjodid.

Erhitzen mit Soda. Eine kleine Substanzprobe werde im Reibschälchen mit etwas calcinierter Soda gemischt. Das Gemisch erhitze man im Glühröhrchen.

Arsenverbindungen geben einen Arsenspiegel, Quecksilberverbindungen einen Quecksilberspiegel, der sich zu Tröpfchen zusammenschieben läßt.

Noch leichter geht die Reaktion, wenn man dem Substanz-Soda-Gemisch eine kleine Menge Cyankalium zusetzt.

Berlinerblauprobe. Eine Probe der Substanz wird mit der fünffachen Menge Soda gemischt, im Glühröhrchen erhitzt. Die Schmelze wird in Wasser gelöst, mit Ferro- und Ferrisalz versetzt und mit Salzsäure angesäuert. Blaufärbung deutet auf *Cyanide* (S. 158).

Kakodylreaktion. Eine Probe wird mit Arsenigsäureanhydrid gemischt und erhitzt. Kakodylgeruch zeigt Essigsäure an (S. 157).

Die Substanz wird beim Erhitzen schwarz. Schwarzfärbung geben organische Substanzen durch Verkohlung. Da auch manche Metallsalze beim Glühen in dunkel gefärbte Oxyde übergehen, z. B. Kupfersalze, so ist das schwarze Glühprodukt auf Brennbarkeit und sein Verhalten gegen Säure zu prüfen. Andererseits beachte man, daß manche organische Substanzen, z. B. Essigsäure oder Oxalsäure, beim Erhitzen nicht verkohlen. Am besten mischt man zum Nachweis von organischen Stoffen die Substanz mit gepulvertem Kupferoxyd, füllt die Mischung in ein schwer schmelzbares Reagensrohr, das mit einem durchbohrten Kork und Gasableitungsrohr versehen wird. Man erhitzt die Mischung und leitet das entweichende Gas in Barytwasser. Der Kohlenstoff der organischen Substanz verbrennt auf Kosten des Sauerstoffs des Kupferoxyds zu Kohlendioxyd, das das Barytwasser trübt.

Es erfolgt eine Gasentwicklung.

a) *Das Gas ist farblos:*

Sauerstoff, der einen glimmenden Span entzündet, aus Chloraten, Bromaten, Jodaten, Superoxyden.

Kohlendioxyd aus Carbonaten oder Oxalaten. Trübung von Kalkwasser.

b) *Das Gas ist gefärbt:*

Stickstoffoxyde aus Nitraten und Nitriten.

Chlor oder Brom aus Chloriden und Bromiden bei Gegenwart oxydierender Substanzen.

Aus *Jodiden* entweicht bei Gegenwart von Oxydationsmitteln das Jod als violetter Dampf und sublimiert.

2. Flammenfärbungen.

Gelb	Violett	Gelbrot	Carminrot	Gelbgrün	Grün	
Natrium	Kalium	Calcium	Strontium	Barium	Kupfer,	Borsäure
(S. 11)	(S. 26)	(S. 62)	(S. 62)	(S. 62)	(S. 107,	50)

3. Perlreaktionen.

Elemente	Boraxperle		Phosphorsalzperle	
	Oxydationsperle	Reduktionsperle	Oxydationsperle	Reduktionsperle
Cr S. 72	grün, (heiß dunkelgelb)	grün	grün	grün
Co S. 80	blau	blau	blau	blau
Ni S. 83	rotbraun	grau, durch ausgeschiedenes Metall	gelb bis rötlich gelb	grau durch Reduktion mit $SnCl_2$
Mn S. 89	amethyst	farblos	amethyst	farblos — rosa
Fe S. 96	gelb	grünlich	gelbbräunlich	gelbgrünlich
Cu S. 107	grün bis blau	rot, undurchsichtig durch met. Cu	blaugrün	rot, undurchsichtig, besonders mit $SnCl_2$
SiO_2 S. 155	Klar		Kieselskelet	

4. Lötrohrreaktionen (S. 34).

Metallkörnchen ohne Beschlag geben: Zinn (S. 135), Silber (S. 138), Kupfer (S. 106). Dunkles magnetisches Pulver erhält man bei Eisen, Nickel und Kobalt.

Metallkörner mit Beschlag: Antimon (S. 132), Wismut (S. 112), Blei (S. 110).

Beschlag ohne Metall: Zink (S. 99), Cadmium (S. 101), Arsen (S. 126). *Schwefelverbindungen* geben die Heparreaktion (S. 33).

5. Reaktionen am Kohlesodastäbchen (S. 35).

Es werden Metallkörner erhalten bei Verbindungen der Elemente: Blei (S. 110), Kupfer (S. 106), Zinn (S. 135), Silber (S. 138), Wismut (S. 112).

Magnetische Metallpulver geben: Eisen (S. 96), Kobalt (S. 80), Nickel (S. 83).

Schwefelverbindungen geben die Heparreaktion (S. 33).

6. Beschlagschalproben (S. 102).

a) *Metallbeschläge* geben die Verbindungen des Arsen (S. 126), Antimon (S. 132), Wismut (S. 112), Blei (S. 110), Quecksilber (S. 118).

b) *Oxydbeschläge* geben die unter a) angeführten mit Ausnahme des Quecksilbers, ferner Cadmium (S. 102) und Zink (S. 100), bei denen die Metallbeschläge schwerer zu erhalten und wenig charakteristisch sind.

Auflösung und Aufschließung.

Die systematische Untersuchung auf nassem Wege wird mit einer Lösung der Analysensubstanz durchgeführt.

Ist das Untersuchungsobjekt eine Flüssigkeit, so prüft man zunächst ihre Reaktion mit Lackmuspapier und dampft eine Probe ein, um festzustellen, ob ein Rückstand hinterbleibt, der dann zur Untersuchung wieder gelöst wird. Aus der Menge des Rückstandes ergibt sich die Flüssigkeitsmenge, die man verarbeiten muß, um eine ausreichende Menge der gelösten Substanz zur Untersuchung zu haben.

Handelt es sich um die Analyse einer festen Substanz, so muß sie in Lösung gebracht werden. Dazu wird sie zuerst fein gepulvert, weil die Auflösung dann leichter stattfindet. Harte Substanzen, wie Gesteine, werden im Stahlmörser gröblich zerschlagen und dann in einer Achatschale zu einem mehlfeinen Pulver zerrieben.

Zur Feststellung des geeigneten Lösungsmittels werden kleine Substanzproben mit je 1—2 ccm der Lösungsmittel im Reagensglas gekocht. Lösungsmittel sind: Wasser, Salzsäure, Salpetersäure, Königswasser.

Löst sich die Substanz in Wasser, so wird wieder die Reaktion mit Lackmuspapier geprüft und dann die Gruppentrennung vorgenommen. Ist die Substanz in Wasser unlöslich, so prüft man ihr Verhalten gegen Säuren.

Die Säuren gibt man zuerst verdünnt, dann in konzentriertem Zustand und tropfenweise zur Substanz, erwärmt damit und verdünnt nach dem Behandeln mit konzentrierter Säure vorsichtig mit Wasser, da manche Substanzen in konzentrierter Säure schwerer löslich sind als in Wasser, wie z. B. Chlorbarium. Andererseits ist zu berücksichtigen, daß durch viel Wasser basische Salze ausgefällt werden können. Zur Herstellung der Lösung verwendet man das Lösungsmittel, in dem sich die Substanz am leichtesten löst, oder, wenn vollständige Lösung nicht zu erreichen ist, das, in dem der geringste Rückstand hinterbleibt.

Löst sich eine Substanz in Salzsäure und Salpetersäure gleich gut, so ist Salzsäure als Lösungsmittel vorzuziehen wegen der oxydierenden Wirkung, die die Salpetersäure auf den später anzuwendenden Schwefelwasserstoff ausübt. Königswasser soll nur im Notfall angewendet werden. War seine Verwendung unumgänglich, so muß die Lösung nachher bis zur Sirupkonsistenz eingedampft und mit Wasser und verdünnter Salzsäure wieder aufgenommen werden.

In manchen Fällen löst sich ein Teil der Substanz in Wasser oder in Salzsäure, ein anderer in Salpetersäure. Man kann in solchen Fällen die Lösung durch aufeinanderfolgende Behandlung mit den einzelnen Lösungsmitteln herstellen. Die beiden Lösungen werden aber wieder vereinigt, damit die eine Analyse nicht in mehrere zerlegt wird.

Ist eine Substanz zum Teil in Wasser und Säure löslich und bleibt bei der Lösung ein säureunlöslicher Rückstand, so unterwirft man nicht etwa die ganze Substanz einem Aufschließungsverfahren, sondern nur den bei der Lösung verbliebenen Rückstand, der dann getrennt untersucht wird.

11*

Die Zugabe unnötig großer Säuremengen ist unbedingt zu vermeiden. Für $^1/_2$ g Analysensubstanz — eine für gewöhnliche Analysen sehr reichlich bemessene Menge — genügen etwa 5 ccm Säure in allen Fällen, wenn die Substanz überhaupt säurelöslich ist. Ist sie aber unlöslich in Säure, so läßt sich auch durch einen großen Überschuß von Säure die Lösung nicht erzwingen. Wenn kein unnützer Säureüberschuß verwendet wurde, läßt sich die Lösung meist durch Verdünnen auf die für die Schwefelwasserstoffällung erforderliche Säurekonzentration bringen, während anderenfalls der Säureüberschuß durch Abdampfen beseitigt werden muß. Dabei ist zu beachten, daß das Arsen, über dessen Gegenwart man durch die Vorproben unterrichtet sein muß, aus rein salzsauren Lösungen sich als Arsentrichlorid verflüchtigt. Oxydierte Arsenlösungen können dagegen bei Abwesenheit von Salzsäure eingedampft werden. Antimon und Quecksilber können bei zu starkem Eindampfen salzsaurer Lösungen ebenfalls verlorengehen. Salpetersaure Analysenlösungen sollen nur bis zur Sirupkonsistenz eingedampft und nicht völlig zur Trockene gebracht werden, da sich die Nitrate beim scharfen Trocknen leicht zersetzen.

Tritt beim Verdünnen einer klaren salzsauren Lösung mit Wasser eine Fällung ein, die auf der Bildung basischer Salze beruht, so kann sie durch vorsichtigen Zusatz von Salzsäure wieder gelöst werden. Es kann aber auch Schwefelwasserstoff in die trübe Lösung eingeleitet werden, da die basischen Salze mit Schwefelwasserstoff umgesetzt werden. War in Salpetersäure gelöst worden, so ist vor dem starken Verdünnen zuerst auf die Elemente der Salzsäuregruppe zu prüfen.

Legierungen behandelt man, wenn sie in Salzsäure nicht leicht löslich sind, zunächst mit Salpetersäure bis zur völligen Oxydation und dann mit Salzsäure. Ein metallischer Rückstand, der sich in Salpetersäure nicht löst, kann Gold oder Platin sein. Ein weißes Pulver ist Zinndioxyd oder Antimonpentoxyd und wird durch Behandlung mit konzentrierter Salzsäure in Lösung gebracht.

Haben die Vorproben die Anwesenheit organischer Substanzen ergeben, so werden diese gleich zu Beginn aus der Analyse entfernt. Bei Abwesenheit flüchtiger Stoffe kann dies durch Glühen der Analysensubstanz geschehen, wobei zu berücksichtigen ist, daß verschiedene Metalloxyde, wie Aluminiumoxyd, Eisenoxyd, Chromoxyd, durch scharfes Glühen säureunlöslich werden können.

Sind flüchtige Stoffe zugegen, so kann die Oxydation durch Kochen mit Salzsäure unter zeitweiligem Eintragen kleiner Mengen von Kaliumchlorat bewirkt werden. Flüchtige organische Säuren lassen sich schon durch Abdampfen mit konzentrierter Salzsäure beseitigen.

Sehr wirksam zur Zerstörung komplexer Cyanide und Entfernung organischer Substanzen ist das Abrauchen mit Schwefelsäure und Ammoniumpersulfat. Die trockene Analysensubstanz wird mit Ammoniumpersulfat gemischt und mit konzentrierter Schwefelsäure übergossen. Dann wird bei möglichst niederer Temperatur abgeraucht, damit die Metallsulfate nicht in Oxyde übergehen. Nach dem Abrauchen nimmt man mit Salzsäure auf, kocht und filtriert von dem unlöslichen Rückstand ab, der nach den unten folgenden Methoden untersucht und aufgeschlossen wird. Er kann bestehen aus schwerlöslichen Sulfaten und Chloriden neben etwas Kohle, die aber seine weitere Verarbeitung nicht stört.

Bleibt bei der Auflösung ein in allen Lösungsmitteln unlöslicher Rückstand, so muß er aufgeschlossen werden. Da sich die Aufschließungsmethode nach der Natur des Rückstandes richten muß, so stellt man mit ihm einige orientierende Versuche an. Als unlösliche Substanzen kommen in Betracht:

Kohle oder Schwefel. Durch Erhitzen auf einem Tiegeldeckel verbrennt man diese Stoffe, um evtl. eingeschlossenes Metall isolieren zu können.

Die Sulfate der Erdalkalien und des Bleis. Man prüfe die Flammenfärbung nach dem Erhitzen in der Reduktionsflamme und nach Befeuchten mit konzentrierter Salzsäure vor dem Spektroskop. Man prüfe am Kohlesodastäbchen auf ein Metallkorn. Man betupfe den Niederschlag mit Schwefelammonium. Enthält er Bleisulfat, so wird er schwarz.

Aufschließungsverfahren. Die Aufschließung erfolgt durch Schmelzen mit der vierfachen Menge Soda oder Soda-Pottasche-Gemisch im Porzellantiegel. (Bei Abwesenheit von Blei ist ein Platintiegel praktischer.) Die Schmelze wird mit Wasser ausgelaugt. Die Lösung enthält das Sulfat. Der Rückstand ist Erdalkalicarbonat. Aus Bleisulfat wird Blei metallisch abgeschieden.

Die Halogensilbersalze. Prüfung auf Löslichkeit in Ammoniak, Natriumthiosulfat und Cyankalium. Reduktion am Kohlesodastäbchen. Lösung des Metallkorns in Salpetersäure und Silberreaktionen.

Aufschließungsverfahren: a) Schmelzen mit der vierfachen Menge Soda-Pottasche im Porzellantiegel. b) Reduktion mit Zink und Schwefelsäure (vgl. S. 152).

Zinndioxyd. Reduktion am Kohlesodastäbchen liefert ein Metallkorn, das in verdünnter Salpetersäure unlöslich, in Salzsäure aber löslich ist. Prüfung der salzsauren Lösung mit Natronlauge und Wismutnitrat (vgl. S. 133).

Aufschließungsverfahren. Der Rückstand wird im Porzellantiegel mit der sechsfachen Menge eines Gemisches aus gleichen Teilen calcinierter Soda und Schwefel über kleiner Flamme so lange erhitzt, bis der überschüssige Schwefel abdestilliert und verbrannt ist, wozu etwa 20 Minuten erforderlich sind. Nach dem Erkalten wird ausgelaugt mit warmem Wasser. Die Lösung enthält das Zinn als Thiostannat (vgl. S. 133). Andere Metalle, die keine Thiosäuren bilden, bleiben als Sulfide ungelöst.

Antimonsäure. Beschlagschalprobe. Überführung des Oxydbeschlags in den Jodidbeschlag (S. 132).

Aufschließungsverfahren. Kochen mit Natronlauge oder Schmelzen mit Kaliumhydroxyd und wenig Wasser (vgl. S. 128).

Geglühte Oxyde von Aluminium, Eisen oder Chrom. Prüfung mit Thénards Blau. Kohlesodastäbchen. Borax- und Phosphorsalzperle.

Aufschließungsverfahren. Schmelzen mit Kaliumbisulfat bei mäßiger Temperatur. Aufnehmen der Schmelze mit Wasser. Oxydierende Schmelze mit Soda und Salpeter oder Kaliumchlorat (vgl. S. 67 u. 72).

Komplexe Cyanide. Berlinerblaureaktion (vgl. S. 96).

Aufschließungsverfahren. Abrauchen mit konzentrierter Schwefelsäure (vgl. S. 96) oder mit konzentrierter Schwefelsäure und Persulfat (S. 164).

Fluoride. Ätzprobe und Wassertropfenprobe (S. 152).

Aufschließungsverfahren. Abrauchen des Rückstandes mit konzentrierter Schwefelsäure bis zur Verflüchtigung der Fluorwasserstoffsäure. Der Rückstand wird mit Wasser aufgenommen. Eventuell entstandene unlösliche Sulfate werden nach der oben gegebenen Vorschrift aufgeschlossen.

Kieselsäure. Perlprobe, Wassertropfenprobe (S. 154). Molybdatprobe (S. 154).

Aufschließung der Silicate.

a) Mit konzentrierter Salzsäure. Einige Silicate, Derivate der Orthokieselsäure, z. B. die Zeolithe, sind durch Salzsäure aufschließbar.

Das feingepulverte Mineral wird mit konzentrierter Salzsäure übergossen und bis fast zur Trockene gedampft. Dann wird noch ein zweites Mal mit konzentrierter Salzsäure übergossen und nunmehr auf einem lebhaft siedenden Wasserbad zur Staubtrockene gerührt, worauf noch eine Viertelstunde auf dem Wasserbad weitererhitzt wird. Beim Aufnehmen des staubtrockenen Pulvers mit verdünnter Salzsäure gehen die Metalle als Chloride in Lösung, während die unlöslich gewordene Kieselsäure zurückbleibt. Sie kann durch Abrauchen mit Flußsäure auf Reinheit geprüft werden.

b) Mit Flußsäure oder Fluorammonium. Das mehlfein gepulverte Silicat wird im Platintiegel oder Bleigefäß mit 1—2 ccm Schwefelsäure und etwa 5 ccm Flußsäure übergossen und mäßig erhitzt, so daß die Flußsäure langsam verdampft. Alsdann wird noch einmal die gleiche Menge Flußsäure zugegeben und abermals erhitzt, und zwar so lange, bis auch die Schwefelsäure abgeraucht ist. Ein Glühen des Tiegels ist zu vermeiden, damit nicht die Sulfate in Oxyd übergeführt werden. Durch diese Behandlung geht die Kieselsäure in Siliciumfluorid über und wird verflüchtigt. Der Rückstand wird mit Wasser aufgenommen. Erdalkalisulfate müssen mit Soda-Pottasche aufgeschlossen werden. Der Aufschluß wird meist benutzt zur Prüfung auf Alkalien.

Statt der Flußsäure kann auch Fluorammonium verwendet werden. Das Silicat wird dann mit der siebenfachen Menge Fluorammonium und etwas Wasser zum Brei angerührt und auf dem Wasserbad eingetrocknet. Darauf wird über kleiner Flamme das überschüssige Fluorammonium verflüchtigt und der Rückstand mit wenig Schwefelsäure abgeraucht. Die entstandenen Sulfate werden mit Wasser und etwas Salzsäure aufgenommen.

c) Alkalicarbonataufschluß. Die feinpulverisierte Substanz wird mit der sechs- bis achtfachen Menge eines Gemisches aus molekularen Mengen calcinierter Soda und Pottasche am besten im Platintiegel etwa 20 Minuten bis zum ruhigen Fluß geschmolzen. Im Schmelzfluß erfolgt eine Umsetzung in der Art, daß Alkalisilicat entsteht, während die Metalle in Carbonate oder Oxyde übergehen. Nach dem Erkalten wird die Schmelze mit verdünnter Salzsäure zersetzt und eingedampft bis zur Trockene. Nach halbstündigem Erhitzen auf dem Wasserbade wird mit Salzsäure aufgenommen und von der unlöslich gewordenen Kieselsäure abfiltriert. Das Filtrat enthält die Metalle, die an die Kieselsäure gebunden waren, als Chloride.

Die Gruppeneinteilung der Kationen.

Zum Nachweis der einzelnen Elemente wird die Lösung der Analysensubstanz zunächst der Einwirkung verschiedener Gruppenreagenzien unterworfen, durch die die Kationen in große Gruppen geteilt werden, innerhalb derer eine weitere Trennung stattfinden kann. Es werden folgende Gruppen unterschieden:

I. Die Salzsäuregruppe. Sie enthält die schwerlöslichen Chloride des Silbers, des einwertigen Quecksilbers, des Bleis und des einwertigen Thalliums. Außerdem wird die Wolframsäure hier abgeschieden.

II. Die Schwefelwasserstoffgruppe. Sie umfaßt die in verdünnter Säure nicht löslichen Sulfide der Elemente: Quecksilber in der zweiwertigen Form, Blei, Wismut, Kupfer, Cadmium, Arsen, Antimon, Zinn, und die der seltenen Elemente Germanium, Molybdän, Gold, die Platinmetalle, Selen und Tellur.

III. Die Schwefelammoniumgruppe. Sie wird gebildet von den Hydroxyden der Elemente Chrom, Aluminium, Beryllium, Titan und der seltenen Erdmetalle, sowie von den Sulfiden der Elemente Kobalt, Nickel, Eisen, Mangan, Zink, Indium, Thallium. Das Uran ist als Uranylsulfid in dieser Gruppe enthalten.

IV. Die Ammoncarbonatgruppe. Sie besteht aus den Carbonaten der Elemente Barium, Strontium, Calcium.

V. Das Magnesium, die Alkalimetalle und das Ammonium. Diese bilden keine Gruppe, die durch ein gemeinsames Reagens gefällt wird, sondern sie müssen einzeln nachgewiesen werden.

Bei Behandlung der Analysenlösung mit den Gruppenreagenzien ist es zweckmäßig, nicht sofort die ganze Lösung zu verwenden, sondern erst einen Versuch mit einer Probe der Lösung zu machen. Fällt der Versuch positiv aus, so wird nunmehr die ganze Lösung mit dem Gruppenreagens behandelt, die Kationen der betreffenden Gruppe abgeschieden und abfiltriert, worauf das Filtrat zunächst wieder in einer Probe auf die nächste Gruppe geprüft wird.

Ergibt der Versuch ein negatives Resultat, so wird sofort eine neue Probe mit dem nächsten Gruppenreagens untersucht.

Fällungen werden stets mit einem kleinen Überschuß des Fällungsmittels ausgeführt, da dieser einerseits die Vollständigkeit der Fällung gewährleistet und andererseits die Löslichkeit des Niederschlags verringert. Stets überzeuge man sich durch eine Probe mit dem Filtrat von der Vollständigkeit der Fällung.

Bei allen Filtrationen, bei denen der isolierte Niederschlag später weiterverarbeitet werden soll, empfiehlt es sich, glatte Filter zu verwenden und den Niederschlag gründlich auszuwaschen. Die Waschwasser werden dabei, um die Filtrate nicht unnötig zu verdünnen, besonders aufgefangen. Von der Vollständigkeit der Auswaschoperation überzeuge man sich durch passende Reaktionen, indem man in dem ablaufenden Waschwasser auf das zugesetzte Fällungsmittel prüft. Gibt das Waschwasser die Reaktion des Fällungsmittels nicht mehr, so ist das Auswaschen beendet.

Die Niederschläge, die als Endprodukte der Trennungsoperationen erhalten werden und schon Verbindungen eines einzelnen Kations darstellen, müssen stets durch mehrere Kontrollreaktionen identifiziert werden. Da die Mehrzahl der Reaktionen nicht absolut quantitativ ist, und da viele Elemente sich in ihren Fällungen gegenseitig beeinflussen, so kann ein Kation unter geeigneten Umständen an eine andere Stelle verschleppt werden und zu Irrtümern führen, die durch Identitätsreaktionen leicht vermieden werden können.

Trennungsgänge der einzelnen Gruppen.

I. Salzsäuregruppe.

Zur Ausfällung der Salzsäuregruppe wird die wässerige oder salpetersaure Lösung so lange mit verdünnter Salzsäure versetzt, als noch ein Niederschlag erfolgt. Durch Erwärmen auf dem Asbetteller über einer kleinen Flamme bringt man den Niederschlag zum Absitzen. Dann kühlt man durch Berieseln mit Wasserleitungswasser die Fällung wieder ab, worauf filtriert und kalt ausgewaschen wird.

Theorie des Trennungsganges. Der Niederschlag kann enthalten Silberchlorid, Quecksilberchlorür und Bleichlorid, die durch ihr Verhalten gegen heißes Wasser und Ammoniak getrennt werden. Bleichlorid ist in kochendem Wasser beträchtlich löslich, während Chlorsilber und Quecksilberchlorür nur spurenweise darin löslich sind. Chlorsilber löst sich in Ammoniak zu einer Silberamminverbindung, während Quecksilberchlorür in das Mercuriamidochlorid $Hg(NH_2)Cl$ übergeht und gleichzeitig metallisches Quecksilber abscheidet, das eine Schwarzfärbung hervorrruft.

Ausführung des Trennungsgangs. Man extrahiere den Niederschlag auf dem Filter mit einigen Kubikzentimetern Wassers, das man im Reagensglas zum Sieden erhitzt hat. Die durchgelaufene Flüssigkeit fange man in einem Reagensglase auf, erhitze sie wieder zum Kochen und gieße sie auf das Filter zurück. Hat man so mit einer kleinen Wassermenge den Filterinhalt erschöpfend ausgezogen, so identifiziert man in der Lösung das Blei als Chromat, Sulfat und Jodid nach S. 108.

Bei größeren Niederschlagsmengen spüle man den Niederschlag mit Wasser durch einen Trichter in einen kleinen Erlenmeyer-Kolben und koche mit Wasser aus. Nach dem Auskochen dekantiere man durch ein Filter und koche den Rückstand nochmals mit Wasser. Nach dreimaligem Auskochen bringt man den Rückstand aufs Filter und wäscht Blei · mit heißem Wasser nach. Im Filtrat wird das *Blei* wie oben identifiziert (S. 108).

Silber · Der Niederschlag von AgCl und HgCl wird auf dem Filter mit warmem Ammoniak übergossen. Die durchfiltrierende Lösung wird mit Salpetersäure angesäuert, worauf das *Chlorsilber* wieder ausfällt. Identitätsreaktionen durch Prüfung auf seine Löslichkeitsverhältnisse (S. 136).

Unlöslich in Ammoniak bleibt das Quecksilberchlorür auf dem Filter zurück und färbt sich schwarz. Identitäsreaktionen: Auflösen in Salpetersäure. Eindunsten, Aufnehmen mit Wasser. Zinnchlorürprobe (S. 117). Kupferblechprobe (S. 117). Queck-silber

Schema des Trennungsganges.

Salzsäureniederschlag AgCl, HgCl, PbCl$_2$.
Erschöpfendes Auskochen mit Wasser

Rückstand	Lösung
AgCl, HgCl	PbCl$_2$

Behandeln mit Ammoniak:

Rückstand	Lösung
Hg(NH$_2$)Cl	[Ag(NH$_3$)$_2$]Cl

und metallisches Quecksilber.

II. Die Schwefelwasserstoffgruppe.

Das Filtrat von der Salzsäuregruppe, oder bei deren Abwesenheit die ursprüngliche Analysenlösung, wird durch Verdünnen mit Wasser auf einen Gehalt von etwa 3—4% freie Säure gebracht. Ein höherer Gehalt an Säure kann die Fällung des Cadmiums und des Zinns stören, bei zu geringem Säuregehalt kann Arsen kolloidal gelöst bleiben. Größere Mengen von Salpetersäure wirken schädlich durch Oxydation des Schwefelwasserstoffs und die dadurch bedingte Schwefelabscheidung. Ein Niederschlag von basischen Wismut- oder Antimonverbindungen, der beim Verdünnen auftreten kann, braucht nicht berücksichtigt zu werden, da sich diese Salze mit Schwefelwasserstoff umsetzen.

Ist die Säuremenge in der Analyse so beträchtlich, daß durch Verdünnen die Flüssigkeitsmenge zu groß würde, oder war Königswasser zur Lösung verwendet worden, so dampft man auf ein kleines Volum ein und nimmt dann mit Wasser auf. Bei salzsauren Lösungen beachte man die Angaben auf S. 164.

Die Fällung des Schwefelwasserstoffniederschlags bewirkt man am elegantesten mit gesättigtem Schwefelwasserstoffwasser. Zu der im Reagensglas auf etwa 50⁰ erwärmten Lösung gibt man gesättigtes Schwefelwasserstoffwasser und schüttelt, wodurch sich der Niederschlag rasch zu Boden setzt. Sobald in der überstehenden klaren Flüssigkeit durch weiteren Zusatz von Schwefelwasserstoffwasser kein Niederschlag mehr entsteht, die Flüssigkeit nach Schwefelwasserstoff riecht und beim Schütteln das Gas abgibt, ist die Fällung vollständig. War ein Reagensrohr für die Fällung zu klein, so gieße man die zu fällende Lösung in ein kleines Erlenmeyer-Kölbchen von etwa 50 ccm Inhalt und vollende in diesem die Fällung. Bei Verwendung angemessener Substanzmengen wird sich auf diese Weise eine vollständige Fällung stets erreichen lassen, wenn kein Arsen als Arsensäure in der Substanz enthalten ist.

In diesem Fall und bei Verwendung großer Substanzmengen erreicht man die Fällung durch Einleiten von Schwefelwasserstoffgas in die auf 60—70⁰ erwärmte Lösung in langsamem Strom, so daß höchstens zwei Gasblasen in der Sekunde die Lösung passieren. Am besten wird das Fällen im **geschlossenen Kolben** vorgenommen. Man versieht dazu

einen Erlenmeyer mit einfach durchbohrtem Stopfen und Einleitungsrohr. Zu Beginn der Fällung leitet man wenige Augenblicke einen
raschen Strom von Schwefelwasserstoff durch die in dem offenen Erlenmeyer befindliche Analysenlösung, um die Luft aus dem Kolben zu
vertreiben und verschließt dann den Kolben, indem man den Stopfen
fest aufsetzt. Jetzt kann auch bei völlig geöffnetem Hahn aus dem
Schwefelwasserstoffentwickler nur so viel Schwefelwasserstoff in den
Kolben eintreten, als zur Fällung verbraucht wird. Durch Schütteln
des Fällungsgefäßes läßt sich die Fällung beschleunigen.

Nach einer Viertelstunde prüft man auf Vollständigkeit der Fällung,
indem man eine Probe abfiltriert, mit dem gleichen Volum Wasser verdünnt und nochmals Schwefelwasserstoff einleitet. Erfolgt kein weiterer
Niederschlag, so ist die Fällung vollständig, anderenfalls muß das Einleiten, eventuell nach stärkerer Verdünnung, fortgesetzt werden.

Die Fällung der Arsensäure mit Schwefelwasserstoff kann erleichtert
werden, wenn man vor dem Einleiten von Schwefelwasserstoff eine
wässerige Schwefeldioxydlösung zusetzt, die das Arsen in die dreiwertige
Form überführt. Der Überschuß von Schwefeldioxyd wird nach erfolgter Reduktion weggekocht, um die Schwefelabscheidung, die sonst
durch die Umsetzung mit dem Schwefelwasserstoff eintritt, zu vermeiden.

Der Niederschlag wird abfiltriert, gut ausgewaschen mit schwefelwasserstoffhaltigem Waschwasser, in eine Porzellanschale abgeklatscht
und sofort weiterverarbeitet, da bei längerem Aufbewahren störende
Oxydationsvorgänge eintreten können. Das Filtrat wird zur weiteren
Untersuchung auf die Elemente der Schwefelammoniumgruppe eingedampft.

Zum Abklatschen des Niederschlags faltet man das Filter auseinander und legt es mit dem Niederschlag nach unten in die Schale. Mit
einem Stück Filtrierpapier betupft man die Rückseite des Filters, nimmt
dabei überschüssige Flüssigkeit weg und drückt gleichzeitig den Niederschlag an die Schale an. Wird das Filter aldann abgezogen, so bleibt
der Niederschlag nahezu vollständig in der Schale zurück.

Theorie des Trennungsganges. Der Niederschlag besteht aus Quecksilbersulfid, Bleisulfid, Wismutsulfid, Kupfersulfid, die alle schwarz gefärbt sind, und
gelbem Cadmiumsulfid; ferner enthält er gelbes Arsentrisulfid und -pentasulfid,
Antimontrisulfid und -pentasulfid von orangeroter Farbe, gelbes Zinnsulfid und
braunes Zinnsulfür. Das Verhalten der Sulfide gegen Ammoniumsulfid gestattet eine
Trennung in zwei große Untergruppen. Die Sulfide des Arsens, Antimons und
Zinns lösen sich unter Bildung thiosaurer Salze in gelbem Schwefelammonium,
während die anderen Sulfide ungelöst bleiben. Aus den thiosauren Salzen fällt
verdünnte Säure die Sulfide zurück, die nun durch ihr Verhalten gegen Salzsäure
oder Ammoncarbonat getrennt werden.

Salzsäure vermag Arsensulfid nur schwer zu lösen, während Antimon- und
Zinnsulfid leicht in Chlorid übergehen. Aus dieser Lösung werden entweder beide
mit Zink gefällt und durch Salzsäure, in der unter Luftabschluß nur Zinn löslich
ist, getrennt, oder es wird daraus durch Eisen das Antimon allein abgeschieden. Auch
das Verhalten der drei Sulfide gegen Ammoncarbonat kann zur Trennung benutzt
werden. Mit diesem Reagens wird dem Gemisch das Arsensulfid entzogen, während
die beiden anderen Sulfide zurückbleiben.

Von den unveränderten Sulfiden der Metalle, die die andere Untergruppe
bilden, löst sich das Quecksilbersulfid nicht in 20proz. Salpetersäure und kann dadurch von den anderen getrennt werden. Das Blei bildet ein schwerlösliches Sulfat,

so daß es bei der Überführung der Nitrate in Sulfate abgeschieden wird. Von den noch übrigen Metallen vermag Wismut keine komplexen Ammoniakverbindungen zu geben und kann daher mit Ammoniak abgeschieden werden. Kupfer und Cadmium schließlich werden durch die verschiedene Beständigkeit ihrer komplexen Cyanverbindungen getrennt, da die des Cadmiums im Gegensatz zu der des Kupfers gegen Schwefelwasserstoff nicht beständig ist.

Ausführung der Trennung. Eine Probe des abgeklatschten Niederschlags wird mit gelbem Schwefelammonium digeriert. Gelbes Schwefelammonium ist erforderlich, weil das Stannosulfid in farblosem Schwefelammon nicht löslich ist. In Lösung gehen die Sulfide der Arsengruppe als die thiosauren Salze $AsS(SNH_4)_3$, $SbS(SNH_4)_3$, $SnS(SNH_4)_2$. Ungelöst bleiben die Sulfide der Kupfergruppe: HgS, PbS, Bi_2S_3, CuS und CdS. Man filtriert ab und versetzt das Filtrat mit verdünnter Schwefelsäure.

Fällt nur Schwefel aus, so wird der Niederschlag nach der Trennungsmethode für die Kupfergruppe verarbeitet. Fallen aber auch Sulfide der Arsengruppe aus, was daran zu erkennen ist, daß der ausgeschiedene Niederschlag sich nicht in Benzol löst, während eine Schwefelabscheidung in Lösung geht, so wird der ganze abgeklatschte Niederschlag in der Porzellanschale mit Schwefelammonium digeriert. Der Rückstand, die Kupfergruppe, wird abfiltriert und ausgewaschen. Die Waschwasser werden getrennt aufgefangen. Das Filtrat, die Arsengruppe, wird folgendermaßen verarbeitet:

Trennung der Arsengruppe.
a) Mit Salzsäure.

Der Schwefelammoniumauszug wird mit verdünnter Schwefelsäure versetzt. Es fallen aus As_2S_5 (gelb), Sb_2S_5 (orange), SnS_2 (gelb). Als Verunreinigung kann der Niederschlag Spuren von Kupfersulfid enthalten, das in dem Schwefelammonium nicht ganz unlöslich ist. Die Sulfide werden abfiltriert und in eine Porzellanschale abgeklatscht, in der sie mit konzentrierter Salzsäure erwärmt werden. In Lösung gehen Antimon- und Zinnsulfid, Arsensulfid bleibt ungelöst. Man verdünnt mit wenig Wasser, filtriert das Schwefelarsen ab und identifiziert es nach dem Auflösen in Salpetersäure und Übersättigen mit Ammoniak   Arsen als Ammoniummagnesiumarsenat (S. 123). Außerdem durch Glühröhrchen- und Beschlagschalreaktion (S. 126).

Die salzsaure Lösung, die Antimon und Zinn als Chloride enthalten kann, wird in einer Probe auf dem Platinblech mit einem Stückchen Zink auf Antimon und Zinn geprüft (S. 130). Bei positivem Ausfall der Probe bringt man in die gesamte Menge einige Stücke Eisen (große Nägel). Antimon wird metallisch abgeschieden, Zinn wird zu Zinnchlorür reduziert (S. 135).

Das abgeschiedene Antimonmetall wird in einigen Tropfen Königswasser gelöst, eingedunstet, mit verdünnter Salzsäure aufgenommen und   Antimon mit Schwefelwasserstoff wieder gefällt. Identitätsreaktion auf der Beschlagschale (S. 132).

Das Zinn, das in Lösung blieb, wird durch die Quecksilberchlorid-   Zinn probe identifiziert (S. 117).

Zinn und Antimon können zusammen abgeschieden werden mit metallischem Zink. In die salzsaure Lösung der beiden wird eine Zinkstange eingestellt. Das an der Zinkstange abgeschiedene Metall wird abgespritzt und alles abfiltriert. Die abfiltrierten Metalle werden im bedeckten Bechergläschen mit konzentrierter Salzsäure mäßig erwärmt. Antimon bleibt, wenn Luftzutritt möglichst vermieden wird, ungelöst, Zinn geht in Lösung.

b) Mit Ammoncarbonat.

Die Sulfide der Arsengruppe werden mit Ammoniumcarbonatlösung erwärmt. Arsen geht in Lösung als thiooxyarsensaures und thioarsensaures Ammonium (S. 120). Zinn und Antimon bleiben als Sulfide zurück. Arsen wird durch Ansäuern und Einleiten von Schwefelwasserstoff zurückgefällt. Identifizierung der einzelnen Elemente wie oben.

Trennung der Kupfergruppe.

Die in Schwefelammonium unlöslichen Sulfide werden mit 20 proz. Salpetersäure übergossen und zum Sieden erhitzt. Ungelöst bleibt Quecksilbersulfid, unter Umständen verunreinigt durch Bleisulfat, das durch Oxydation des Bleisulfids entstehen kann. Das Quecksilbersulfid wird nach dem Abfiltrieren von dem Bleisulfat befreit durch Ausziehen mit einer Lösung von basisch weinsaurem Ammonium. Zur Identifizierung wird es in wenigen Tropfen Salzsäure und Salpetersäure gelöst, wobei man, um die Verflüchtigung des Quecksilberchlorids zu verhindern, ein Körnchen Chlorkalium zugeben kann. Ein Teil der Lösung wird zur Entfernung der oxydierenden Salpetersäure völlig eingedunstet, mit Wasser und einem Tropfen Salzsäure aufgenommen und mit Zinnchlorür geprüft (S. 117). Mit einem anderen Teil mache man die Kupferblechprobe (S. 117).

Das Filtrat vom Quecksilbersulfid wird mit 1 ccm konzentrierter Schwefelsäure versetzt und abgedampft bis zum Auftreten weißer Schwefelsäuredämpfe. Dann wird nach dem Erkalten aufgenommen mit verdünnter Schwefelsäure, um eine Abscheidung basischer Wismutsalze zu vermeiden. Der weiße unlösliche Niederschlag ist Bleisulfat. Er wird abfiltriert und aufgelöst in basisch weinsaurem Ammoniak und nach dem Ansäuern mit Essigsäure als Chromat identifiziert (S. 109). Man prüfe das gefällte Chromat und auch das Bleisulfat auf Löslichkeit in Natronlauge und auf das Verhalten gegen Stannitlösung zur Unterscheidung von Wismut, das gelbes Bismutyldichromat gibt (S. 111). Sehr kleine Bleisulfatmengen lassen sich auf dem Filter nach gründlichem Auswaschen durch Auftropfen von Schwefelwasserstoffwasser identifizieren, mit dem sich das Bleisulfat schwarz färbt.

Die vom Bleisulfat abfiltrierte schwefelsaure Lösung wird mit Ammoniak im Überschuß versetzt. Wismut fällt als Hydroxyd aus, Kupfer und Cadmium geben die Komplexverbindungen $[Cu(NH_3)_4]SO_4$ und $[Cd(NH_3)_4]SO_4$ (S. 103 u. 101). Die Lösung färbt sich daher bei Anwesenheit von Kupfer tiefblau.

Der Wismuthydroxydniederschlag wird abfiltriert und durch die Reaktion mit Natriumstannit und mit Beschlagschalreaktionen identifiziert (S. 111). Bei sehr kleinen Mengen Wismuthydroxyd übergießt man den gut ausgewaschenen Niederschlag auf dem Filter mit einer frisch bereiteten Natriumstannitlösung.

Zu dem ammoniakalischen Filtrat wird bei Gegenwart von Kupfer Cyankalium bis zur Entfärbung und dann noch ein Überschuß von Cyankalium gegeben. Die Lösung der dadurch entstandenen kom- Cadmium plexen Cyanide $[Cu(CN)_4]K_3$ und $[Cd(CN)_4]K_2$ versetzt man mit Schwefelwasserstoffwasser. Cadmium fällt als gelbes Sulfid aus. Identitätsprüfung durch Erzeugung des Oxydbeschlags (S. 102).

Mitunter fällt, wenn Schwefelwasserstoffgas eingeleitet wird, an dieser Stelle bei Abwesenheit von Cadmium ein rötlichbraun gefärbter Niederschlag von Rubeanwasserstoff, $(CSNH_2)_2$, der von dem Cadmiumsulfid durch eine Beschlagschalreaktion leicht zu unterscheiden ist.

Schema des Trennungsganges.

Niederschlag

HgS , PbS , Bi_2S_3 , CuS , CdS , As_2S_3 , (As_2S_5) , Sb_2S_3 , (Sb_2S_5) , SnS , SnS_2

Erwärmen mit Schwefelammonium

Lösung (Arsengruppe)	Rückstand (Kupfergruppe)
AsS_4''' , SbS_4''' , SnS_3''	HgS , PbS , Bi_2S_3 , CuS , CdS.

Trennung der Arsengruppe.

a) Mit Salzsäure.

AsS_4''' , SbS_4''' , SnS_3''

Fällen mit verd. Schwefelsäure

As_2S_5 , Sb_2S_5 , SnS_2

Erhitzen mit konz. Salzsäure

Rückstand	Lösung
As_2S_5	$Sb^{...}$, $Sn^{....}$
Lösen in konz. Salpetersäure	Behandlung mit Zink oder Eisen
AsO_4'''	
Fällen mit Magnesiamixtur	
AsO_4MgNH_4	

b) Mit Ammoncarbonat.

As_2S_5 , Sb_2S_5 , SnS_2

Kochen mit Ammoncarbonatlösung

Lösung	Rückstand
$AsS_4''' + AsSO_3'''$	Sb_2S_5 , SnS_2
Lösen in konz. Salpetersäure	Lösung in Salzsäure
AsO_4'''	$Sb^{...}$, $Sn^{....}$
Fällen mit Magnesiamixtur	
AsO_4MgNH_4	

Trennung der Kupfergruppe.

Niederschlag
HgS, PbS, Bi_2S_3, CuS, CdS.
Behandlung mit 20 proz. Salpetersäure

Rückstand	Lösung
HgS, $(PbSO_4)$	$Pb^{..}$, $Bi^{...}$, $Cu^{..}$, $Cd^{..}$

Abrauchen mit Schwefelsäure

Fällung	Lösung
$PbSO_4$	$Bi^{...}$, $Cu^{..}$, $Cd^{..}$

Übersättigen mit Ammoniak

Fällung	Lösung
$Bi(OH)_3$	$[Cu(NH_3)_4]^{..}$, $[Cd(NH_3)_4]^{..}$

Versetzen mit Cyankalium
$[Cu(CN)_4]^{...}$, $[Cd(CN)_4]$
Zugabe von Schwefelwasserstoffwaser

Lösung	Fällung
$[Cu(CN)_4]^{...}$	CdS.

III. Schwefelammoniumgruppe.

Eine Probe des Filtrates der Schwefelwasserstoffgruppe oder der ursprünglichen Lösung wird mit Ammoniak bis zur alkalischen Reaktion und ohne Rücksicht auf einen entstehenden Niederschlag mit Schwefelammonium versetzt. Erfolgt keine Fällung, so ist kein Element der Schwefelammoniumgruppe vorhanden, und man kann zur vierten Gruppe weitergehen. Fällt ein Niederschlag, so ist zunächst eine Vorprüfung auf Phosphorsäure auszuführen, die aus der Analyse beseitigt werden muß, da bei ihrer Anwesenheit auch die Erdalkalimetalle als Phosphate in die Schwefelammoniumgruppe fallen.

Auch eine Vorprüfung auf Chromsäure ist erforderlich, wenn die Analyse nicht mit Schwefelwasserstoff behandelt worden war, weil sich bei Anwesenheit von Chromat unlösliche Erdalkalichromate bilden können, die mit Schwefelammonium schwer zersetzlich sind. Zur Prüfung auf Chromsäure kocht man die Substanz mit Sodalösung aus, filtriert, säuert das Filtrat mit Schwefelsäure an und prüft mit der Wasserstoffsuperoxydreaktion auf Chrom (vgl. S. 73). Bei Anwesenheit von Chromat reduziert man es durch Kochen der Analysenlösung mit Salzsäure und Alkohol (S. 74) oder durch Kochen der sauren Lösung mit Wasserstoffsuperoxyd.

Nachweis und Abscheidung der Phosphorsäure. Eine Probe des Filtrates der Schwefelwasserstoffgruppe wird mit Ammonmolybdat auf Phosphorsäure geprüft (S. 45). Der Schwefelwasserstoff muß vorher völlig zerstört sein, da er sonst durch Reduktion des Molybdates Blaufärbung bewirkt. Außerdem muß die Salzsäure, die die Reaktion ebenfalls stört, ausgetrieben werden. Beides wird durch Abrauchen mit Salpetersäure erreicht.

Ergibt die Probe die Anwesenheit von Phosphorsäure, so wird sie mit Zinn oder, was bequemer ist, als Bleiphosphat abgeschieden. Zur Abscheidung mit Zinn raucht man die ganze Lösung zweimal mit Salpetersäure ab, um die Metalle in Nitrate überzuführen. Diese werden mit 10 ccm 30 proz. Salpetersäure aufgenommen und unter Umrühren mit einigen Stückchen Zinn, insgesamt etwa 3 g, versetzt. Dann wird unter Umrühren 10—15 Minuten gekocht, bis das Zinn völlig zerfallen ist und eine klar abgegossene Probe keine Molybdänreaktion mehr gibt. Es ist darauf zu achten, daß die Flüssigkeit während der Behandlung mit dem Zinn nicht eintrocknet, und die verdampfende Säure ist zu ersetzen.

Die Salpetersäure reagiert mit dem Zinn unter Bildung von b-Zinnsäure, die mit der Phosphorsäure eine unlösliche Adsorptionsverbindung bildet.

Da die b-Zinnsäure ebenfalls unlöslich ist, so kommt bei der Reaktion nichts in die Analyse hinein. In Salzsäure ist Zinn löslich, daher muß diese Säure vor der Behandlung mit Zinn vertrieben werden.

Sobald die Phosphorsäure völlig abgeschieden ist, kocht man auf, dekantiert nach Möglichkeit und läßt die Flüssigkeit in einem engen Zylinder (Meßzylinder) sich klären. Dann gießt man durch ein Filter, verdünnt eine Probe so weit mit Wasser, daß die Säure noch 4 proz. ist, und prüft mit Schwefelwasserstoffwasser auf eine evtl. Verunreinigung des Zinns durch Blei. Fällt die Probe positiv aus, so ist aus der Gesamtmenge das Blei mit Schwefelwasserstoffwasser oder mit Schwefelwasserstoffgas auszufällen, andernfalls kann sofort die Schwefelammoniumfällung vorgenommen werden.

Diese von REYNOSO herrührende Methode ist von MECKLENBURG[1], der die Fällung der Phosphorsäure lediglich auf die Adsorption der Phosphorsäure durch Zinnsäure zurückführt, dahin abgeändert worden, daß an Stelle der nascierenden Zinnsäure fertiges Zinnsäuregel in beträchtlichem Überschuß verwendet wird. Es wird daher empfohlen, ein größeres Quantum $Sn(OH)_4$ herzustellen und es als Paste aufzubewahren. Zur Abscheidung der Phosphorsäure sind sehr erhebliche Mengen Zinndioxydhydrat erforderlich.

Eine andere Modifikation des Verfahrens zur Abscheidung der Phosphorsäure wird von GATTERMANN und SCHINDHELM[2] angegeben. Es beruht auf der Umsetzung von Zinntetrachlorid mit Phosphorsäure zu Stanniphosphat, das in Säure unlöslich ist und die Entfernung der Phosphorsäure auch bei Gegenwart von Salzsäure gestattet. Das überschüssig zugesetzte Reagens wird beim Kochen hydrolysiert, und das entstandene Stannihydroxyd wird von dem Stanniphosphat niedergerissen. Da bei kleinen Phosphorsäuremengen der Stanniphosphatniederschlag dazu nicht ausreicht, so wird in solchen Fällen noch Phosphorsäure vor der Fällung zugesetzt.

Auf der Schwerlöslichkeit des Bleiphosphats beruht eine Methode zur Abscheidung der Phosphorsäure, die von BALAREW[3] ausgearbeitet und von KANDILAROW[4] empfohlen worden ist. Das Filtrat von der Schwefelwasserstoffällung wird bis zur völligen Beseitigung des Schwefelwasserstoffs gekocht. Dann wird die Säure mit Ammoncarbonat abgestumpft bis zur beginnenden Trübung, die man durch einen oder zwei Tropfen Salzsäure wieder auflöst, worauf man auf 150—200 ccm verdünnt. Geht man von der Lösung der Substanz aus, so kann mit dem Abstumpfen der Säure sofort begonnen werden. Zu der verdünnten

---

[1] Z. anal. Chem. **52**, 293. [2] Ber. dtsch. chem. Ges. **49**, 2416.
[3] Z. anorg. Chem. **121**, 254; **138**, 79. [4] Z. anal. Chem. **72**, 263.

Lösung gibt man unter beständigem Rühren, langsam und in kleinen Mengen Bleiacetatlösung, solange noch ein Niederschlag entsteht, und läßt absitzen. Wenn nach Verlauf von 5 Minuten nach dem Absitzen des Niederschlags durch einen weiteren Zusatz von Bleiacetatlösung in der überstehenden Flüssigkeit keine Fällung mehr erfolgt, wird der Niederschlag, der die Phosphorsäure als Bleiphosphat enthält, abfiltriert. Das Filtrat wird nach Zugabe von 10 ccm verdünnter Salzsäure mit Schwefelwasserstoffwasser oder durch Einleiten von Schwefelwasserstoff vom Blei befreit. Nachdem das Bleisulfid durch Filtration entfernt ist, kann die Fällung der Schwefelammoniumgruppe vorgenommen werden.

Wenn das Bleiacetat zu rasch und in großen Einzelgaben zugesetzt wird, können mit dem Bleiphosphat auch die Phosphate von Chrom, Aluminium und Eisen ausfallen. Namentlich das Chrom kann unter diesen Umständen völlig mitgefällt werden. BALAREW empfiehlt daher, vor der Bleifällung einen Teil der Lösung abzutrennen und darin das Chrom nachzuweisen.

An Stelle des Bleiacetats ist von KERSCHAN[1] das Wismutnitrat zur Abscheidung der Phosphorsäure vorgeschlagen worden und von OBERHAUSER[2] das Zirkonnitrat.

Zur **Ausfällung des Schwefelammoniumniederschlags** wird die Lösung zunächst mit Ammoniak neutralisiert (Lackmuspapier) und ohne Berücksichtigung des entstehenden Niederschlags mit Schwefelammonium versetzt.

Zur Kontrolle der Vollständigkeit der Fällung nimmt man mit dem Glasstab nach kräftigem Umrühren Tropfen aus dem Fällungsgemisch heraus und bringt sie auf Filtrierpapier. Daneben gibt man Tropfen von Bleiacetatlösung. Gibt es an der Stelle, wo die in das Papier einziehenden Flüssigkeiten zusammentreffen, eine dunkle Zone, so ist die Fällung beendet. Ein unnützer Überschuß von Schwefelammon ist zu vermeiden, da sonst Nickelsulfid kolloidale Lösungen bildet.

Der Niederschlag wird abfiltriert und ausgewaschen, Filtrat und Waschwasser werden getrennt aufgefangen. Der Niederschlag wird in eine Porzellanschale abgeklatscht und möglichst gleich weiterverarbeitet. Das Filtrat wird eingedampft zur Vertreibung des überschüssigen Schwefelammons, und am besten werden durch Glühen des Rückstandes auch die anderen Ammonsalze verjagt, da sie bei der Fällung der Erdalkalien stören. War das Filtrat durch kolloidal gelöstes Nickel braun gefärbt, so scheidet man dieses zuerst durch Kochen mit Essigsäure ab und dampft erst nach dem Abfiltrieren des abgeschiedenen Sulfids ein.

Anstatt das Schwefelammon aus dem Filtrat durch Verdampfen zu entfernen, kann man es auch durch Zugabe von Bleihydroxyd beseitigen. Man fällt eine Bleisalzlösung mit Ammoniak und gibt von dem aufgeschwemmten Niederschlag so viel zu dem Filtrat der Schwefelammongruppe, daß noch unverändertes Bleihydroxyd am Boden zu erkennen ist. Das Filtrat kann dann direkt auf die Ammoncarbonatgruppe verarbeitet werden oder bei Gegenwart von viel Ammonsalz kann dieses erst durch Eindampfen und Glühen beseitigt werden. Es

---

[1] Z. anal. Chem. **65**, 346.   [2] Ber. dtsch. chem. Ges. **60**, 36.

soll auf diese Weise vermieden werden, daß die Erdalkalien durch Sulfat, das sich beim Kochen des Ammonsulfids bilden kann, gefällt und dann in der Ammoncarbonatgruppe nicht gefunden werden.

Prüfung des Schwefelammoniumniederschlages auf Oxalsäure. An dieser Stelle der Analyse kann eine Prüfung auf Oxalsäure eingeschaltet werden.

Eine Probe des Niederschlages wird mit Sodalösung gekocht. Der unlösliche Rückstand wird abfiltriert, das Filtrat mit Essigsäure angesäuert und mit Gipswasser versetzt. Ein Niederschlag von Calciumoxalat zeigt die Anwesenheit der Säure an. (Kontrolle mit Schwefelsäure und Permanganatlösung S. 157.) Zur Entfernung der Oxalsäure, bei deren Gegenwart die Erdalkalien ebenfalls mit der Ammonsulfidgruppe zusammenfallen, kocht man den ganzen Schwefelammonniederschlag 5 Minuten lang mit Soda aus und filtriert heiß ab. Im Filtrat ist die Oxalsäure; im Rückstand sind die als Oxalate vorhanden gewesenen Erdalkalien in Carbonate übergegangen. Die Sulfide und Hydroxyde der Metalle der Schwefelammongruppe bleiben unverändert. Löst man den gut gewaschenen Rückstand nun in Salzsäure und fällt nochmals mit Schwefelammonium, so bleiben die Erdalkalien jetzt in Lösung und werden mit dem Filtrat der ersten Fällung vereinigt.

Vorproben mit dem Schwefelammoniumniederschlag. Vor Ausführung der eigentlichen Trennung können einige Vorproben zur Orientierung ausgeführt werden. Eine Probe des Niederschlags löse man in Salzsäure und etwas Salpetersäure und prüfe auf Eisen mit der Rhodanreaktion und der Berlinerblauprobe (S. 93 u. 95).

Eine andere Probe wird in wenig Säure gelöst, mit Soda neutralisiert und auf Zink geprüft (S. 99).

Eine dritte Probe prüfe man mit Mennige und Salpetersäure auf Mangan (S. 87).

Mit einer Borax- und Phosphorsalzperle kann auf Kobalt geprüft werden (S. 80). Zur Ausführung der Thioglykolsäure-anilid-probe (S. 80) löst man eine kleine Menge Niederschlag in wenigen Tropfen Salzsäure und Salpetersäure. Die Lösung übersättigt man nach Zugabe von Chlorammoniumlösung mit Ammoniak und erhitzt zum Kochen. Ohne Rücksicht auf den Hydroxydniederschlag gibt man nun einige Tropfen der Lösung des Thioglykolsäure-anilids zu, kocht abermals auf und übersättigt mit Salzsäure. Der bleibende braune flockige Niederschlag zeigt Kobalt an.

Je nach dem Ausfall dieser Proben kann unter Umständen der Trennungsgang abgekürzt werden, so daß ihre Ausführung oft eine wesentliche Zeitersparnis ermöglicht.

Trennung des Schwefelammoniumniederschlages.

1. Wasserstoffsuperoxydtrennung.

Theorie des Trennungsganges. Die Methode beruht auf dem Verhalten der einzelnen Metalle der Schwefelammongruppe gegen Wasserstoffsuperoxyd in natronalkalischer und ammoniakalischer Lösung.

Der Schwefelammoniumniederschlag enthält die Sulfide von Nickel, Kobalt, Eisen, Mangan und Zink, sowie die Hydroxyde von Aluminium und Chrom. Durch Lösung in Salzsäure unter Zusatz von etwas Salpetersäure entstehen die Chloride dieser Metalle. Beim Eingießen in natronalkalisches Wasserstoffsuperoxyd werden

Nickel, Eisen und Kobalt als Hydroxyde, Mangan als Superoxydhydrat gefällt, während Aluminium und Zink als Aluminat und Zinkat gelöst bleiben, und Chrom zu ebenfalls löslichem Chromat oxydiert wird. Durch ammoniakalisches Wasserstoffsuperoxyd werden dann Nickel und Kobalt von Eisen und Mangan getrennt, da aus der salzsauren Lösung des oben gefällten Niederschlages mit diesen Reagenzien Eisen und Mangan fallen, während Nickel und Kobalt als Komplexsalze in Lösung bleiben.

Ausführung der Trennung. (Die angegebenen Reagensmengen sind auf einen Niederschlag bezogen, der von jedem Ion ein Zentigramm enthält.) Der abgeklatschte Niederschlag, bestehend aus den Sulfiden von Kobalt, Nickel, Eisen, Mangan, Zink und den Hydroxyden von Aluminium und Chrom wird in der Porzellanschale mit 3—5 ccm verdünnter Salzsäure übergossen und unter Zusatz von 10 Tropfen konzentrierter Salpetersäure bis zur Lösung erwärmt. Schwefel, der sich bei der Lösung abscheidet, ballt sich leicht zusammen und kann entfernt werden.

Die Lösung wird mit Natronlauge bis zur eben beginnenden Trübung neutralisiert und dann in ein Gemisch aus 5 ccm doppeltnormaler Natronlauge und 5 ccm 3 proz. Wasserstoffsuperoxyds eingegossen, worauf man bis zum Sieden erwärmt zur völligen Oxydation des Chroms. Der Niederschlag (A), der aus Kobalt(3)hydroxyd, Nickel(2)hydroxyd, Eisen(3)hydroxyd und Mangandioxydhydrat besteht, wird abfiltriert. Das Filtrat (B), das bei Gegenwart von Chrom gelb gefärbt ist, enthält Aluminat, Chromat und Zinkat.

Trennung von Aluminium, Chrom und Zink. Das Filtrat B wird angesäuert, am besten mit wenigen Tropfen konzentrierter Salpetersäure, da Salzsäure mit dem Chromat unter Bildung von Chromisalz reagieren kann und dann mit einem kleinen Überschuß von konzentriertem Ammoniak übersättigt. Es fällt das Aluminium als weißes, voluminöses Al(OH)$_3$. Identitätsreaktion Thénards Blau (S. 70).

Aluminium

Das Filtrat enthält unverändertes Chromat und Zinkamminsalz. Es wird mit Eisessig angesäuert, mit essigsaurem Natrium versetzt und mit Chlorbarium gefällt. Der gelbe Niederschlag von Bariumchromat wird abfiltriert und mit verdünnter Schwefelsäure zersetzt. Mit der Lösung, die die Chromsäure enthält, wird die Chromperoxydprobe (S. 73) gemacht. Die Kontrollreaktion ist hier unbedingt erforderlich, da an dieser Stelle meist ein weißer Niederschlag ausfällt, der entweder Verunreinigungen oder der durch Oxydation entstandenen Schwefelsäure sein Entstehen verdankt. Bei geringen Mengen von Chromat kann dieses daher durch den Sulfatniederschlag verdeckt werden.

Chrom

In das Filtrat, das nur noch Zink enthält, wird in essigsaurer Lösung Schwefelwasserstoff eingeleitet, oder es wird mit einigen Tropfen Ammoniak neutralisiert, wobei es klar bleiben muß, und dann mit Schwefelammonium versetzt. Zink fällt als weißes Schwefelzink. Identitätsreaktion: Rinmanns Grün. Ferrocyanzink (S. 98, 99).

Zink

Trennung von Kobalt, Nickel, Eisen, Mangan. Der Niederschlag A wird abgeklatscht und in der Porzellanschale in 3 ccm Salzsäure unter Zusatz von einem Kubikzentimeter Wasserstoffsuperoxyd gelöst und die Lösung zum Sieden erhitzt. Dann wird mit Ammoniak neutralisiert bis zur beginnenden Trübung und langsam eingegossen in ein Gemisch von 3 ccm konzentriertem Ammoniak und ebensoviel 3 proz. Wasserstoffsuperoxyd. Die fertige Fällung muß stark nach Ammoniak riechen. Es fallen aus Eisen(3)hydroxyd und Mangansuperoxydhydrat. In Lösung bleiben Nickel und Kobalt; Nickel als Amminsalz (S. 81), Kobalt als Kobaltiaksalz (S. 76).

Nachweis von Kobalt und Nickel. a) Man kocht das Filtrat zur Zersetzung des Wasserstoffsuperoxyds und teilt es dann in zwei Teile. In dem einen Teil prüft man auf Kobalt mit Thioglykolsäure-anilid (S. 80), in dem andern auf Nickel mit Dimethylglyoxim (S. 82).

b) Man` versetzt nach dem Verkochen des Wasserstoffsuperoxyds das ammoniakalische Filtrat mit Dicyandiamidinsalz (2—3 g) und dann mit 10proz. Kalilauge bis zur Gelbfärbung (S. 83). Das Nickelsalz des Dicyandiamidins fällt aus. Nickel

Aus dem Filtrat vom Nickeldicyandiamidinniederschlag fällt man mit Schwefelammonium das Kobalt und identifiziert es nach S. 79. Kobalt

c) Für den Nachweis ohne organische Reagenzien wird das ammoniakalische Filtrat zur Trockne gedampft, die Ammonsalze werden verglüht und der Rückstand mit Salpetersäure aufgenommen. Die Lösung wird mit Soda neutralisiert und in zwei Teile geteilt. Die eine Hälfte dient zum Nachweis des Kobalts mit Natriumnitrit und Chlorkalium in essigsaurer Lösung als $K_3[Co(NO_2)_6]$ (S. 79) oder durch Überführung in das Kobaltkaliumrhodanid und Ausschütteln mit Amylalkohol (S. 79). Kobalt ,

Die andere Hälfte wird zum Nickelnachweis verwendet, indem man zunächst mit Cyankalium und Oxydationsmitteln das Kobalt in $K_3[Co(CN)_6]$ überführt und dann das Nickel mit Brom und Natronlauge als $Ni(OH)_3$ fällt (S. 81). Nickel

Nachweis von Eisen und Mangan. Die beiden Elemente lassen sich direkt in dem Niederschlag ohne Trennung nebeneinander nachweisen. Das Mangan wird durch die Manganschmelze (S. 87) und durch die Bleisuperoxydprobe (S. 87) erkannt. Zum Nachweis des Eisens löst man eine Probe des Niederschlags in Salzsäure und versetzt mit Rhodankaliumlösung.

Soll eine Trennung durchgeführt werden, so löst man den Niederschlag von Eisenhydroxyd und Mangansuperoxydhydrat in wenig Salzsäure. Die Lösung wird mit Soda versetzt bis zur Bildung basischer Salze und bis zum Auftreten eines bleibenden Niederschlags. Der Niederschlag wird mit 2 Tropfen Essigsäure wieder gelöst. Darauf wird essigsaures Natrium zugegeben, verdünnt und gekocht (S. 92). Eisen fällt aus, während Mangan in Lösung bleibt. Das Eisen wird durch Rhodan- und Berlinerblaureaktion (S. 93 u. 95) identifiziert. Eisen

Aus dem Filtrat von Eisen wird das Mangan mit Natronlauge und Bromwasser als Superoxydhydrat gefällt. Nach dem Abfiltrieren identifiziere man es mit der Salpetersäure-Mennige-Probe (S. 87), da an dieser Stelle auch Kobalt oder Nickel, wenn sie bei der Trennung vom Eisen mit niedergerissen wurden, ausfallen können. Mangan

Aus der salzsauren Lösung des Niederschlages von Eisen und Mangan kann das Eisen nach Zusatz von Salmiak und Hydroxylaminchlorid mit Ammoniak gefällt werden, während Mangan in Lösung bleibt und schließlich durch Schwefelammonium abgeschieden wird (vgl. S. 85, 86).

12*

Schema des Trennungsganges.

Schwefelammoniumniederschlag:

CoS, NiS, FeS, MnS, $Cr(OH)_3$, $Al(OH)_3$, ZnS.

Lösung in Salzsäure und Salpetersäure:

$Co^{..}$, $Ni^{..}$, $Fe^{...}$, $Mn^{..}$, $Cr^{...}$, $Al^{...}$, $Zn^{..}$

Natronlauge und Wasserstoffsuperoxyd

Niederschlag A	Lösung B
$Co(OH)_3$, $Ni(OH)_2$, $Fe(OH)_3$, $MnO(OH)_2$	AlO_3''', CrO_4'', ZnO_2''
Lösen in Salzsäure	Ansäuern, Fällen mit Ammoniak
$Co^{..}$, $Ni^{..}$, $Fe^{...}$, $Mn^{..}$	

Wasserstoffsuperoxyd und Ammoniak

Lösung	Niederschlag	Fällung $Al(OH)_3$	Lösung CrO_4'', $[Zn(NH_3)_6]^{..}$
$[Co(NH_3)_6]^{...}$, $[Ni(NH_3)_4]^{..}$	$Fe(OH)_3$, $MnO(OH)_2$		Trennung mit Bariumchlorid
Nachweis nebeneinander oder Dicyandiamidintrennung.	Nachweis nebeneinander oder Natriumacetattrennung oder Hydroxylammintrennung.		

2. Salzsäure-Wasserstoffsuperoxyd-Trennung.

Die Wasserstoffsuperoxydmethode kann auch mit einer Salzsäuretrennung kombiniert werden. In diesem Falle wird der Schwefelammoniumniederschlag mit einigen Kubikzentimetern 2—4proz. Salzsäure in einem Porzellanschälchen verrührt oder im Reagensglase durchgeschüttelt. Die Sulfide von Nickel und Kobalt bleiben ungelöst, die andern Sulfide sowie die Hydroxyde gehen in Lösung. Nach der Filtration löst man das Kobalt- und Nickelsulfid in Salzsäure und etwas Salpetersäure und weist die Elemente nach S. 79 u. 81 nach.

Das Filtrat neutralisiert man mit Natronlauge und gießt es in das Gemisch aus Natronlauge und Wasserstoffsuperoxyd ein. Der Niederschlag enthält jetzt nur Mangan und Eisen, das Filtrat Chrom, Aluminium und Zink. Beide werden wie oben aufgearbeitet (S. 178 u. 179).

3. Cyanidmethode.

Theorie der Trennung. Die Trennung beruht auf dem verschiedenen Verhalten der Elemente der Schwefelammoniumgruppe gegen eine natronalkalische Cyankaliumlösung. Kobalt, Nickel und Zink bilden mit Kaliumcyanid lösliche Komplexsalze. Aluminium, das kein Cyankomplexsalz bildet, gibt mit der überschüssigen Natronlauge lösliches Aluminat. Chrom wird als Hydroxyd gefällt, da es ebenfalls kein Cyankomplexsalz liefert, und da das mit Natronlauge entstehende Chromit bei Siedetemperatur wieder gespalten wird. Mangan vereinigt sich in der Kälte und bei hoher Konzentration der Cyankaliumlösung mit Cyanionen zu einem Komplex, der aber leicht zerfällt unter Bildung des Mangan(2)-hydroxyds, das sich zu Mangan(3)hydroxyd und Mangandioxydhydrat spontan weiteroxydiert, das sich unlöslich abscheidet. Eisen, das in der zweiwertigen Form mit Cyankalium zu Eisen(2)cyaniden zusammentritt, wird in der höheren Oxydationsstufe fast vollständig gefällt.

Ausführung der Trennung. (Auch hier sind die angegebenen Reagensmengen für einen Niederschlag berechnet, der von jedem Metall 0,01 g enthält.)

Der Schwefelammoniumniederschlag wird in 3—5 ccm doppeltnormaler Salzsäure unter Zusatz von etwa 10 Tropfen konzentrierter Salpetersäure unter Erwärmen aufgelöst. In einer Probe der Lösung prüft man zunächst mit Thioglykolsäure-anilidlösung auf Kobalt. Dann neutralisiert man die Hauptmenge der Lösung mit Natronlauge bis zum Auftreten einer Trübung und versetzt darauf mit einem Gemisch aus 2 ccm doppeltnormaler Natronlauge und 2 ccm 10proz. Cyankaliumlösung. Jetzt wird zum Sieden erhitzt und siedendheiß filtriert. Niederschlag A, Filtrat B.

Der Niederschlag A, der die Hydroxyde von Eisen und Chrom sowie das Mangandioxydhydrat enthält, wird in 3 ccm Salzsäure und 1 ccm Wasserstoffsuperoxyd (3proz.) gelöst und in ein Oxydationsgemisch aus 3 ccm doppeltnormaler Natronlauge und der gleichen Menge 3proz. Wasserstoffsuperoxyds eingegossen. Nachdem man bis zum Sieden erhitzt hat, filtriert man ab. Das gelbe Filtrat, die Chromatlösung, wird nach dem Abkühlen unter der Wasserleitung mit etwas Äther überschichtet und mit Schwefelsäure angesäuert. Es entsteht das Chromperoxyd, das den Äther blau färbt. Mangan und Eisen werden im Niederschlag wie früher beschrieben nebeneinander nachgewiesen (S. 179).

Im Filtrat B, das die komplexen Cyanide von Kobalt, Nickel und Zink, sowie das Aluminat enthält, werden die einzelnen Elemente gleichfalls nebeneinander nachgewiesen.

Eine Probe des Filtrats wird mit Schwefelammonium gekocht. Es fällt das Zink (S. 99).

Eine zweite Probe versetzt man mit Bromwasser oder mit einem Tropfen Brom zum Nachweis des Nickels (S. 81).

Zu einer dritten Probe gibt man eine Messerspitze voll festes Chlorammonium und scheidet durch Kochen das Aluminium ab (S. 67).

Kobalt kann hier noch einmal mit der Perlprobe nachgewiesen werden. Man erhitzt Borax in der Platindrahtöse bis zum beginnenden Zusammensintern, befeuchtet die noch aufgeblähte Masse mit einem Tropfen des Filtrates B und schmilzt dann völlig zusammen.

Schema des Trennungsganges.

CoS, NiS, FeS, MnS, $Cr(OH)_3$, $Al(OH)_3$, ZnS
Lösen in Salz- und Salpetersäure
$Co^{..}$, $Ni^{..}$, $Fe^{...}$, $Mn^{..}$, $Cr^{...}$, $Al^{...}$, $Zn^{..}$
Natronlauge und Kaliumcyanid

Niederschlag A	Filtrat B	
$Fe(OH)_3$, $MnO(OH)_2$, $Cr(OH)_3$	$[Co(CN)_6]'''$ $[Ni(CN)_4]''$ AlO_3'''	$[Zn(CN)_4]''$
Lösen in Salzsäure und Wasserstoffsuperoxyd	Perle Brom und Kochen Natronlauge mit Chlorammonium	Kochen mit Ammonsulfid
$Fe^{...}$ $Mn^{..}$ $Cr^{...}$		
Natronlauge und Wasserstoffsuperoxyd		

Niederschlag	CrO_4Na_2
$Fe(OH)_3$, $MnO(OH)_2$	Chromperoxydprobe.

IV. Die Ammoncarbonatgruppe.

Der Rückstand, der nach dem Eindampfen des Filtrates der Schwefelammoniumgruppe und dem Verglühen der Ammonsalze hinterbleibt, wird in einem möglichst kleinen Volumen verdünnter Salzsäure gelöst.

Von dieser Lösung, oder wenn die drei ersten Gruppen nicht zugegen waren, von der Analysenlösung, wird eine Probe genommen zur Prüfung auf die Ammoncarbonatgruppe. Die Probe wird mit Ammoniak neutralisiert, so viel Chlorammoniumlösung zugegeben, daß ein eventuell entstehender Niederschlag von Magnesium (S. 64) wieder gelöst wird. Darauf wird zum Sieden erhitzt, mit Ammoncarbonat versetzt und kurz aufgekocht, um saure Carbonate und carbaminsaures Salz in Carbonat zu verwandeln. Erfolgt kein Niederschlag, so geht man zur Untersuchung auf Magnesium und die Alkalien über.

Fällt ein Niederschlag, so wird die Hauptmenge der Lösung ebenfalls mit Ammoniak und Chlorammonium versetzt und in derselben Weise mit Ammoncarbonat gefällt. Der Niederschlag wird abfiltriert und ausgewaschen. Er kann die Carbonate $BaCO_3$, $SrCO_3$ und $CaCO_3$ enthalten. Filtrat und Waschwasser werden getrennt aufgefangen. Das Filtrat wird zur Untersuchung auf Magnesium und die Alkalien zurückgestellt.

Theorie des Trennungsganges. Zur Trennung des Niederschlages benutzt man zunächst die verschiedene Löslichkeit der Erdalkalichromate. Bariumchromat hat das kleinste Löslichkeitsprodukt, beim Strontiumchromat ist es wesentlich größer, und Calciumchromat ist leicht löslich.

Barium- und Strontiumionen werden daher von neutralen Chromaten gefällt, da in der neutralen Chromatlösung die Konzentration der CrO_4''-Ionen ausreicht zur Bildung des Löslichkeitsproduktes von $SrCrO_4$. In schwach saurer Lösung oder in Bichromatlösung ist die Konzentration der Chromationen entsprechend der Gleichung $2\,CrO_4'' + 2\,H^{\cdot} \rightleftarrows H_2O + Cr_2O_7''$ wesentlich geringer. Sie reicht daher nicht mehr zur Fällung des Strontiumions, wohl aber zur Fällung des Bariumions. In stark saurer Lösung ist alles Chromation in Bichromation übergeführt, so daß auch das Bariumion nicht mehr gefällt werden kann. Man arbeitet daher bei Gegenwart von Essigsäure und Natriumacetat, das einerseits die Dissoziation der Essigsäure herabsetzt und andererseits auch die bei der Fällung frei werdenden Wasserstoffionen unschädlich macht.

Die Trennung von Strontium und Calcium wird entweder durch die verschiedene Löslichkeit der Nitrate in Alkohol erreicht, oder man benutzt den Umstand, daß Calciumsulfat im Gegensatz zu Strontiumsulfat in konzentrierter Ammonsulfatlösung löslich ist.

Ausführung der Trennung. Der Niederschlag wird zunächst auf die Anwesenheit von Barium geprüft. Eine Probe wird auf dem Uhrglas mit Essigsäure gelöst und nach Zugabe von Natriumacetat mit Kaliumbichromatlösung versetzt. Ein gelber Niederschlag von Bariumchromat deutet auf Gegenwart von Barium.

Bei Abwesenheit von Barium kann in derselben Probe auf Strontium geprüft werden. Man gibt so viel Ammoniak zu, daß die Flüssigkeit rein gelb erscheint und dunstet unter Kratzen mit dem Glasstab etwas ein über kleiner leuchtender Flamme und nicht zu weit, da sonst andere Salze auskrystallisieren. Bildet sich ein gelber krystallinischer Niederschlag, so untersuche man ihn unter dem Mikroskop auf Strontiumchromatkrystalle (S. 56).

Zur Vorprüfung auf die drei Erdalkalien verwendet man auch mitunter Strontiumsulfatlösung und Gipswasser. Die Lösung der Erdalkalicarbonate wird in einer Probe mit Strontiumsulfatlösung versetzt. Ein Niederschlag (Bariumsulfat) deutet auf Barium. Bei Abwesenheit von Barium wird eine zweite Probe mit Gipswasser versetzt. Fällt ein Niederschlag (Strontiumsulfat), so ist die Anwesenheit von Strontium wahrscheinlich.

Bei Abwesenheit von Barium kann der Carbonatniederschlag sofort auf Nitrat verarbeitet und wie unten folgt getrennt werden.

Bei Gegenwart von Barium wird dieses zuerst als Chromat abgeschieden. Der Carbonatniederschlag wird in eine Porzellanschale abgeklatscht und in Essigsäure unter Erwärmen gelöst. Ist die Niederschlagsmenge nur gering, so löst man auf dem Filter in heißer Essigsäure, wobei man die durchgelaufene Flüssigkeit mehrfach von neuem erwärmt und wieder auf das Filter gießt, um eine möglichst konzentrierte Lösung zu erhalten. Die Lösung wird mit Natriumacetat versetzt und siedend heiß mit heißer Kaliumbichromatlösung gefällt, um einen gut filtrierbaren Niederschlag zu erhalten. Die gelbe Bariumchromat- **Barium** fällung wird nach dem Abfiltrieren spektralanalytisch und durch die auf S. 57 ff. angegebenen Reaktionen identifiziert.

Aus dem Filtrat werden Strontium und Calcium wieder als Carbonat gefällt. Man neutralisiert dazu mit Ammoniak und fällt wieder mit Ammoncarbonat. Der Carbonatniederschlag wird sorgfältig gewaschen zur völligen Entfernung von Chromat. Dann wird der Carbonatniederschlag gelöst in Salpetersäure und die Lösung eingedunstet, zuerst auf freier Flamme, nachher auf dem Wasserbad, damit nicht die Nitrate in Oxyde übergehen können.

Die trockenen Nitrate werden in der Schale zusammengekratzt und in einen kleinen Erlenmeyer gebracht, wo sie mit etwa 10—15 ccm einer Mischung aus gleichen Raumteilen Alkohol und Äther übergossen und einige Zeit geschüttelt werden. Das Calciumnitrat löst sich, das Strontiumnitrat bleibt zurück und wird abfiltriert. Es wird am besten spektroskopisch identifiziert, außerdem auch durch die Strontium- **Strontium** chromatkrystalle unter dem Mikroskop.

Die Alkohol-Äther-Lösung, die das Calciumnitrat enthält, wird auf dem Dampfbade, nicht auf offenem Feuer, wegen der Entzündlichkeit der Ätherdämpfe, abgedampft. Im Rückstand wird sowohl spektroskopisch als auch nach der Auflösung in Wasser mit Ammonoxalat das Calcium identifiziert (S. 53). Eine Fällung des Calciums direkt aus der **Calcium** Äther-Alkohol-Lösung ist nicht angängig, da durch dieses Gemisch das in Alkohol schwerlösliche Ammonoxalat aus der Reagenslösung gefällt wird.

Bei einem anderen Trennungsverfahren löst man den Carbonatniederschlag in verdünnter Salpetersäure und dunstet die Lösung der Nitrate auf einem Uhrglas oder in einer kleinen Glasschale ein. Mit absolutem Alkohol wird dann das Calciumnitrat aus dem Niederschlag herausgelöst und identifiziert. Der Rückstand wird in Wasser gelöst und mit Essigsäure und Natriumchromat versetzt. Barium fällt als Chromat. Aus dem Filtrat kann das Strontium durch Übersättigen mit Ammoniak als Chromat oder mit Ammoniak und Ammoncarbonat als Carbonat gefällt werden. Die beiden Niederschläge können spektralanalytisch geprüft werden.

Trennung von Strontium und Calcium mit Ammonsulfat. Das Filtrat von dem Bariumchromatniederschlag oder bei Abwesenheit von Barium die essigsaure Lösung des Carbonatniederschlags wird mit kalt gesättigter Ammonsulfatlösung versetzt. Der Niederschlag, der aus Strontiumsulfat, verunreinigt mit Calciumsulfat, besteht, wird abfiltriert.

Das Filtrat wird mit Ammonoxalat versetzt zur Abscheidung des Calciumoxalats. Bei geringen Mengen von Calcium erfolgt die Abscheidung infolge der großen Ammonsalzmengen erst nach einiger Zeit.

Schema des Trennungsganges.

Ammoncarbonatniederschlag
$BaCO_3$, $SrCO_3$, $CaCO_3$
Lösen in Essigsäure
$Ba^{..}$, $Sr^{..}$, $Ca^{..}$
Fällen mit Bichromat in Gegenwart von Na-Acetat

Niederschlag	Lösung
$BaCrO_4$	$Sr^{..}$, $Ca^{..}$
	Fällen mit Ammoncarbonat
	$SrCO_3$, $CaCO_3$
	Überführen in Nitrat
	$Sr(NO_3)_2$, $Ca(NO_3)_2$
	Alkohol-Äther-Lösung

Rückstand	Lösung
$Sr(NO_3)_2$	$Ca(NO_3)_2$

Zweites Verfahren.

Ammoncarbonatniederschlag
$BaCO_3$, $SrCO_3$, $CaCO_3$
Lösen in Salpetersäure
$Ba^{..}Sr^{..}Ca^{..}$
Eindampfen und Extraktion mit absolutem Alkohol

Rückstand	Lösung
$Ba(NO_3)_2$, $Sr(NO_3)_2$	$Ca(NO_3)_2$
Lösung in verd. Essigsäure, Fällung	Identifizierung mit
mit Natriumchromat	Ammonoxalat.

Fällung	Filtrat
$BaCrO_4$	$SrCrO_4$
	Abscheidung mit Ammoniak oder
	Ammoniak und Ammoncarbonat.

Magnesium und die Alkalien.

Eine Probe des Filtrates von der Ammoncarbonatgruppe wird auf Magnesium untersucht. Inzwischen dampft man die Hauptmenge des Filtrates zur Trockne, glüht zur Vertreibung der Ammonsalze und prüft, wenn die Reaktion auf Magnesium negativ ausgefallen war, den verbleibenden Rückstand auf Alkalien. Ist Magnesium zugegen, so wird es aus dem Glührückstand nach der unten folgenden Vorschrift abgeschieden. Waren in der Analyse Schwermetalle und Erdalkalien nicht zugegen und fiel auch die Prüfung auf Magnesium in der Substanzlösung negativ aus, so kann sie direkt zur Alkaliuntersuchung verwendet werden.

Zur Prüfung auf Magnesium versetzt man die Probe des Filtrates der Ammoncarbonatgruppe mit Natriumphosphatlösung. Bei Gegenwart von Magnesium fällt ein Niederschlag von Magnesiumammoniumphosphat $Mg(NH_4)PO_4$, der unter dem Mikroskop die charakteristischen Krystallformen zeigt, während Calciumphosphat, das an dieser Stelle ausfällt, wenn es mit Ammoncarbonat nicht vollständig abgeschieden wurde, amorph ist.

Die Probe kann auch direkt unter dem Mikroskop ausgeführt werden. Man setzt einen Tropfen des Filtrates auf einen Objektträger, bringt ein Kryställchen Phosphorsalz hinein und legt das Ganze unter das Mikroskop. In dem Maße, wie das Phosphorsalz sich löst, erfolgt auch die Bildung der Krystalle des Ammoniummagnesiumphosphates.

Kann die Lösung der Analysensubstanz direkt zur Magnesiumprüfung verwendet werden, so wird eine Probe davon zuerst mit Ammoniak, dann mit Chlorammonium versetzt bis zur Lösung des eventuell entstandenen Niederschlags und schließlich mit Natriumphosphat zur Fällung.

Statt mit Natriumphosphat kann man auch mit Chinalizarin auf Magnesium prüfen (S. 65).

Abscheidung des Magnesiums. Zur Trennung des Magnesiums von den Alkalien kann Natriumphosphat nicht verwendet werden, da dadurch Natrium eingeschleppt würde. Die Trennung wird daher bewirkt durch Fällen mit Barytwasser oder auch durch Umsatz mit Quecksilberoxyd, Reagenzien, die man leicht wieder aus der Analyse beseitigen kann.

Da das Hydroxyd des Magnesiums bei Gegenwart von Ammonsalzen nicht ausfällt, so müssen diese vor seiner Abscheidung, wie oben angegeben, verjagt werden. Den von Ammonsalzen befreiten Glührückstand löst man in Wasser und einigen Tropfen Salzsäure und fällt mit Barytwasser das Magnesium als Hydroxyd heraus. Der Hydroxyd-niederschlag wird abfiltriert und zu Kontrollreaktionen verwendet (S. 63).

Das Filtrat wird mit Ammoncarbonat versetzt zur Abscheidung des Bariums als Bariumcarbonat. Das vom Bariumcarbonat getrennte Filtrat wird wieder eingedampft, und der Rückstand wird zur Verjagung des Ammoncarbonats mäßig geglüht. Es bleiben zurück die Chloride von Kalium und Natrium.

Zur Abscheidung des Magnesiums mit Quecksilberoxyd wird der von den Ammonsalzen befreite und in wenig Salzsäure gelöste Glührückstand mit in Wasser aufgeschlämmtem, gelbem Quecksilberoxyd zusammengebracht und 2—3 mal damit eingedampft. Dann wird gelinde geglüht (Abzug), wobei das Quecksilberoxyd und das entstandene Sublimat sich verflüchtigen, während Magnesium als MgO neben den Alkalichloriden zurückbleibt. Da diese im Gegensatz zu dem Magnesiumoxyd in Wasser leicht löslich sind, lassen sie sich durch Auslaugen mit Wasser leicht davon trennen.

Trennung von Kalium und Natrium. Zuerst prüfe man durch Flammenfärbung mit dem Kobaltglas auf die beiden Alkalimetalle. Beim Natrium berücksichtige man die Dauer der Färbung, da Spuren von Natrium stets gefunden werden. Ferner ist zu bedenken, daß schon kleine Mengen Natrium die Kaliumfärbung verdecken können, während der umgekehrte Fall nie eintreten kann.

Alsdann werden die Chloride in Wasser gelöst. In einer Probe der Lösung überzeuge man sich mit NESSLERschem Reagens davon, daß die Ammonsalze völlig verjagt sind.

In einer Probe der Lösung prüfe man mit Uranylacetatlösung auf Natrium (S. 13), in einer zweiten mit Natriumperchlorat oder Natriumkobaltinitrit auf Kalium (S. 23 u. 25).

Um Kalium und Natrium in einer Probe nebeneinander nachzuweisen, versetze man einen Tropfen der Lösung auf dem Objektträger mit einem

Überschuß von Platinchlorwasserstoffsäure und dunste vorsichtig ein. Unter dem Mikroskop kann man die oktaedrischen Krystalle des Kaliumplatinchlorids und die prismatischen Nadeln des Natriumplatinchlorids gut nebeneinander erkennen. Völliges, scharfes Eintrocknen ist zu vermeiden, da sonst die Krystallstruktur des Rückstandes leicht verlorengeht.

Will man die beiden Alkalimetalle voneinander trennen, so versetze man mit Platinchlorwasserstoffsäure im Überschuß und dampfe, ohne auf den Kaliumplatinchloridniederschlag Rücksicht zu nehmen, zur Sirupkonsistenz ein, da durch völliges, scharfes Eintrocknen das Natriumplatinchlorid unlöslich in Alkohol wird.

Dann nehme man den reingelben Rückstand mit etwa 80 proz. Alkohol auf, wobei keine Wolke entstehen darf, da dies auf unzureichenden Zusatz von Platinchlorwasserstoffsäure deutet, und filtriere vom ungelöst bleibenden Kaliumplatinchlorid in einen Porzellantiegel ab. Den Niederschlag von Kaliumplatinchlorid identifiziere man unter dem Mikroskop, wenn nötig nach dem Umkrystallisieren aus Wasser.

Das alkoholische Filtrat wird auf dem Wasserbad eingedunstet, der Rückstand mäßig geglüht. Es hinterbleibt Chlornatrium und Platin. Das Kochsalz wird mit Wasser ausgelaugt und wie oben identifiziert.

' **Ammoniumnachweis.** Das Ammonium wird in der ursprünglichen Substanz nachgewiesen, indem man durch Natronlauge oder Calciumhydroxyd aus seinen Salzen Ammoniak frei macht, das mit Lackmuspapier oder Quecksilberpapier reagiert (S. 31).

Besteht eine Mischung nur aus den Salzen des Natriums, Kaliums und Ammoniums, so prüft man zuerst mit NESSLERschem Reagens (S. 31) auf Ammonsalze. Fällt die Probe positiv aus, so glüht man die Substanz, bis alles Ammonsalz verflüchtigt ist, und untersucht den Rückstand wie oben angegeben auf Kalium und Natrium.

Die Untersuchung auf Anionen.

Vorproben.

A. Erwärmen mit verdünnter Schwefelsäure.

Entwicklung farbloser Gase.

Kohlendioxyd aus Carbonaten; Kalkwassertrübung (S. 9).

Schwefeldioxyd aus Sulfiten; Geruch, Grünfärbung von Bichromat (S. 74). Reaktion mit Quecksilberpapier (S. 39). Gleichzeitige Abscheidung von Schwefel deutet auf *Thioschwefelsäure* (S. 43).

Schwefelwasserstoff aus Sulfiden; Geruch, Bleipapierreaktion (S. 41).

Entwicklung gefärbter Gase.

Rotbraun: Salpetrigsäureanhydrid, aus Nitriten; macht aus Jodkalium Jod frei (S. 20). *Brom* aus Bromiden bei Gegenwart von Oxydationsmitteln: Geruch, Reaktion mit Silbernitrat (S. 144).

Violett: Jod bei Gegenwart von Oxydationsmitteln aus Jodiden; Stärkereaktion (S. 149).

Gelbgrün: Chlor aus Hypochloriten und aus Chloriden bei Gegenwart von Oxydationsmitteln (S. 138).

B. Erwärmen mit konzentrierter Schwefelsäure.

Entwicklung farbloser Gase.

Chlorwasserstoff aus Chloriden; Silbernitratreaktion (S. 2).

Fluorwasserstoff aus Fluoriden; Glasätzung, Wassertropfenprobe (S. 152).

Kohlendioxyd und *Schwefeldioxyd* vgl. A.

Kohlenoxyd, brennbar mit blauer Flamme, deutet auf Oxalsäure (S. 157).

Entwicklung gefärbter Gase.

Rotbraun: Salpetersäure und Zersetzungsprodukte aus Nitraten (S. 15). *Brom* auch ohne Gegenwart von Oxydationsmitteln aus Bromiden (S. 145).

Violett: Jod aus Jodiden (S. 149).

Gelbgrün: *Chlor* aus Chloriden in Gegenwart oxydierender Stoffe (S. 139) *Chlordioxyd* aus Chloraten; explosiv (S. 143).

Schwarzfärbung und Verkohlung. Deutet auf Anwesenheit organischer Verbindungen. *Prüfung auf Kieselsäure:* Molybdatreaktion mit der Sodaschmelze am Platindraht (S. 154).

Herstellung der Lösung.

Wenn die Substanz aus Alkalisalzen besteht und in Wasser löslich ist, oder wenn es sich um die Untersuchung einer Lösung handelt, so kann die wässerige Lösung direkt zur Untersuchung auf Säuren verwendet werden. Reagiert sie alkalisch, so wird sie vorsichtig mit Salpetersäure angesäuert. Dabei können Kieselsäure, Antimonsäure und Zinnsäure abgeschieden werden. Aus Polysulfiden und Thiosulfaten fällt Schwefel. Aus Jodiden kann bei Gegenwart von Oxydationsmitteln Jod ausgeschieden werden.

Sind andere Metalle in Lösung, so fällt man sie mit Sodalösung aus, filtriert ab und verwendet das Filtrat zur Säureprüfung.

Wasserunlösliche Substanzen werden fein gepulvert in einer Porzellanschale 5 Minuten unter Ersatz des verdampfenden Wassers mit Sodalösung gekocht. Die Kationen gehen bei dieser Behandlung in Carbonate oder Hydroxyde über, die abfiltriert werden, die Anionen gehen in Lösung. Tritt beim Kochen mit Sodalösung keine völlige Umsetzung ein, so muß mit Soda geschmolzen werden. Man mischt in diesem Fall die Substanzprobe mit der drei- bis vierfachen Menge calcinierter Soda und schmelzt im Porzellantiegel. Die erkaltete Schmelze wird mit Wasser ausgelaugt. Der Rückstand wird abfiltriert, das Filtrat wird für die Anionenprüfung verwendet.

Arsen, Antimon, Kupfer bei Gegenwart von Ammonsalz und Chrom als Chromat gehen in den Sodaauszug. Man ermittelt in einem Teil die Oxydationsstufe des Arsens und Antimons, den Rest des Sodaauszugs behandelt man nach dem Ansäuern mit Schwefelwasserstoff. Die ausfallenden Sulfide werden abfiltriert. Chromat wird durch den Schwefelwasserstoff zu Chrom(3)salz reduziert und kann nun durch Soda gefällt werden. Aus dem angesäuerten Filtrat wird der Schwefelwasserstoff weggekocht, bevor es zur Säureprüfung verwendet wird. War kein Chromat vorhanden, so kann der Schwefelwasserstoff aus dem Filtrat von den Sulfiden sofort verkocht werden.

Phosphorsäure wird im Sodaauszug nicht immer gefunden, da manche Phosphate von kochender Salzlösung nicht umgesetzt werden. Auf sie wird daher im Gang der Kationentrennung geprüft.

Nachweis der Anionen.

Eine so systematische Gruppentrennung wie bei den Kationen gibt es bei den Anionen nicht. Immerhin gibt es einige Reagenzien, mit denen mehrere Säuren analoge Reaktionen geben. So hat BUNSEN die Säuren eingeteilt nach ihrem Verhalten gegen Barium- und Silberionen, und RIESENFELD hat noch die Prüfung mit Jodlösung und Jodkaliumlösung hinzugefügt. Auf Grund des Verhaltens einer Substanz gegen diese Reagenzien kann man die Anwesenheit einzelner Säuregruppen nachweisen oder ausschließen. Der eigentliche Nachweis der einzelnen Säuren erfolgt dann mit speziellen Reaktionen, die früher angegeben sind, und auf die bei den einzelnen Gruppen nochmals hingewiesen ist. Welche von diesen Reaktionen die geeignetste ist für den Nachweis einer Säure, das heißt am wenigsten beeinflußt wird durch das Verhalten anderer gleichzeitig vorhandener Säuren, darüber lassen sich keine Regeln aufstellen, da diese Frage je nach der Kombination der anwesenden Säuren von Fall zu Fall entschieden werden muß.

Hinweise auf Gegenwart oder Abwesenheit einzelner Säuren werden auch bei der Untersuchung auf die Kationen erhalten. Die Arsensäure, die arsenige Säure, die Antimonsäure, die antimonige Säure, die Chromsäure, die Mangansäure und die Übermangansäure kommen hier in Betracht. Schließlich lassen sich aus den Löslichkeitsverhältnissen einer Substanz bei Gegenwart bestimmter Basen Schlüsse ziehen auf die in der Analyse möglichen Säuren. So kann eine Substanz, die Silber enthält und wasserlöslich und säurelöslich ist, keine Halogenwasserstoffsäuren enthalten. Eine bariumhaltige, wasserlösliche Substanz mit neutraler Reaktion kann keine Schwefelsäure, schweflige Säure, Phosphorsäure, Kohlensäure, Flußsäure, Kieselsäure enthalten.

Nachweis von Kohlensäure, Schwefelwasserstoffsäure und Cyanwasserstoffsäure in der ursprünglichen Substanz.

Kohlensäure, mit Salzsäure in Freiheit gesetzt, zerfällt in Wasser und Kohlendioxyd, das, in Barytwasser eingeleitet, eine Fällung oder Trübung von Bariumcarbonat gibt. Man kann für den Nachweis, namentlich bei geringen Mengen, den auf S. 9 angegebenen Apparat verwenden.

Die Substanz wird in das Kölbchen gebracht, mit Wasser übergossen, worauf man bei aufgesetztem Trichterrohr zum Sieden erhitzt zur Vertreibung der Luft, die ja auch Kohlendioxyd enthält. Nun wird Salzsäure durch das Trichterrohr zugegeben, dann das Barytwasser vorgelegt und das Kohlendioxyd durch gelindes Kochen übergetrieben. Bei Gegenwart von schwefliger Säure versetzt man die Substanz zunächst mit Jodlösung bis zur bleibenden Färbung und treibt dann nach Zugabe von Säure das Kohlendioxyd über. Mit derselben Versuchsanordnung kann auch Schwefelwasserstoff nachgewiesen werden, wenn an Stelle von Barytwasser Bleiacetat vorgelegt wird. Auch Blausäure kann in dieser Weise überdestilliert und mit Alkalilauge oder Silbernitratlösung aufgefangen werden.

Nachweis der Anionen im Sodaauszug.

Man neutralisiere einen Teil des durch Fällung oder Auskochen oder Auslaugen der Sodaschmelze erhaltenen Sodaauszugs mit Essigsäure, erwärme, um das Kohlendioxyd auszutreiben, und prüfe zunächst in einzelnen Proben mit Silbernitrat, Bariumchlorid, alkoholischer Jodlösung und Jodkaliumlösung, eventuell unter Zugabe von Stärkelösung, auf die in der folgenden Tabelle zusammengestellten Säuregruppen. Je nach dem Ausfall dieser Prüfung wende man alsdann die Identitätsreaktionen an. Für diese und den Nachweis der Essigsäure benutze man den andern Teil des Sodaauszuges.

Gruppeneinteilung der Säuren.

I		II		III	IV	Entfärbung einer Jodlösung	Ausscheidung von Jod aus angesäuerter Jodkaliumlösung
Bariumchlorid: keine Fällung *Silbernitrat:* Fällung.		*Bariumchlorid:* Fällung löslich in HNO_3 *Silbernitrat:* Fällung löslich in HNO_3		*Silbernitrat:* keine Fällung *Bariumchlorid:* Fällung	*Silbernitrat:* keine Fällung *Bariumchlorid:* keine Fällung		
unlöslich in HNO_3	löslich in HNO_3	gefärbt	ungefärbt				
Cl'	S''	PO_4'''	SO_3''	SO_4''	NO_3'	S''	$[Fe(CN)_6]'''$
Br'	S_2O_4''	AsO_4'''	S_2O_3''	F'	NO_2'	AsO_3'''	ClO'
J'		AsO_3'''	BO_3'''	$[SiF_6]''$	ClO_3'	SO_3''	AsO_4'''
CN'		CrO_4''	JO_3'		ClO_4'	S_2O_3''	CrO_4''
SCN'			BrO_3'		MnO_4'	SbO_3'''	JO_3'
$[Fe(CN)_6]''''$			SbO_4'''		$C_2H_3O_2'$		BrO_3'
$[Fe(CN)_6]'''$			SbO_3'''		S_2O_8''		SbO_4'''
ClO'			P_2O_7''''				NO_2'
			PO_3'				ClO_3'
			C_2O_4''				MnO_4'
			$C_4H_4O_6''$				S_2O_8'
			PO_3H''				

Identitätsreaktionen.

Gruppe I.

Salzsäure. Chromylchloridreaktion (S. 75).

Bromwasserstoffsäure. Freimachen des Broms mit Chlorwasser und mit Chloroform ausschütteln (S. 146).

Jodwasserstoffsäure. Analog Bromwasserstoffsäure (S. 149). Nachweis der drei Halogenwasserstoffsäuren nebeneinander siehe S. 150.

Blausäure. Berlinerblaureaktion, Rhodanreaktion (S. 158).

Rhodanwasserstoffsäure. Kupferrhodanürfällung, Eisenrhodanidfärbung (S. 159).

Eisen(2)cyanwasserstoffsäure. Reaktion mit Eisen(3)salzen (S. 159).

Eisen(3)cyanwasserstoffsäure. Reaktion mit Eisen(2)salzen (S. 159).

Unterchlorige Säure. Aus Manganosalzlösungen Braunsteinfällung. Entfärbung von Indigo in alkalischer Lösung (S. 140).

Schwefelwasserstoffsäure. Reaktion mit Nitroprussidnatrium bei wasserlöslichen Sulfiden (S. 42). Austreiben mit verdünnter Schwefelsäure, Geruch und Bleiacetatreaktion (S. 42).

Unterschweflige Säure. Silberniederschlag ist ein Gemenge von metallischem Silber und Silbersulfid. Indigolösung wird entfärbt in alkalischer Lösung, bläut sich aber wieder durch Oxydation an der Luft.

Nachweis von Salzsäure neben Chlor und unterchloriger Säure mit metallischem Quecksilber (S. 140).

Nachweis von Bromwasserstoff neben Brom (S. 144).

Nachweis von Chlor-, Brom- und Jodwasserstoff nebeneinander (S. 151).

Nachweis von Chlorwasserstoff, Cyanwasserstoff, Ferro- und Ferricyanwasserstoff und Rhodanwasserstoffsäure nebeneinander.

Die Lösung der Substanz oder ein Teil des Sodaauszuges wird mit einem Überschuß von schwefliger Säure und Kupfervitriollösung versetzt. Der Niederschlag, der alle Säuren außer der Salzsäure enthält, wird abfiltriert. Das durch überschüssige Kupferlösung blau gefärbte Filtrat wird mit Salpetersäure versetzt und mit Silbernitrat gefällt.

Die Cyanwasserstoffsäure wird aus einem Teil der Substanzlösung oder des Sodaauszugs nach Zugabe von Natriumbicarbonat nach S. 158 abdestilliert und in einem Gemisch von Silbernitrat und Salpetersäure aufgefangen.

Ferrocyanwaserstoffsäure gibt Berlinerblau, wenn der mit Salzsäure angesäuerte Sodaauszug mit Eisen(3)chlorid versetzt wird.

Ferricyanwasserstoff gibt Turnbullsblau, wenn zu dem salzsauer gemachten Sodaauszug eine Lösung von MOHRschem Salz gebracht wird.

Rhodanwasserstoff wird am besten in dem mit Kupfervitriollösung gefällten Niederschlag nachgewiesen, und zwar bei Abwesenheit der Eisencyanwasserstoffsäuren mit der Eisenrhodanidreaktion in der salzsauren Lösung des Niederschlags, bei Gegenwart der komplexen Säuren mit der Heparreaktion. Man kann auch den Niederschlag erschöpfend durch Kochen mit konzentrierter Salpetersäure oxydieren und das aus dem Rhodanür entstandene Sulfat mit Bariumsalz nachweisen. Zum Nachweis der Rhodanwasserstoffsäure kann man schließilch mit Nickelsulfat statt mit Kupfervitriol fällen. Der Niederschlag enthält dann die Cyanwasserstoffsäure, die Ferrocyanwasserstoffsäure und einen Teil der Ferricyanwasserstoffsäure. Gibt man zum Filtrat tropfenweise Pyridin, so fällt die Rhodanwasserstoffsäure als $[NiPy_2](CNS)_2$ und der Rest der Ferricyanwasserstoffsäure. In dem abfiltrierten Niederschlag kann die Rhodanwasserstoffsäure identifiziert werden.

Gruppe II.

Phosphorsäure. Reaktionen mit Ammonmolybdat und Magnesiamixtur (S. 45).

Arsensäure. Macht aus saurer Jodkaliumlösung Jod frei. Magnesiamixturreaktion. Braunes Silbersalz (S. 122).

Arsenige Säure. Fällung mit Schwefelwasserstoff. Entfärbung von Jodlösung. Reaktion mit Kupfervitriol und Natronlauge. Probe nach MARSH, GUTZEIT und BETTENDORFF. Gelbes Silbersalz (S. 119).

Chromsäure. Wasserstoffsuperoxydreaktion (S. 73).

Schweflige Säure. Bariumchlorid gibt Bariumsulfit, das löslich ist in Salzsäure. Beim Kochen der salzsauren Lösung mit Salpetersäure fällt $BaSO_4$ aus. Mit verdünnter Schwefelsäure Entwicklung von Schwefeldioxyd ohne Schwefelabscheidung. Entfärbung von Jod- und von Permanganatlösung (S. 38).

Thioschwefelsäure. Weißes Silbersalz, das sich beim Kochen unter Zersetzung schwarz färbt. Schwefelabscheidung mit verdünnter Schwefelsäure. Reaktion mit Eisenchlorid (S. 43).

Borsäure. Flammenfärbung am Platindraht und beim Erhitzen mit Alkohol und konzentrierter Schwefelsäure (S. 49).

Jodsäure. Macht aus angesäuerter Jodkaliumlösung Jod frei. Gibt nach dem Glühen die Reaktionen der Jodwasserstoffsäure (S. 150).

Bromsäure. Gibt nach der Reduktion mit schwefliger Säure die Reaktionen der Bromide (S. 146).

Antimonsäure. Macht aus angesäuerter Jodkaliumlösung Jod frei. Schwefelwasserstoffällung, Beschlagreaktionen (S. 128ff.).

Antimonige Säure. Reduktion von Silberlösung, Beschlagreaktionen, Schwefelwasserstoffällung (S. 128ff.).

Pyrophosphorsäure. Geht beim Schmelzen mit Soda in Orthophosphorsäure über. Weißes Silbersalz. Koaguliert Eiweißlösung nicht (S. 46).

Metaphosphorsäure. Geht beim Schmelzen mit Soda in Orthophosphorsäure über. Weißes Silbersalz. Koaguliert Eiweißlösung (S. 46).

Phosphorige Säure. Der weiße Niederschlag von Silberphosphit färbt sich, aus konzentrierter Lösung gefällt, schon in der Kälte, aus verdünnter Lösung gefällt, erst beim Erwärmen schwarz durch Abscheidung von metallischem Silber. Quecksilber(2)-chlorid wird in der Kälte langsam, beim Erwärmen schneller zu Kalomel reduziert. Ein Überschuß von phosphoriger Säure bewirkt Abscheidung metallischen Quecksilbers.

Oxalsäure. Zersetzung mit konzentrierter Schwefelsäure. Calciumchlorid fällt Calciumoxalat, löslich in Mineralsäure, unlöslich in Essigsäure. Wird Calciumoxalat mit verdünnter Schwefelsäure gekocht, so entfärbt die trübe, heiße Flüssigkeit Permanganatlösung (S. 157).

Weinsäure. Fällung mit Calciumchloridlösung. Resorcinprobe. Weinsteinfällung (S. 157).

Nachweis von schwefliger Säure neben Thioschwefelsäure. Man versetze die Lösung der Substanz oder den Sodaauszug mit einem Überschuß von Salzsäure. Schwefelabscheidung zeigt Thioschwefelsäure an. Zur Prüfung auf schweflige Säure gebe man zu einer zweiten Probe der neutralen Substanzlösung oder des genau neutralisierten Sodaauszuges Jodlösung, solange noch Entfärbung erfolgt, und prüfe dann mit Lackmuspapier die Reaktion der Flüssigkeit. Bleibt die Reaktion neutral, so ist nur Thioschwefelsäure vorhanden, wird sie sauer, so ist auch schweflige Säure zugegen (S. 44).

Gruppe III.

Schwefelsäure. Unlöslichkeit des Bariumsalzes. Heparprobe mit dem unlöslichen Niederschlag (S. 33 u. 35).

Flußsäure. Bariumsalz löslich in Salpetersäure. Ätzprobe, Wassertropfenprobe (S. 152).

Kieselfluorwasserstoffsäure. Bariumsalz in verdünnten Säuren unlöslich. Der Niederschlag gibt keine Heparreaktion (S. 156).

Nachweis von schwefliger Säure neben Schwefelsäure. Die neutrale Substanzlösung oder der neutralisierte Sodaauszug wird mit Chlorbariumlösung versetzt. Zu der Fällung gibt man verdünnte Salzsäure. Bariumsulfat bleibt ungelöst, Bariumsulfit löst sich auf. Man filtriert und kocht das Filtrat mit Salpetersäure. Das Sulfit wird nun zu Sulfat oxydiert, das ausfällt (S. 38).

Nachweis von Schwefelsäure, schwefliger Säure, Thioschwefelsäure und Schwefelwasserstoff nebeneinander. Der mit Essigsäure neutralisierte Sodaauszug wird mit Zinkacetat versetzt. Schwefelion fällt als Schwefelzink. Der Niederschlag wird abfiltriert, mit verdünnter Salzsäure übergossen und etwas Kupfersulfatlösung zugesetzt. Fällung von Schwefelkupfer.

Das Filtrat des Zinkniederschlages wird mit Strontiumnitratlösung gefällt. Es fallen Sulfition und Sulfation. Prüfung mit Salzsäure auf Löslichkeit. In Lösung geht Sulfition. Identifiziert mit Jodlösung. Rückstand ist Strontiumsulfat. Identifiziert mit Heparreaktion.

Das Filtrat des Strontiumniederschlages enthält das Thiosulfation. Zersetzung mit Salzsäure gibt Schwefelausscheidung.

Gruppe IV.

Salpetersäure. Reduktion zu Ammoniak (S. 16). Eisenvitriolreaktion (S. 15). Die Reaktion wird gestört durch Jodide, Bromide und komplexe Eisencyanverbindungen. Man fällt diese aus dem Sodaauszug in der Kälte mit basischem Bleiacetat heraus und filtriert ab. Aus dem Filtrat wird das Blei mit Schwefelsäure gefällt. Die bleifreie Lösung wird zur Reaktion verwendet. Statt mit basischem Bleiacetat kann man auch die störenden Säuren mit Silbersulfat oder Silberchlorat entfernen und das Silber, wenn nötig, mit Salzsäure beseitigen. Fällung mit Nitron in essigsaurer Lösung (S. 16).

Salpetrige Säure. Nur in verdünnten Lösungen kein Niederschlag mit Silbernitrat, aus konzentrierten fällt weißes Silbernitrit. Analoge Reaktionen wie Salpetersäure. Macht ferner aus essigsaurer Jodkaliumlösung Jod frei. Entfärbt Kaliumpermanganat in schwefelsaurer Lösung (S. 20). Meta-phenylendiamin (S. 20). Zum Nachweis von Salpetersäure neben salpetriger Säure muß diese zerstört werden durch Kochen mit Chlorammonium, Harnstoff oder Hydrazinsulfat (S. 21).

Chlorsäure. Feste Chlorate geben mit konzentrierter Schwefelsäure explodierendes Chlordioxyd. Fällung mit Silbernitrat nach Reduktion mit schwefliger Säure. Chlorentwicklung beim Kochen mit Salzsäure. Entfärbung von Indigo in salzsaurer Lösung (S. 143).

Überchlorsäure. Fällung mit Kaliumsalzen (S. 144).

Mangansäure und Übermangansäure (S. 87).

Essigsäure. Eisen(3)chlorid. Essigesterprobe. Kakodylreaktion (S. 156).

Überschwefelsäure. Silbernitrat gibt in verdünnten Lösungen keinen Niederschlag, in konzentrierten schwarzes Silberperoxyd Ag_2O_2. Bariumchlorid gibt in der Kälte keinen Niederschlag, beim Kochen zerfällt das Persulfat in Sauerstoff und Schwefelsäure, die Bariumsulfat gibt. Mangan(2)salze werden in saurer, neutraler und alkalischer Lösung zu Braunstein oxydiert.

Nachweis von Salzsäure, Chlorsäure und Salpetersäure nebeneinander. Man fällt zunächst aus einer Probe die Salzsäure mit Silbernitrat vollständig aus. Den durch Schütteln und Erwärmen zusammengeballten Niederschlag filtriert man ab und versetzt das Filtrat mit schwefliger Säure. Das Chloration wird zu Chloridion reduziert und durch das überschüssige Silbernitrat gefällt (S. 143). Eine zweite Probe koche man mit Natronlauge und Zinkstaub oder DEVARDAscher Legierung. Das Entstehen von Ammoniak, das durch Geruch und Lackmuspapier nachgewiesen wird, deutet auf Salpetersäure.

Nachweis von Chlorsäure, Perchlorsäure, Bromsäure und Jodsäure neben den Halogenwasserstoffsäuren, Cyan- und Rhodanwasserstoffsäure. Die Lösung des Salzgemisches oder der Sodaauszug wird mit Salpetersäure angesäuert und mit Silbernitrat im Überschuß versetzt. Es fallen Chlorsilber, Bromsilber, Jodsilber, Cyansilber und Rhodansilber.

Der Niederschlag wird abfiltriert und mit Zink und Schwefelsäure reduziert. In der vom ausgeschiedenen Silber befreiten Lösung weist man die Halogenwasserstoffsäuren, Cyan- und Rhodanwasserstoffsäure nach S. 190 nach.

Zum Filtrat, das die Halogensauerstoffsäuren neben überschüssigem Silbernitrat enthält, gibt man Schwefligsäurelösung im Überschuß. Chlorsäure, Bromsäure und Jodsäure werden reduziert und als Silbersalze gefällt. Perchlorsäure bleibt unverändert.

Nach dem Abfiltrieren wird das Filtrat eingeengt, worauf, wenn erforderlich, unter Alkoholzusatz mit Kaliumnitratlösung die Perchlorsäure gefällt wird. Der Halogensilberniederschlag wird mit Zink und Schwefelsäure reduziert und nach S. 150 getrennt.

Seltener vorkommende Stoffe.

Thallium.

Thallium(1)verbindungen werden von Alkalilaugen und Ammoniak nicht, von Alkalicarbonat nur aus sehr konzentrierten Lösungen als Thallium(1)carbonat gefällt.

Schwefelwasserstoff fällt in saurer Lösung nicht, in neutraler Lösung unvollständig, in essigsaurer und ammoniakalischer Lösung vollständig als Thallium(1)-sulfid, Tl_2S.

Salzsäure fällt schwerlösliches Thallium(1)chlorid.

Jodkalium fällt aus sehr verdünnten Lösungen gelbes Thallium(1)jodid. (Empfindliche Reaktion.) Die Fällung ist unlöslich in Natriumthiosulfat. Unterschied von Blei und Silber.

Platinchlorwasserstoffsäure fällt gelbes Thallium(1)chloroplatinat, Tl_2PtCl_6.

Thallium(3)verbindungen werden von Alkalilaugen und Ammoniak als braunes Thallium(3)hydroxyd, $Tl(OH)_3$, gefällt.

Salzsäure gibt keine Fällung.

Jodkalium fällt Thallium(1)jodid unter Jodabscheidung.

Salzsäure gibt keine Fällung. Thallium(3)chlorid ist zerfließlich und zerfällt schon bei 100^0 in Thallium(1)chlorid und freies Chlor.

Bei der Analyse findet sich das Thallium in der ersten Gruppe und wird zusammen mit dem Blei mit heißem Wasser ausgezogen. Aus der Lösung kann das Blei mit Schwefelsäure gefällt werden. Im Filtrat wird das Thallium durch tropfenweisen Zusatz von Jodkaliumlösung gefällt. Der Jodidniederschlag wird identifiziert durch seine Unlöslichkeit in Thiosulfat und durch die Spektralreaktion. Thalliumsalze geben eine grüne Flammenfärbung, und das Spektrum zeigt nur eine grüne Linie.

Wolfram.

Starke Säuren fällen aus Lösungen von Wolframaten weiße Wolframsäure, $H_2WO_4 + H_2O$, die beim Kochen gelb wird unter Verlust von Wasser und Übergang in H_2WO_4.

Zink, zu einer mit Salzsäure versetzten Wolframatlösung gegeben, färbt die zunächst gefällte Wolframsäure durch Reduktion schön blau. Beim Erhitzen mit Zinnchlorür und Salzsäure geben Wolframatlösungen je nach Konzentration eine Blaufärbung oder eine blaue Fällung.

Schwefelwasserstoff fällt nicht; Schwefelammonium gibt Thiowolframat, $WS_4(NH_4)_2$, aus dessen Lösung durch Säure blaugraues Wolframsulfid, WS_3, fällt.

Die **Phosphorsalzperle** ist in der Oxydationsflamme farblos, in der Reduktionsflamme wird sie blau und auf Zusatz einer Spur Eisensulfat blutrot.

Bei der Analyse wird das Wolfram als Wolframsäure ähnlich wie die Kieselsäure durch Abrauchen mit Salzsäure abgeschieden, und zwar entweder aus der Lösung in Königswasser oder aus der Lösung des Aufschlusses mit Soda und Salpeter. Die abgeschiedene Wolframsäure löst man in Ammoniak, versetzt die Lösung mit Zinnchlorür und übersättigt mit Salzsäure. Der zunächst mit Zinnchlorür ausgefallene Niederschlag färbt sich dann beim Erwärmen blau. Wird Wolfram in den Gang der Gruppentrennung verschleppt, so fällt es weder in der Schwefelwasserstoff- noch in der Schwefelammongruppe, sondern zeigt sich beim Ansäuern des Filtrates der Schwefelammongruppe als blaugrauer Niederschlag von Wolframsulfid, WS_3. Durch Abrauchen mit Salpetersäure kann es in gelbe Wolframsäure übergeführt und als solche identifiziert werden.

Molybdän.

Schwefelwasserstoff färbt in salzsaurer Lösung Molybdatlösungen zunächst blau und fällt dann einen braunen Niederschlag, MoS_3, der in Salzsäure unlöslich, in Schwefelammonium löslich ist unter Bildung von Ammoniumthiomolybdat, $(NH_4)_2MoS_4$.

Zink bewirkt in salzsaurer Lösung erst Blau-, dann Grün- und schließlich Braunfärbung.

Ammoniumphosphat liefert in salpetersaurer Lösung gelbes Ammoniumphosphormolybdat (vgl. S. 45).

Rhodanprobe. Gibt man zu einer Molybdatlösung Rhodankalium und ein Stückchen reines metallisches Zink, so färbt sie sich kirschrot. Die rote Färbung läßt sich mit Äther ausschütteln.

Wird eine Molybdänverbindung mit **konzentrierter Schwefelsäure** bis fast zur Trockne abgeraucht, so färbt sich der Rückstand beim Stehen an der Luft blau.

Lötrohrprobe. Auf der Kohle vor dem Lötrohr gibt das Molybdän graues Metall und einen weißen Beschlag, der sich in der Reduktionflamme blau färbt.

Im Gang der Analyse erkennt man die Anwesenheit von Molybdän meist daran, daß das Filtrat des Schwefelwasserstoffniederschlages tiefblau gefärbt ist. Das Molybdänsulfid, soweit es durch Schwefelwasserstoff gefällt wird, löst sich in Schwefelammonium, gehört also in die Gruppe von Arsen, Antimon und Zinn. Da es in Salzsäure schwer löslich ist, bleibt es bei der Salzsäuretrennung der Sulfide dieser Elemente mit dem Arsensulfid ungelöst. Nach dem Auflösen in Salpetersäure kann das Arsen mit Magnesiamixtur gefällt werden. Im Filtrat läßt sich das Molybdän mit der Rhodanidprobe nachweisen. Der Anteil des Molybdäns, der in der Schwefelwasserstoffgruppe nicht gefallen ist, bleibt auch bei der Fällung der Schwefelammoniumgruppe im überschüssigen Schwefelammonium gelöst und wird vor der Fällung der Erdalkaligruppe beim Zersetzen des überschüssigen Schwefelammoniums durch Säure abgeschieden.

Gold.

Vom Gold leiten sich zwei Salzreihen ab. Die Gold(1)salze gehen leicht in die beständigeren Gold(3)salze über.

Schwefelwasserstoff fällt in der Kälte schwarzes Sulfid, Au_2S_2, in der Hitze braunes, metallisches Gold. Der Niederschlag löst sich in schwefelhaltigem Schwefelammonium unter Bildung von Thioaurat, $AuS_2(NH_4)$, aus dessen Lösung beim Ansäuern gelbbraunes Goldsulfid gefällt wird.

Oxalsäure, Eisenvitriol, schweflige Säure, Hydrazin- und Hydroxylaminsalze in **saurer Lösung, Wasserstoffsuperoxyd** und **Natronlauge** fällen aus Goldlösungen metallisches Gold.

Zinnchlorür fällt aus Goldlösungen den CASSIUSschen Goldpurpur, eine kolloide Adsorptionsverbindung von Gold und Zinnhydroxyd.

Auf der Kohle vor dem Lötrohr oder am Kohlesodastäbchen geben alle Goldverbindungen ein gelbes Metallkorn ohne Beschlag. Es ist unlöslich in Salpetersäure, dagegen löslich in Königswasser. Die Lösung in Königswasser kann nach dem Eindunsten und Wiederaufnehmen mit Wasser zu Mikroreaktionen (S. 106) benutzt werden.

Bei der Analyse wird das Gold am sichersten vor dem Eintritt in den systematischen Gang durch eines der obenerwähnten Reduktionsmittel abgeschieden. Am besten erfolgt die Abscheidung durch Oxalsäure in gelinder Wärme. Die Oxalsäure wird aus dem Filtrat durch Kochen mit Sodalösung beseitigt. Der Niederschlag enthält die Metalle, die nach Auflösung in Säure wie gewöhnlich getrennt werden. Noch bequemer ist die Abscheidung mit Hydroxylaminchlorid oder Hydrazinsulfat in saurer Lösung, da der Überschuß dieser Reagenzien durch Eindampfen mit Brom leicht entfernt werden kann.

Platin.

Die wichtigste Verbindung ist die Platinchlorwasserstoffsäure, die beim Auflösen von Platin in Königswasser entsteht, und die das schwerlösliche Kaliumplatinchlorid bildet (S. 24).

Ameisensäure fällt aus neutralen Platinsalzlösungen alles Platin als schwarzes Pulver.

Vor dem Lötrohr oder am Kohlesodastäbchen geben Platinsalze schwammiges Metall, das sich nur in Königswasser löst. Die Lösung gibt, nach dem Verdunsten mit Wasser aufgenommen und mit einem Tropfen Chlorkaliumlösung versetzt, Kaliumplatinchlorid, K_2PtCl_6, das unter dem Mikroskop an seiner Krystallform erkannt wird.

Im Gang der Analyse findet sich das Platin in der Schwefelwasserstoffgruppe, und zwar im schwefelammoniumlöslichen Teil, da das Sulfid in Alkalipolysulfiden löslich ist. Es bleibt bei der Behandlung der zurückgefällten Sulfide mit Salzsäure ungelöst beim Arsensulfid zurück. Aus der Lösung in Königswasser kann es vom Arsen und den anderen in Salzsäure unlöslichen Sulfiden nach dem Einengen bis zur Sirupkonsistenz durch konzentrierte Chlorammoniumlösung als Ammoniumplatinchlorid, $(NH_4)_2PtCl_6$, geschieden werden. Auch die Platinbegleiter werden durch Schwefelwasserstoff gefällt. Sie werden am besten nach einem von MYLIUS und DIEZ[1] angegebenen Verfahren getrennt.

Selen.

Schwefelwasserstoff fällt aus Lösungen von seleniger Säure oder selenigsauren Salzen einen citronengelben Niederschlag, der aus Schwefel und Selen besteht und sich leicht in Schwefelammonium löst. Aus Selensäurelösungen fällt Schwefelwasserstoff in der Kälte nichts, beim Kochen erfolgt Reduktion zu seleniger Säure und Fällung von Selen und Schwefel.

Reduktionsmittel, wie schweflige Säure, Zinnchlorür, Eisenvitriol, fällen aus Lösungen von seleniger Säure metallisches Selen in Form eines roten Niederschlags, der beim Erhitzen schwarz wird. Hydroxylamin- und Hydrazinsalze fällen ebenfalls in saurer Lösung, leichter noch bei Gegenwart von Ammoniak. Lösungen von Selensäure werden schwerer reduziert. Durch Abrauchen mit konzentrierter Salzsäure wird die Selensäure unter Chlorentwicklung in selenige Säure übergeführt, worauf die Reduktion durch die oben angegebenen Reduktionsmittel bewerkstelligt werden kann.

---

[1] Ber. dtsch. chem. Ges. **31**, 3187.

Trockene Reaktionen. Selenverbindungen geben eine kornblumenblaue Flammenfärbung. Vor dem Lötrohr auf der Kohle werden Selenverbindungen zu Selen reduziert, das unter Verbreitung eines Geruchs nach faulem Rettich verbrennt.

Beschlagprobe. Erzeugt man an einem mit Wasser gefüllten Reagensglas einen Metallbeschlag und bringt ihn in einige Tropfen konzentrierter Schwefelsäure, die sich in einem weiteren Reagensglas, in das das erste hineinpaßt, befinden, so löst sich der Beschlag mit grüner Farbe auf. Aus der grünen Lösung fällt beim Verdünnen mit Wasser rotes Selen aus.

Bei der Analyse wird das Selen vor Beginn des systematischen Trennungsganges am besten durch schweflige Säure abgeschieden. Kommt es, was nicht wünschenswert ist, in den Analysengang hinein, so findet es sich im schwefelammoniumlöslichen Teil des Schwefelwasserstoffes und bleibt beim Arsensulfid. Es wird hier am besten durch Beschlagprobe nachgewiesen.

Tellur.

Schwefelwasserstoff fällt aus Lösungen von telluriger Säure und Telluriten einen braunen Niederschlag von Tellurdisulfid, TeS_2, der in Schwefelammonium löslich ist.

Reduktionsmittel (schweflige Säure, Zinnchlorür, Hydroxylamin- und Hydrazinsalze, jedoch nicht Eisenvitriol) fällen schwarzes, metallisches Tellur. Lösungen von Tellursäure werden vor der Behandlung mit diesen Reduktionsmitteln am besten mit Salzsäure abgeraucht.

Trockene Reaktionen. Erzeugt man analog, wie beim Selen, mit einer Tellurverbindung an einem Reagensrohr einen Metallbeschlag und bringt ihn in der gleichen Weise, wie beim Selen beschrieben, mit konzentrierter Schwefelsäure zusammen, so entsteht eine kirschrote Lösung, aus der bei Wasserzusatz schwarzes Tellur abgeschieden wird.

Bei der Analyse findet sich das Tellur, wenn es nicht durch Reduktionsmittel vor Beginn des Trennungsgangs abgeschieden worden ist, ebenso wie das Selen beim Arsen, und wird hier gleichfalls durch die Beschlagprobe nachgewiesen.

Beryllium.

Natronlauge fällt weißes, gallertiges Berylliumhydroxyd, $Be(OH)_2$, löslich im Überschuß des Fällungsmittels als Berylliat, $Be(ONa)_2$.

Ammoniak und **Schwefelammonium** fällen weißes Berylliumhydroxyd unlöslich im Überschuß des Fällungsmittels.

Ammoniumcarbonat erzeugt eine weiße Fällung von Berylliumcarbonat leicht löslich im Überschuß des Fällungsmittels (Unterschied von Aluminium).

Chinalizarin (gesättigte alkoholische Lösung oder frisch bereitete Lösung von 0,05 g Chinalizarin in 100 ccm n/10 Natronlauge) gibt mit einer schwach alkalischen Berylliumlösung eine kornblumenblaue Färbung.

Titan.

Natronlauge, Ammoniak und **Ammonsulfid** fällen in der Kälte weiße Orthotitansäure, $Ti(OH)_4$, in der Wärme Metatitansäure, $TiO(OH)_2$.

Wasserstoffsuperoxyd gibt mit neutralen oder schwach sauren Lösungen von Titansäure unter Bildung von Pertitansäure, H_4TiO_5, eine intensiv orangerote Färbung.

Zink oder **Zinn** bringt in Titan(4)salzlösungen durch Reduktion zu Titan(3)salz eine violette Färbung hervor.

Uran.

Analytisch wichtig sind nur die Uranylsalze.

Natronlauge fällt aus Uranylsalzen gelbes Natriumuranat, $Na_2U_2O_7$.

Ammoniak gibt einen gelben Niederschlag von Ammoniumuranat, $(NH_4)_2U_2O_7$.

Die Uranatniederschläge sind in Alkalicarbonatlösung, in Alkalibicarbonatlösung und in Ammoncarbonatlösung leicht löslich unter Bildung von Komplexsalzen.

Schwefelammonium fällt braunes Uranylsulfid, UO_2S.

Ferrocyankalium fällt einen braunen Niederschlag von Uranylferrocyanid, $UO_2[Fe(CN)_6]$.

Nachweis von Beryllium, Titan und Uran im Analysengang.

Bei Gegenwart dieser Elemente fällt man zweckmäßig die Elemente der Schwefelammoniumgruppe nicht alle zusammen aus, sondern untersucht den mit Ammoniak entstehenden Niederschlag als Ammoniakgruppe für sich. Das Filtrat des Schwefelwasserstoffniederschlags muß daher vor der Fällung mit Ammoniak durch Kochen vom Schwefelwasserstoff befreit werden. Waren keine Elemente der Schwefelwasserstoffgruppe zugegen, so wird die Substanzlösung sofort verwendet. Chrom, das als Chromat zugegen ist, muß in diesem Fall durch Kochen mit Alkohol und Salzsäure reduziert werden. Nach Zusatz von Chlorammonium, das entbehrlich ist, wenn die Lösung viel Säure enthält, fällt man mit Ammoniak und filtriert ab. Der Niederschlag, der Eisen, Chrom, Aluminium, Uran, Titan, Beryllium und eventuell Mangan enthalten kann, wird in Salzsäure gelöst. Die Lösung wird langsam in das gleiche Volumen einer konzentrierten Sodalösung eingegossen. Alle Metalle außer Uran werden gefällt, Uran bleibt als Komplexsalz allein in Lösung. Man filtriert vom Niederschlag ab, säuert das Filtrat mit Salzsäure schwach an und fällt das Uran mit Ferrocyankaliumlösung.

Der Sodaniederschlag wird in Salzsäure gelöst. Die Lösung wird mit Natronlauge gerade neutralisiert und in ein Gemisch von 5 ccm Natronlauge und ebensoviel Wasserstoffsuperoxyd eingegossen. Eisen und Titan sowie Mangan fallen aus und werden abfiltriert. Das Filtrat enthält Chrom, Aluminium und Beryllium. Der Niederschlag wird in Salzsäure gelöst, mit Schwefelsäure und Wasserstoffsuperoxyd versetzt. Bei Gegenwart von Titan entsteht dann eine orange Färbung. Eisen und Mangan werden wie gewöhnlich nachgewiesen.

Aus dem Filtrat der Wasserstoffsuperoxydfällung fällt man nach dem Ansäuern mit Salpetersäure Beryllium und Aluminium mit Ammoniak zusammen aus. Man löst den Niederschlag in Salzsäure und kann entweder Beryllium vom Aluminium mit Ammoncarbonat trennen oder das Beryllium neben dem Aluminium durch die Blaufärbung mit Chinalizarin in schwach alkalischer Lösung nachweisen. Das Chrom kann nach dem Ansäuern des ammoniakalischen Filtrats mit Schwefelsäure als Chromperoxyd nachgewiesen werden.

Die seltenen Erden.

Sie finden sich ebenfalls in dem Ammoniakniederschlag und begleiten bei der Fällung mit Natronlauge und Wasserstoffsuperoxyd das Eisen und das Titan. Um sie von diesen Elementen zu trennen, löst man den Niederschlag in möglichst wenig Salzsäure, neutralisiert mit Natronlauge bis zur beginnenden Trübung und klärt wieder mit Salzsäure, so daß bei ganz schwach saurer Reaktion eine klare Lösung erreicht wird. Gibt man zu dieser einige Tropfen Oxalsäurelösung und erwärmt, so fallen die Oxalate der seltenen Erden als krystallinisches Pulver aus. Die Trennung des Erdgemisches kann im Rahmen einer qualitativen Analyse nicht durchgeführt werden. Sie erfolgt durch präparative Methoden, auf die hier nicht eingegangen werden kann.

Vanadin.

Analytisch wichtig sind in erster Linie die Derivate des Vanadinpentoxyds, die Vanadate, da man diese gewöhnlich beim Aufschluß vanadinhaltigen Materials erhält. Ähnlich wie bei der Phosphorsäure unterscheidet man auch hier Ortho-, Meta- und Pyrovanadate, die aber, da sie in wäßriger Lösung leicht ineinander übergehen, die gleichen Reaktionen zeigen.

Schwefelwasserstoff reduziert kalt zu blauem Vanadylsalz, in dem das Vanadin vierwertig ist. Das gleiche Reduktionsprodukt erhält man mit schwefliger Säure; Oxalsäure reduziert ebenfalls beim Erwärmen, desgleichen Bromwasserstoff. Im letzteren Falle muß erst das Brom verkocht werden, bevor die blaue Farbe erscheint. Durch Jodwasserstoff werden die Vanadate bis zu Vanadin(3)salzen reduziert, die grün gefärbt sind. Metallisches Zink und Aluminium reduzieren schließlich zu violetten Vanadin(2)salzen. Die Lösung durchläuft bei der Reaktion die Farben Blau, Grün bis Violett.

Schwefelammonium färbt Vanadatlösungen braun unter Bildung von Thiovanadat, aus dem beim Ansäuern braunes Pentasulfid, V_2S_5, ausfällt.

Wasserstoffsuperoxyd führt in saurer Lösung in Pervanadinsäure, HVO_4, über und bewirkt Rotfärbung. (Sehr empfindlich.)

Bleiacetat fällt weißes Bleivanadat, $Pb_3(VO_4)_2$.

Gerbsäure gibt mit neutralen oder schwach schwefelsauren Vanadatlösungen eine schwarze Fällung. (Vanadintinte.)

Vanadin wird ebenso wie Wolfram im Gang der Analyse weder in der Schwefelwasserstoff- noch in der Schwefelammongruppe abgeschieden. Es fällt erst beim Ansäuern des Filtrates der Schwefelammoniumgruppe als braunes Vanadinpentasulfid. Man oxydiert den Niederschlag durch Abrauchen mit konzentrierter Salpetersäure in der Porzellanschale. Vanadinpentoxyd bleibt als rote Masse zurück. Man nimmt den Rückstand mit Salzsäure auf und identifiziert ihn mit Wasserstoffsuperoxyd.

Lithium.

Natriumphosphat fällt aus nicht zu verdünnten Lösungen beim Kochen weißes Lithiumphosphat, Li_3PO_4. Zur Erzielung einer vollständigen Fällung muß die Lithiumlösung mit Natronlauge alkalisch gemacht werden.

Ammoniumcarbonat scheidet aus konzentrierten Lithiumlösungen bei Gegenwart von Ammoniak und beim Erwärmen weißes Lithiumcarbonat, Li_2CO_3, ab.

Flammenfärbung. Lithiumsalze färben die Flamme intensiv rot. Das Spektrum zeigt eine charakteristische rote Linie von der Wellenlänge 670,8 mμ.

Im Gang der Analyse bleibt das Lithium bei den Alkalielementen. Der Rückstand, der nach Abscheidung des Magnesiums und dem Verglühen des Ammoncarbonats geblieben ist, wird mit einigen Tropfen konzentrierter Salzsäure übergossen und eingedunstet, um die Alkalien sicher in Chloride überzuführen. Dann übergießt man den trockenen Rückstand mit einer Mischung aus gleichen Teilen Äther und Alkohol und verreibt damit. Lithiumchlorid löst sich in Äther-Alkohol und wird durch Filtration von Natriumchlorid und Kaliumchlorid getrennt. Nach dem Verdampfen des Äther-Alkohol-Filtrats kann es durch die Flammenfärbung und das Spektrum identifiziert werden.

Tabelle.

Spezifische Gewichte der gebräuchlichsten Säuren und Laugen.

Prozent-Gehalt	HCl	HNO_3	H_2SO_4	NaOH	KOH	NH_3
5	1,024	1,027	1,033	1,058	1,040	0,979
10	1,049	1,056	1,069	1,115	1,082	0,960
15	1,074	1,086	1,105	1,170	1,127	0,943
20	1,100	1,119	1,143	1,225	1,176	0,926
25	1,126	1,151	1,182	1,278	1,228	0,910
30	1,152	1,184	1,224	1,332	1,286	0,898
35	1,178	1,218	1,264	1,384	1,346	
40	37,23 %: 1,190	1,251	1,307	1,437	1,411	
45		1,283	1,351	1,488	1,472	
50		1,316	1,399	1,540	1,538	
55		1,345	1,449	1,590	1,603	
60		1,373	1,503			
65		1,399	1,559			
70		1,421	1,617			
75		1,441	1,675			
80		1,460	1,732			
85		1,477	1,784			
90		1,491	1,819			
95		1,502	1,838			
100		1,522	1,838			

Periodisches System der Elemente.

1 H 1,008

Gruppe	0	I a	I b	II a	II b	III a	III b	IV a	IV b	V a	V b	VI a	VI b	VII a	VII b	VIII
1. Periode	2 He 4,00	3 Li 6,94		4 Be 9,02			5 B 10,82		6 C 12,00		7 N 14,008		8 O 16,00		9 F 19,00	
2. Periode	10 Ne 20,18	11 Na 22,997		12 Mg 24,32			13 Al 26,97		14 Si 28,06		15 P 31,02		16 S 32,06		17 Cl 35,475	
3. Periode	18 Ar 39,94	19 K 39,10		20 Ca 40,08		21 Sc 45,10		22 Ti 47,90		23 V 50,95		24 Cr 52,01		25 Mn 54,93		26 Fe 27 Co 28 Ni 55,84 58,94 58,69
			29 Cu 63,57		30 Zn 65,38		31 Ga 69,72		32 Ge 72,60		33 As 74,93		34 Se 79,2		35 Br 79,916	
4. Periode	36 Kr 83,7	37 Rb 85,44		38 Sr 87,63		39 Y 88,92		40 Zr 91,22		41 Nb 93,3		42 Mo 96,0		43 [Ma]		44 Ru 45 Rh 46 Pd 101,7 102,9 106,7
			47 Ag 107,880		48 Cd 112,41		49 In 114,8		50 Sn 118,70		51 Sb 121,76		52 Te 127,5		53 J 126,93	
5. Periode	54 X 131,3	55 Cs 132,81		56 Ba 137,36		57—71 S. E.[1]		72 Hf 178,6		73 Ta 181,4		74 W 184,0		75 Re 186,31		76 Os 77 Ir 78 Pt 190,8 193,1 195,23
			79 Au 197,2		80 Hg 200,61		81 Tl 204,39		82 Pb 207,22		83 Bi 209,00		84 Po		85 — —	
6. Periode	86 Rn 222	87 — —		88 Ra 225,97		89 Ac		90 Th 232,12		91 Pa		92 U 238,14				

[1] Metalle der seltenen Erden: 57 La 58 Ce 59 Pr 60 Nd 61—62 Sm 63 Eu 64 Gd 65 Tb 66 Dy 67 Ho 68 Er 69 Tm 70 Yb 71 Cp
138,90 140,13 140,92 144,27 — 150,43 152,0 157,3 159,2 162,46 163,5 167,64 169,4 173,5 175,0

Sachverzeichnis.